# TRAITÉ

### DE

# PISCICULTURE PRATIQUE

### ET

## D'AQUICULTURE

### EN FRANCE ET DANS LES PAYS VOISINS

Paris. — Typographie Georges Chamerot, rue des Saints-Pères. 19.

OUVRAGE PUBLIÉ AVEC L'ENCOURAGEMENT DU MINISTÈRE DE L'AGRICULTURE

# TRAITÉ

## DE

# PISCICULTURE

## PRATIQUE

## ET

# D'AQUICULTURE

## EN FRANCE ET DANS LES PAYS VOISINS

### PAR

## G. BOUCHON-BRANDELY

Secrétaire du Collége de France

AVEC UNE PRÉFACE DE

## M. MICHEL CHEVALIER

Membre de l'Institut, Professeur d'économie politique au Collége de France

## PARIS

AUGUSTE GOIN, LIBRAIRE-ÉDITEUR

62, RUE DES ÉCOLES, 62

1876

# PRÉFACE

---

Au spectacle des magnificences d'une capitale comme Paris, sous lesquelles cependant se cachent bien des misères, il est des vérités qu'un observateur peu attentif est sujet à oublier. Telle est celle-ci que le genre humain, parmi les maux auxquels il est exposé sur le globe qu'il cultive, devrait, s'il était sage et prévoyant, compter toujours celui de manquer de nourriture. Le besoin de s'alimenter a le défaut de ne pas supporter de relâche; il faut le satisfaire quotidiennement, bien plus, plusieurs fois par jour. Il y a des catégories nombreuses d'êtres humains qui, pour suffire à leur tâche, sont dans l'usage et l'obligation de manger quatre fois

par jour. C'est pour l'homme, à l'origine des
sociétés, un assujettissement extrême et un
péril sans cesse menaçant ; péril plus grand
que celui des bêtes féroces qui fréquemment
alors en faisaient leur proie, ou que celui des
inondations subites qui submergeaient les vil-
lages établis inconsidérément sur le bord
des fleuves. Il est hors de doute que souvent, dans les temps primitifs, des agglomérations d'individus qui se formaient à la vie
sociale et peut-être seraient arrivées à mériter
le nom de nations, ont péri par la faim.

C'est que les moyens d'alimentation n'é-
taient pas assurés. Ils consistaient primitive-
ment dans des fruits sujets à se gâter, dans des
racines aisément altérables, dans la chair des
animaux sauvages qu'à certains moments de
l'année on avait peine à trouver ou qu'on
avait détruits par des chasses antérieures.
Jusqu'à ce que les hommes eussent découvert
et appris à reproduire en abondance une
plante farineuse d'une conservation facile, au
point de se pouvoir garder pendant des années, la base matérielle a manqué pour l'as-

siette de la société. Les céréales devaient un jour combler cette lacune. Et c'est pourquoi, avant qu'elles fussent connues et cultivées, les générations se succédaient difficilement les unes aux autres. Des accidents météorologiques, l'excès du froid ou de la chaleur, ou des pluies diluviennes, ou les attaques de quelque peuplade voisine qui ravissait le peu qu'elles pouvaient avoir de subsistance, les décimaient et les vouaient à la mort. Sous ces chances terribles, la civilisation, flambeau qu'une génération transmet à la suivante, s'éteignait et disparaissait. Le blé dans les régions auxquelles nous appartenons, le riz dans des pays plus chauds et plus humides, le maïs dans le Nouveau-Monde, ont rendu à l'homme le service immense qu'il y a pu avoir un lendemain pour les embryons de peuples et de sociétés. Dans le bassin de la Méditerranée, qui a été le siége des populations les plus avancées sous les Grecs et les Romains et dans les siècles qui suivirent, la civilisation apparut un épi de blé à la main.

Si l'on avait des doutes sur la pénurie des

moyens de subsister, qui afflige l'homme dans ses débuts, alors qu'il n'a pas résolu le problème de découvrir une nourriture qui se reproduise d'elle-même avec l'aide du travail humain, on en trouverait la preuve dans les atrocités qui sont passées dans les mœurs pratiques d'un certain nombre de peuplades, quelque contraires qu'elles soient aux plus doux sentiments de notre cœur et aux notions les plus élémentaires de la morale. Telle est la coutume de tuer régulièrement les vieillards par l'unique raison que ce sont des bouches inutiles. Telle est celle plus horrible encore, s'il est possible, de l'anthropophagie. Il reste encore sur la terre beaucoup de tribus et même de petits peuples qui ont l'habitude de manger de la chair humaine, autant qu'elles en peuvent trouver, et pour lesquelles c'est non-seulement un régal, mais une ressource. Elles s'en vont en guerre les unes contre les autres, comme elles se mettent en chasse contre les bêtes des bois, ou comme les pionniers du *far west* des États-Unis, lorsqu'ils sont à portée d'un troupeau de bisons.

en abattent quelqu'un pour en faire rôtir la bosse qui leur fournit un festin abondant et délicieux.

L'anthropophagie était familière à la population de plusieurs des Antilles, entre autres à une nation vaillante, aujourd'hui disparue, celle des Cannibales, dont le nom survit pour indiquer non-seulement la passion de la chair humaine, mais encore la férocité. Sur le continent américain, elle était aussi à l'usage de certaines peuplades. Dans plusieurs archipels de la mer du Sud, elle n'a pas cessé. Les indigènes de la Nouvelle-Calédonie et ceux de la Nouvelle-Zélande s'y livrent encore avec volupté. On la retrouve dans l'intérieur de l'Afrique. Un voyageur intrépide et savant, le docteur Schweinfurt, qui a exploré récemment ces brûlantes contrées, a décrit des peuples qui perpétuent avec transport cette coutume atroce. Tels sont les Niams-Niams ou *Grands Mangeurs,* engeance belliqueuse et, le croirait-on? intelligente, fort redoutée de ses voisins. Pour eux guerre et nourriture sont deux idées inséparables. Quand ils se jettent sur l'ennemi, leur cri de guerre est : *De la viande !*

Dans les sociétés civilisées, parmi celles même qui se livraient à l'agriculture avec intelligence, la famine, dans toute son horreur, a fait des apparitions qui ont semé l'épouvante et le deuil. Il y en a eu même dans la fertile Égypte au temps de sa splendeur, témoin l'histoire des sept vaches maigres, et on en rapporte encore des exemples pour les nations européennes, dans des temps où elles pouvaient se croire parvenues à un niveau élevé de civilisation. J'ouvre deux encyclopédies prises au hasard, entre toutes celles qui existent, et voici ce que j'y trouve au sujet des famines :

Longtemps après les famines épouvantables de l'Égypte, dont une dura sept ans, ce fléau s'abattit sur l'empire romain, en l'an 79 et sous le règne de Titus. Sous le règne de Marc-Aurèle, cet empereur vendit la partie la plus précieuse de l'ameublement de son palais, sa vaisselle d'or et d'argent, les perles, pierres, parures, diamants et rubis qui appartenaient tant à lui qu'à l'impératrice, pour procurer des subsistances à son peuple. En l'an 360, époque à laquelle l'empire romain était disputé par une trentaine de compétiteurs, la famine vint ajouter ses tortures aux malheurs de cette anarchie tyrannique. Notons du reste que l'époque la plus féconde en famines est peut-être celle de la chute du colosse romain, à la suite des invasions des peuples barbares de la Germanie dans les autres parties de l'Europe. Les famines générales se trouvent comprises entre le cinquième et le quatorzième siècle ; en 542, cette partie du monde paya son tribut à ce fléau ; en 1006 et 1021, elle fut désolée par une famine de sept ans qui détruisit plus d'un tiers de la population ; en 1030, la France et la Bourgogne furent particulièrement atteintes. Dans les années 1053, 1059, 1096, 1101 et 1108 jusqu'à 1113, l'Europe eut encore à souffrir considérablement ; et enfin, en 1345, des pluies continuelles et presque générales entraînèrent une stérilité qui menaça l'existence de la plupart des États (1).

Ancillon, Schiller, disent qu'à la fin de la fameuse guerre de Trente ans, 1618-1648, les plus belles contrées de l'Allemagne étaient devenues un désert, où l'on ne se tuait plus parce que l'on ne pouvait y vivre, et où le peu d'habitants échappés aux horreurs de cette guerre maudite moururent littéralement de faim. La destruction fut si complète qu'il ne restait pas même d'héritiers pour recueillir la succession des morts, et que de nouvelles populations vinrent plus tard prendre la place de celles qui avaient disparu.

En 1709, les habitants des campagnes de la France se fabriquaient une espèce de pain avec le gland des chênes (2).

(1) *Encyclopédie des gens du monde.*
(2) *Complément de l'Encyclopédie moderne.*

Dans l'Inde, que nous nous représentons volontiers comme un pays admirablement doué, mais où l'on compte plusieurs provinces à population serrée, et où d'ailleurs les communications ont été extrêmement imparfaites jusqu'à l'époque où, après la révolte des Cipayes, le gouvernement britannique substitua son autorité à celle de la compagnie des Indes, la famine sévit de temps en temps, et y a dévoré naguère les hommes par millions. Pas plus tard qu'en 1875, elle y a fait encore des victimes, et, au moment où ce désastre éclatait, les familles des malheureux qui étaient morts de faim dans le district d'Orizza avaient à peine eu le temps d'essuyer leurs larmes.

Dans l'Europe du dix-neuvième siècle, si fière de ses progrès et de sa puissance en tout genre, il y a eu des disettes qu'on a pu appeler des famines; elles ont été si cruelles que le souvenir en est resté dans la mémoire des âmes sensibles, et encore plus dans celles des populations pauvres. L'année 1817 fut marquée par une calamité de ce genre. La récolte de 1816 avait été détestable; des pluies continuelles pendant l'été avaient empêché la moisson ou pourri les grains. Le prix du pain monta extrêmement. Il y eut en France des départements où le blé se vendit jusqu'à 73 francs l'hectolitre. Dans quelques-uns, les populations furent réduites à se nourrir de l'herbe des champs. On eut cependant le courage de proposer en 1819 une loi dont l'objet avoué était d'empêcher, non pas la hausse, mais la baisse des céréales. Pendant la discussion, un député, qui déjà avait en d'autres circonstances donné des preuves de courage, M. Voyer d'Argenson, prononça contre la loi un discours où l'on remarque ce passage :

J'en appelle à tous ceux qui ont habité le fond des campagnes; ils verront ce qu'ils ont vu mille fois; à mesure que le prix des denrées s'élève, la nourriture du pauvre devient plus grossière : de l'usage du méteil, il passe à celui de l'orge, de celui de l'orge à celui des pommes de terre ou de l'avoine. Je ne veux pas chercher à vous émouvoir, Messieurs, je ne puis cependant oublier que j'ai mis en herbier vingt-deux espèces de plantes que nos habitants des Vosges arrachaient dans nos prés pendant la dernière famine (1817); ils en connais-

sent l'usage en pareil cas par la tradition de leurs pères;
ils l'ont laissée à leurs enfants, et c'est à peine si ces
plantes, cueillies à l'époque dont je vous parle, sont
complétement desséchées au moment où nous examinons s'il faut combattre législativement l'abaissement
du prix des grains.

Sous le règne de Louis XV, un jour que
les ministres étaient assemblés en conseil sous
la présidence du roi en personne, un des ministres, homme de bien, avait posé sur la table
une masse indigeste sortant du four, et qui
était faite de fougères, en disant au roi :
« Sire, voilà le pain que mangent une partie de
vos sujets. »

Dans le courant du siècle actuel, grâce à
la paix qui a permis au travail d'accumuler
des capitaux et de les consacrer aux améliorations publiques, et tout particulièrement au
perfectionnement des moyens de transport
par terre et par eau, les arrivages des blés
étrangers, même des pays producteurs dont
on était séparé par les mers, ont été rendus faciles ; ils ont pu se multiplier, et les blés ont
pénétré ensuite jusqu'au centre des conti-

nents avec des frais modérés. Les États-Unis à l'occident, la Russie à l'orient, se sont mis à produire des céréales en quantité, de façon à venir au secours des autres États et à s'enrichir eux-mêmes par ce commerce. J'ai visité, au mois d'avril 1875, à Liverpool, un dock qui était rempli de blés et de farines venant de la Californie. Les navires qui avaient apporté ces denrées avaient dû descendre toute la distance de San-Francisco au détroit de Magellan, et puis remonter l'Atlantique de cette latitude si éloignée jusqu'à la baie de la Mersey sur laquelle est bâtie Liverpool. C'est un voyage de 22 ou 23,000 kilomètres, qui coûte environ 6 francs par hectolitre.

Il reste cependant encore à faire pour qu'en Europe, même chez les peuples les plus avancés, le danger des disettes soit complétement et définitivement conjuré. D'abord, les approvisionnements ne se sont pas développés à beaucoup près pour la viande, aliment si nécessaire à l'homme qui travaille, au même point que pour les grains et les légumes secs qui en peuvent tenir lieu. Cet aliment substan-

tiel a doublé et quadruplé de prix, et il monte
toujours.

Mais il y a des causes d'un autre genre qui
peuvent faire éclater sur nos sociétés européennes le fléau, non-seulement de la disette,
mais de la famine même. Il s'y est formé
des amoncellements de populations dont le
passé n'offre pas d'exemple. La ville de
Londres avec ses faubourgs en est à quatre
millions d'habitants ; Paris approche de deux
millions. D'autres villes, sans avoir atteint ces
chiffres inouïs, sont arrivées cependant à ceux
déjà bien élevés de trois cent mille, de cinq
et de six cent mille âmes. Berlin a même nota-
blement dépassé ce dernier nombre.

Ces grandes agglomérations ne sont certes
pas dénuées de vivres. Loin de là, dans l'état
ordinaire des choses, le libre commerce, sans
intervention de l'autorité, y amène par le
seul effort de l'industrie privée les montagnes d'aliments qu'il faut pour que tout ce
monde soit pourvu et jouisse d'un sort ma-
tériel plus satisfaisant que celui des gens de
la campagne. De nombreux ateliers, petits

ou grands, fournissent à tout ce peuple, en échange de son travail, le moyen de se procurer chacun sa part de victuailles. Mais, si un événement quelconque venait désorganiser le travail, la source des salaires serait tarie, et, comme une grande partie de la classe ouvrière n'a pas su, ou n'a pas voulu, ou n'a pas pu se mettre en garde contre les angoisses de l'adversité en faisant des épargnes, qu'arriverait-il alors?

Je me plais à croire que des éventualités de ce genre ont peu de probabilité, mais on m'accordera bien qu'elles sont dans l'ordre des choses possibles. Si l'on en doutait, qu'on se reporte à l'époque de la Terreur, et qu'on relise dans les historiens ce qui se passait en 1793 à Paris. La désorganisation du travail était absolue, parce que la révolution y sévissait plus qu'ailleurs, et que la désastreuse loi sur le maximum y était plus sévèrement prescrite. Le nombre des indigents devint énorme. Les riches, autant qu'il en pouvait exister, avaient eux-mêmes de la peine à se procurer du pain. Le commerce des grains et l'industrie de la boulangerie participaient, plus encore que d'autres professions, au désarroi général. On faisait queue des heures entières à la porte des boulangers pour obtenir une ration exiguë. On y passait, dit M. Thiers, une partie des nuits. On avait cessé de faire le pain avec du froment pur, on y mêlait du seigle, et il n'y en avait que de cette sorte pour tout le monde (1). Si la Terreur avait duré une année de plus, on ne peut dire à quelle extrémité la population parisienne eût été réduite. Déjà le maire Pache, dans une proclamation, disait au peuple de Paris qu'il était menacé du danger de s'entre-dévorer.

Veut-on avoir un autre exemple des privations auxquelles les nations populeuses, et dans ces nations les grandes cités, telles que les capitales, peuvent être soumises, même dans des circonstances beaucoup moins anormales que celles qui étreignaient la France pendant la Terreur? On n'a qu'à jeter un coup d'œil sur

(1) *Histoire de la Révolution française*, tome V, chapitre XV.

la Chine. Les Chinois, peuple industrieux, travaillent la terre avec une intelligence et une sollicitude qui sont égalées seulement par exception dans les contrées les plus policées de l'Europe, et de plus ils sont remarquables par leur sobriété et par leur économie en tout genre; ils sont cependant réduits aux expédients pour rassasier leur faim. Ils ramassent pour vivre des débris qui nous inspireraient un profond dégoût, ils ont recours à la substance d'animaux que nous tenons pour immondes. Rien ne les rebute de ce qui peut accommoder un estomac affamé. M. de Beauvoir, qui a visité la Chine il y a peu d'années, cite un trait à faire frémir le cœur le plus robuste de l'Europe : il rapporte que, à Pékin, les mendiants volent les têtes toujours nombreuses des suppliciés, exposées dans des cages sur le lieu des exécutions et à moitié tombées en pourriture, dans le but de s'en repaître. Laissons raconter cette affreuse coutume par ce voyageur intelligent et sincère, qui en a été témoin.

Mais, un peu plus loin, nous pouvons constater *de visu* que les têtes des exécutés sont exposées en pleine

rue sur le sable encore barbouillé de traînées rougeâtres.
Nous voyons sept petits socles supportant chacun une
cage d'osier ; six têtes d'hommes et une tête de femme
fraîchement décollées y sont enfermées avec une sen-
tence inscrite sur un petit papier, appliqué sur l'affreux
mélange des nerfs sanglants et des glandes du cou :
une expression poignante de douleur est peinte sur ces
visages blêmes aux yeux encore ouverts, à la bouche
béante et aux cheveux rougis. Un de nos interprètes lit
le motif de l'exécution : « La justice a puni le vol. »

La sépulture se fait longtemps attendre pour ces restes mutilés, destinés à servir d'exemple aux malfaiteurs.
Si je ne l'avais vu à trois reprises différentes, je ne croi-
rais pas au triste sort qui est réservé à la tête d'un con-
damné ; mais sur le pont fameux, connu sous le nom
de « pont des mendiants », grandiose construction de
marbre antique, s'assemblent tous les jours pour im-
plorer la charité publique, plusieurs centaines de pauvres êtres demi-nus, lépreux, galeux et aveugles ; ils
sont si affamés qu'ils vont chercher dans les cages
d'osier les têtes en décomposition, les salent — et les
mangent (1) !


Le genre humain étant dans cette pénurie
de subsistances, il a été prudent de sa part de
ne pas se borner à la surface solide de la terre

---

(1) M. Roger de Beauvoir : *Voyage autour du monde, Pékin, Yédo,
San-Francisco.*

pour en tirer des aliments. Il s'est mis à puiser dans les airs et dans les eaux. Le domaine des airs contient un certain nombre de volatiles contre lesquels se dirige l'industrie de la chasse. Mais ce n'est qu'une ressource très-limitée, parce que, à l'exception des troupes d'oiseaux voyageurs qui émigrent en grandes masses, le nombre des sujets qu'on peut prendre est restreint. Et l'émigration, quelque nombre d'oiseaux qu'elle contienne, ne se présente pour chaque sorte que deux fois par an. Encore ne peut-on s'y attaquer que lorsque les bandes d'oiseaux fatiguées par un long voyage se tiennent dans les régions inférieures de l'atmosphère, et n'ont plus qu'un vol mal assuré. En France, le cas se présente sur les cailles lorsqu'elles ont traversé la Méditerranée.

Les poissons composent une ressource infiniment plus considérable que la gent ailée. Les hommes, depuis bien longtemps, pour se procurer des subsistances, se sont adressés à la partie aquatique de la planète. On a pêché avec ardeur dans les fleuves, les ruisscaux, les lacs. On a même converti en étangs une certaine étendue de terrains peu fertiles, afin d'en tirer des récoltes de poissons. C'est ce qui existe en France, à peu de distance de Lyon, dans les Dombes. La mer, qui est peuplée de poissons, a été fouillée avec un grand succès. On sait qu'elle forme environ les trois quarts de la superficie de la planète.

Le christianisme a contribué grandement à développer la pêche, par le commandement de l'Église catholique, qui est conçu en ces termes :

*Vendredi chair ne mangeras*
*Ni le samedi mêmement.*

L'interprétation que l'Église a donnée au mot chair, en décidant que le poisson n'y était pas compris, est une fiction heureuse qui a exercé une grande influence sur le développement d'un des arts les plus difficiles que pratiquent les hommes, celui de la navigation. L'usage du poisson deux jours de la semaine, et en outre pendant le carême et divers jours consacrés isolément, a provoqué les peuples

industrieux à fréquenter les mers pour y rechercher les richesses alimentaires qu'elles
recèlent dans leur sein. Le hareng, qui voyage
en troupes innombrables, a fixé l'attention des
nations maritimes; il a enrichi la Hollande,
et lui a fourni la base d'une marine puissante.
On le sale de manière à le conserver, et, moyennant cette préparation, il offre une nourriture à bas prix que, dans toute l'Europe, les
classes peu aisées consomment en grande
quantité et en toute saison. La morue, qui
abonde en certains parages, et surtout autour
de l'île de Terre-Neuve, rivalise avec le hareng, par la masse énorme qui s'en consomme
après qu'elle a été de même salée. On la trouve
avec des apprêts très-variés sur la table du riche
aussi bien que sur celle du pauvre. Le saumon
est aussi un produit de la mer qu'il faut mentionner. Il y a des localités où il abonde tellement que les domestiques font la condition
à leurs maîtres de n'en être nourris que deux
ou trois jours par semaine. On dit que c'était
l'usage en Écosse, il y a peu de temps encore. Le thon est aussi une ressource dans

certaines parties du littoral de la Méditerranée. Une foule d'autres poissons, qu'on ne
sale pas, rendent de grands services à l'alimentation publique et pourraient en rendre
de plus grands encore. La sardine et l'anchois,
qu'on est dans l'habitude de conserver, nous
fournissent aussi un contingent précieux, et
l'huître, aujourd'hui devenuesi chère, par suite
d'une exploitation à outrance des parages qui
la contiennent, est un manger à la fois très-
agréable au gastronome et recommandé par
l'hygiène.

Enfin, M. Coste est venu, avec des procédés
de pisciculture qui permettent de multiplier
le poisson dans les eaux intérieures des États.
Il y a des pays, et la France est du nombre,
où les rivières, et, à plus forte raison, les
ruisseaux ont été dépeuplés. C'est aussi nuisible aux populations que si on laissait en
friche une grande superficie de bonne terre.
Grâce à l'esprit ingénieux d'observation et à
la persévérance obstinée pour le bien public,
qui distinguaient M. Coste, est apparu un
art nouveau que les gouvernements ne sau-

raient trop encourager par les moyens qui leur appartiennent, et en tête desquels se place naturellement une bonne police des eaux. Toutefois le gouvernement peut joindre utilement à des règlements de police des facilités qu'il donnerait pendant quelque temps chez les peuples qui n'auraient pas su encore en contracter l'habitude, pour créer le menu fretin qu'on déverserait ensuite dans les cours d'eau. Le vaste établissement, propriété de l'État, qu'on avait à Huningue, devrait être rétabli autre part, puisque nous en avons été dépouillés, et il y aurait lieu à ce qu'il y en eût plusieurs du même genre répartis sur le territoire français. Le projet que M. Bouchon-Brandely préconise dans son livre semble devoir satisfaire à ce besoin incontestable, et, par son côté essentiellement économique, il est de nature à fixer l'attention du ministère de l'Agriculture, auquel l'auteur s'adresse plus particulièrement. Du reste, la loi votée par l'Assemblée nationale établissant l'enseignement de la pisciculture dans les fermes-écoles, et dans les autres établissements agricoles dépendant de l'État, est un premier pas fait dans cette direction. L'application pleine et entière de cet acte législatif assurerait le fonctionnement régulier de la pisciculture en France, y créerait une industrie nouvelle, et nous placerait au même niveau que les autres nations de l'Europe et de l'Amérique par lesquelles nous avons eu le tort de nous laisser devancer.

Les fleuves et les rivières font partie du domaine public; les soins en incombent à l'État aussi bien pour l'empoissonnement que pour la navigation et le flottage.

Les aperçus incomplets et rapides que nous venons de tracer suffisent cependant pour recommander le travail auquel s'est livré M. Bouchon-Brandely, en composant le présent volume. C'est, en effet, à la fois un manuel pratique et un traité scientifique. L'auteur, qui a été chargé par le gouvernement de deux missions dans les pays voisins de la France, n'a épargné aucune peine pour que son œuvre fût à la hauteur du sujet. Par là il rend à son pays un service qui doit être signalé. Un de nos rois a dit que celui qui découvrait une plante utile méritait plus de reconnaissance que celui qui gagnait une bataille. Le même éloge sera dû à M. Bouchon-Brandely s'il réussit à persuader aux pouvoirs de l'État que le moment est venu de repeupler nos cours d'eau, en suivant la voie qu'avait ouverte M. Coste, et de prendre les mesures conservatrices qui sont indispensables pour que le domaine des eaux intérieures, et aussi celui des mers baignant nos côtes, cessent d'être dévastés par une exploitation imprévoyante et barbare.

MICHEL CHEVALIER.

# TRAITÉ
# D'AQUICULTURE

ET SUBSIDIAIREMENT

DE LA PISCICULTURE EN FRANCE

ET DANS LES PAYS VOISINS.

---

## CHAPITRE PREMIER.

### CONSIDÉRATIONS GÉNÉRALES.

Nous n'avons pas l'intention de faire une longue étude sur l'histoire de la pisciculture et d'aller rechercher ses origines jusqu'au temps des Romains ; il nous serait difficile de faire mieux dans cette voie, que nos prédécesseurs qui sont entrés à cet égard dans les développements les plus complets.

A chacun sa tâche : la nôtre consiste à produire un livre pratique que l'on puisse consulter utilement, tout en indiquant les améliorations dont la pisciculture est susceptible dans l'avenir, lorsqu'elle aura passé, chez nous, du domaine de la

1

théorie dans celui de l'application. Et comme complément à ces considérations, nous signalerons aussi les fautes qui ont retardé nos progrès, ou du moins qui ont contribué à nous laisser dans un état d'infériorité, vis-à-vis des autres nations, sous le rapport de la culture des eaux.

Laissant de côté dom Pichon, moine de l'abbaye de Réome et vivant au quatorzième siècle, auquel on attribue l'honneur de la découverte de la fécondation artificielle des œufs de poisson, ainsi que Jacoby, regardé par M. Coste comme le véritable auteur de cette découverte, nous désignerons en passant les deux pêcheurs vosgiens Géhin et Remy, qui en ont fait revivre la tradition en pénétrant de nouveau, par une laborieuse et patiente observation, ce mystérieux secret de la nature.

Nous nous reporterons simplement à l'époque où la France, prenant l'initiative, donnait à la pisciculture une impulsion dont tous les États de l'Europe ont ressenti les heureux effets, et qui a trouvé un écho dans cette Amérique si accessible aux découvertes utiles et philanthropiques.

En 1850, M. Milne Edwards fut chargé par le ministre de l'Agriculture et du Commerce, de présenter un rapport sur la découverte de MM. Géhin et Remy, relative à la fécondation artificielle des poissons, et sur l'avantage qu'il y aurait à employer leurs procédés, tant pour le repeuplement des rivières, qu'au point de vue de l'industrie nouvelle qui pouvait en résulter.

M. Milne Edwards, dont la compétence est d'ailleurs si bien justifiée, présenta au ministre, dans un travail remarquable, des conclusions qui ne pouvaient plus laisser subsister aucun doute sur la valeur des révélations des deux pêcheurs vosgiens.

M. Dumas, secrétaire perpétuel de l'Académie des Sciences, alors ministre du Commerce et de l'Agriculture, nomma, à la suite de ce rapport, une commission dont MM. Coste, Franqueville, etc., faisaient partie avec M. Milne Edwards, et la chargea d'aviser aux moyens de multiplier le poisson dans les rivières, lacs et étangs du pays.

Alors, comme aujourd'hui, il s'agissait d'une question touchant directement à l'alimentation publique, question d'autant plus intéressante que les sources de production se trouvent forcément limitées par la perfection que les agriculteurs ont apportée à la culture de la terre, car l'on ne fera pas qu'un champ de vigne, un pré, etc., produise plus que ne le comporte son étendue, lorsque la science agricole aura dit son dernier mot.

Le passage suivant que nous empruntons à l'excellent rapport adressé au ministre par M. Milne Edwards, point de départ des travaux qui se sont accomplis ultérieurement, faisait déjà entrevoir tout le parti que l'État pourrait tirer de la culture des eaux, soit au point de vue de la production, et par conséquent de l'intérêt général, soit à celui de ses finances :

« Le poisson est, en effet, un aliment riche en « principes nutritifs, et en augmenter l'abon- « dance, soit dans le voisinage de nos côtes, soit « dans l'intérieur du pays, serait un bienfait réel « pour toutes les classes de la population. La « pêche fluviale est, en général, peu productive en « France; mais il suffit de jeter les yeux sur ce « qui se passe dans les contrées voisines pour « comprendre quelle pourrait en être la valeur, « si, à l'aide de notre industrie, nous parvenions « à peupler de bons poissons nos rivières et nos « étangs, comme la nature elle-même a peuplé « les eaux de l'Écosse ou de l'Irlande, et comme « nos agriculteurs peuplent d'animaux herbi- « vores destinés également à nous servir de sub- « sistance, leurs terres à pâturages. »

La commission tomba tout de suite d'accord sur la nécessité de rechercher les moyens de remédier à l'épuisement de nos eaux douces, qui s'accroît chaque jour, dans la mise en pratique de la méthode qui consiste à propager et à élever le poisson par des procédés artificiels; elle reconnaissait en même temps que les opérations d'empoissonnement devaient être considérées comme des travaux d'utilité publique, et qu'on ne pourrait donner une importance réelle à nos pêches fluviales qu'en faisant exécuter ces travaux aux frais de l'État.

Le rapport que M. Coste publia simultanément avec celui de M. Milne Edwards, vint donner une valeur nouvelle aux idées exprimées par ce dernier, et les conclusions qui furent émises par chacun de ces deux savants se fortifièrent en se complétant.

Ce fut sous de tels auspices que se produisit cette grande pensée qui a donné naissance à une science économique dont les progrès s'accentuent chaque jour, en même temps qu'elle laissait concevoir pour l'avenir les plus brillantes espérances.

## M. COSTE.

M. Coste, professeur d'embryogénie comparée au Collége de France, se trouvait nécessairement amené par la nature de son enseignement et la spécialité de ses études, à se livrer plus particulièrement à des expériences sur ce sujet, et comme il ne tarda pas à prendre la direction de la pisciculture en France, et à en devenir en quelque sorte le chef le plus autorisé, nos lecteurs nous sauront gré de rappeler en quelques mots les premiers efforts de cet illustre maître, et de lui consacrer une courte notice. Ce sera en même temps pour nous une occasion de rendre un juste hommage à sa mémoire.

Né à Castries (Hérault) le 10 mai 1807, Coste (Jean-Jacques-Marie-Cyprien-Victor), avec l'ardeur sans égale qu'il mettait à toutes choses, prit en main le développement de l'industrie nouvelle à laquelle la découverte des pêcheurs vosgiens venait de donner naissance. Comprenant toute la valeur de l'aquiculture, et les ressources immenses qu'offrait pour l'avenir l'application éclairée de cette science économique, restée jusque-là en quelque sorte inconnue, il se fit le propagateur des méthodes de pisciculture.

Le laboratoire qu'il possédait au Collége de France fut le lieu où il commença les premières expériences ; puis des bassins furent creusés dans le jardin de cet établissement pour recevoir les sujets en observation, et l'on établit dans le même laboratoire des appareils destinés à l'incubation des œufs qui avaient été fécondés artificiellement. A partir de ce moment, M. Coste se met en relation avec des pêcheurs de la Suisse, fait

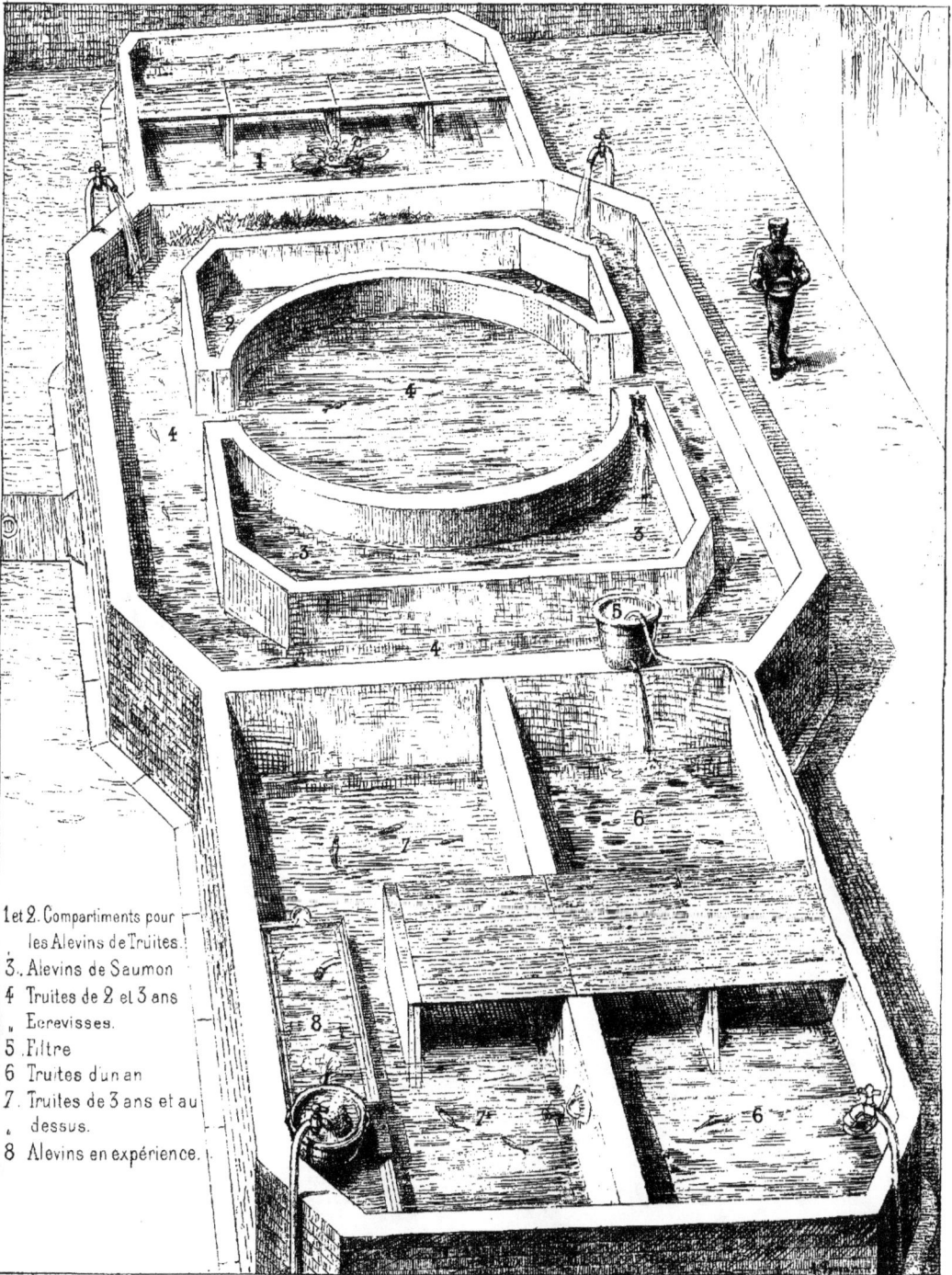

1 et 2. Compartiments pour
   les Alevins de Truites.
3. Alevins de Saumon.
4. Truites de 2 et 3 ans
   Ecrevisses.
5. Filtre.
6. Truites d'un an.
7. Truites de 3 ans et au
   dessus.
8. Alevins en expérience.

Laboratoire de Pisciculture crée par M.ʳ Coste.

Imp Mouroçy Paris.

venir de ce pays les premiers œufs de grandes
truites des lacs; il s'entoure des conseils d'hommes
expérimentés, comme MM. Berthot et Detzem; il
se sert des rapports de MM. Coumes et Ashworth;
il recourt à l'assistance de l'administration des
eaux et forêts, et s'inspire des déclarations de
MM. Milne-Edwards, Dumas, Quatrefages. Après
avoir trouvé dans un haut patronage l'appui nécessaire pour toutes les innovations qui suscitent
toujours d'injustes défiances et, comme il le disait
lui-même, l'esprit de dénigrement, ce parasite de
toute idée nouvelle, il se fait le vulgarisateur hardi
des résultats acquis et des idées qui devaient en
étendre l'application.

Après une visite du chef de l'État, les bassins
du collége sont agrandis et recouverts, et les piscines deviennent un vaste laboratoire où l'on multiplie les expériences, où l'on perfectionne les appareils servant à la pratique de la pisciculture. La
production des œufs y est véritablement considérable, et l'on peut, dès ce moment, faire des
distributions dans un but tout à fait pratique. Il
en est de même des alevins, que l'on fait éclore; le
nombre en est si grand, qu'après avoir satisfait à
toutes les demandes, on peut encore en répandre
dans la Seine des milliers qui, quelques années
plus tard, se sont montrés dans ses affluents, et

notamment dans l'Yonne. M. Coste ne s'en tient pas là; ce laboratoire est insuffisant, et les expériences qu'il vient de faire sont concluantes; il faut les appliquer au peuplement de nos eaux; il provoque la création de l'établissement national de pisciculture d'Huningue, et préside à son installation. Nous aurons occasion de parler plus tard de cet établissement, et d'apprécier les services qu'il a rendus et le rôle qu'il a joué.

Ce n'est pas tout : après avoir étudié les espèces des eaux douces, au point de vue de leur propagation, de leur acclimatation, M. Coste entreprend une série d'expériences sur les espèces maritimes.

Le laboratoire du Collége de France subit une nouvelle transformation, et les eaux douces qui alimentent les bassins sont remplacées par l'eau de mer, que l'on fait venir par le chemin de fer dans des tonneaux, ou même que l'on obtient par la fabrication artificielle. On étudie tour à tour les différentes espèces maritimes; puis les recherches de M. Coste se portent sur les mollusques. Il demande encore et obtient la création d'un laboratoire à Concarneau, où il pourra plus à son aise, et avec des éléments meilleurs, continuer son œuvre d'expérimentation.

Comme on le voit, les débuts avaient été on ne peut plus brillants.

Des voyages d'exploration sur le littoral de la France et en Italie, la vue des progrès de l'industrie huîtrière dans le lac Fusaro, des ressources que les pêcheurs de Comacchio savent tirer de la culture de l'anguille, lui inspirent aussi l'idée d'ajouter à la reproduction artificielle des salmonidés et des autres espèces alimentaires des eaux douces; il s'empresse d'organiser un essai en grand d'ostréiculture dans la baie de Saint-Brieux et de l'étendre progressivement à tous les points de notre littoral. Dès 1860, deux millions d'huîtres achetées en Angleterre sont réparties entre l'étang de Thau et la rade de Toulon pour créer des parcs huîtriers dans la Méditerranée; une réserve alimentée par d'énormes envois de la Grande Bretagne est placée dans l'anse de la Forêt, près Concarneau; trois autres parcs modèles sont établis dans le bassin d'Arcachon.

A cette époque M. Coste songe à tirer parti de la *montée* qui permettrait de multiplier les anguilles dans les eaux de notre pays; il commence au Collége de France sur ce poisson diverses expériences dont les résultats ne font que le fortifier dans ses appréciations, et confirmer les faits qu'il avait observés à Comacchio. Ses vues s'étendent encore plus loin : il se propose d'utiliser pour l'élevage des salmonidés un immense récipient, le bassin des Settons, de 450 hectares de superficie et de 30 mètres de profondeur, et il indique lui-même les dispositions qu'il sera nécessaire de prendre.

C'est à la suite de son voyage sur le littoral et en Italie qu'il publie cet intéressant ouvrage que les savants et les pisciculteurs connaissent tous, *Voyage d'exploration sur le littoral de la France*, auquel il joint ses *Instructions sur la pisciculture*.

Telle est, esquissée à grands traits, l'œuvre de M. Coste; si on ne peut lui attribuer tout entier le mérite de la création des industries piscicoles et ostréicoles en France et dans les pays voisins, il y a du moins contribué pour la plus grande part; voici le jugement porté sur M. Coste par M. de Quatrefages, auquel nous emprunterons encore bien des citations :

« Si l'aquiculture française a rapidement pro-
« gressé dans des directions très-diverses, une très-
« grande part d'éloges en revient à l'intelligente,
« à l'intrépide assistance de M. Coste. C'est à lui
« seul, entre autres, qu'on doit d'avoir vu trois
« ministères entrer avec une largeur jusqu'ici
« sans précédents dans la voie de l'expérimen-
« tation pratique des sciences naturelles, sciences
« qui seront un jour pour la culture des êtres
« vivants ce que la physique et la chimie sont pour
« l'industrie qui s'adresse aux matières mortes. »

Nous n'avons pas ici à considérer M. Coste comme physiologiste ; ses travaux sur l'embryogénie comparée, qui lui ont ouvert les portes de l'Académie des sciences et du Collége de France, l'ont élevé aux premiers rangs des expérimentateurs à la tête desquels est placé M. Claude Bernard, une des grandes illustrations de notre pays. L'originalité de ses découvertes a fait faire un pas important à la science dans une branche encore inexplorée de l'histoire naturelle des corps organisés, et le Collége de France, où il a toujours rencontré, de la part des administrateurs qui se sont succédé et de ses collègues, le concours et les encouragements les plus bienveillants, le comptera avec honneur au nombre de ses illustrations.

Indépendamment de ses nombreux travaux et des publications qu'il a laissées, il nous reste de ce savant et sympathique professeur le laboratoire, berceau de la pisciculture, qu'il a fondé, et dont nous donnons ici le dessin.

Mais revenons à l'époque où M. Coste fut chargé, en même temps que M. Milne Edwards, de présenter au ministre une appréciation raisonnée de la découverte des pêcheurs vosgiens.

M. Coste s'appuya sur les récentes expériences qu'il avait entreprises pour donner à son rapport un intérêt pratique; il dessina à partir de ce moment les étapes successives par lesquelles la pisciculture a dû passer pour arriver dans les pays étrangers à ce degré de perfection qui est pour quelques-uns, comme pour l'Angleterre par exemple, une source considérable de revenus assurés et un moyen de remédier à la cherté sans cesse croissante des produits alimentaires.

Voici comment débute le rapport de ce maître autorisé, dont les travaux et les publications serviront de modèle à tous les hommes qui s'occuperont d'aquiculture :

« La pisciculture, qui avait acquis chez les « anciens un si haut degré de perfection, est « tombée de nos jours dans un tel état de déca- « dence que c'est à peine si elle compte parmi « les branches les moins importantes de l'in- « dustrie moderne; et cependant jamais les con- « ditions sociales n'ont mis plus impérieusement « en demeure d'élever la production au niveau « des besoins que l'accroissement continu de la « population développe. »

Et plus loin : « Il n'y a pas, je l'affirme, et je vais « en donner la preuve par le résultat de mes ex- « périences, il n'y a pas une seule branche d'in- « dustrie ou de culture qui, avec moins de chances « de perte, offre de plus faciles bénéfices à réaliser.

« Que faut-il, en effet, pour que les cours
« d'eau, les lacs, les étangs, les mares elles-
« mêmes, au lieu d'être des bassins inutiles dont
« on poursuit à grands frais le desséchement
« dans le but de livrer à la charrue le sol qu'ils
« recouvrent, se transforment en piscines aussi
« productives que les champs où croissent les
« plus riches moissons ? Il faut que, sans qu'il en
« coûte rien pour se les procurer, on puisse y
« introduire autant de poissons nouvellement
« éclos que pourront en nourrir les réservoirs
« qu'il s'agit de peupler, et que, par une expé-
« rience préalable, on ait acquis la certitude
« qu'en un court espace de temps tous ces pois-
« sons auront pris une assez grande taille pour
« fournir une récolte abondante. »

Comme M. Milne Edwards, M. Coste avait
compris qu'il s'agissait d'une question d'intérêt
public de premier ordre, et que le problème à
résoudre était celui-ci : repeupler nos cours d'eau
et leur rendre leur première et normale fécondité.
La science a résolu le problème ; mais la mise en
pratique n'a pas répondu aux espérances légitimes que l'on avait conçues. La pisciculture a,
au début, passionné tous les esprits, puis les résultats qu'on en attendait ne s'étant pas immédiatement produits, on s'est lassé d'abord, on s'est

arrêté ensuite, et finalement l'indifférence a
succédé à l'engouement que les premiers essais
avaient fait naître. Ce n'est pas, il faut bien le
reconnaître, ni de la faute des hommes qui avaient
été chargés de diriger les premiers pas de cette
industrie naissante, ni de celle de l'État. Certes,
la fondation de l'établissement d'Huningue est
un témoignage éclatant de la sollicitude du gouvernement ; mais il est dans l'essence même de
notre tempérament de ne pas poursuivre avec obstination, comme le font certains peuples, et après
en avoir reconnu la valeur, l'application des découvertes que nous avons laborieusement mises
au jour. Il est sans doute beaucoup d'autres causes
qui ne sont pas étrangères à la situation actuelle
de l'aquiculture en France ; nous les rechercherons
dans le courant de ce chapitre.

L'œuvre de ces maîtres est malheureusement
restée incomplète, et il est regrettable que pour
la mener à bonne fin leurs travaux aient été sus-
pendus. M. Milne Edwards a été entraîné par ses
nombreuses et importantes occupations scientifiques à négliger l'étude de la pisciculture ;
M. Coste nous a été enlevé juste au moment où
ses conseils et son expérience auraient été d'une
grande utilité, à présent que l'établissement
d'Huningue ne nous appartient plus et qu'il

s'agit, tout en le remplaçant, de donner à l'aquiculture une extension que nos besoins comportent et que tout le monde désire, et de suppléer
à son insuffisance clairement démontrée. Les
rapports de ces illustres savants ont, il est vrai,
contribué dans une grande mesure à faire de la
pisciculture ce qu'elle est actuellement à l'étranger, c'est-à-dire une science économique, et elle
est destinée, sans aucun doute, à devenir chez
nous, dans un temps prochain, une industrie
nouvelle et une source féconde pour la fortune
publique.

Maintenant, examinons ce qu'il nous reste de
ces encouragements et de ces travaux merveilleux
que tout le monde suivait avec une attention sou-
tenue. Au point de vue du revenu public, qui nous
intéresse tout d'abord, il n'en reste rien, absolument rien.

La science piscicole a-t-elle fait depuis cette
époque de réels progrès en France? On serait
presque tenté de répondre que les savants dont
nous avons parlé, et qui nous avaient donné les
premiers enseignements, semblent aussi nous
avoir légué les derniers; ils n'ont point trouvé
d'imitateurs, et sans les recherches entreprises par
quelques travailleurs consciencieux et patients, qui
ont continué à faire dans cette voie les plus louables

efforts, sans les publications spéciales qui se sont produites périodiquement, sans la Société d'acclimatation qui n'a pas désespéré un instant et ne désespère pas encore du succès final, car elle ne ménage pas les encouragements, ce sentiment de retour vers la pisciculture qui se manifeste depuis quelque temps ne se serait pas produit, et nous n'aurions aucune chance de voir accueillir favorablement la pensée que nous exprimons, de demander à l'aquiculture les ressources qu'elle peut nous offrir.

Aujourd'hui, comme en 1850, nos rivières sont pauvres, plus pauvres peut-être qu'elles ne l'étaient à cette époque, et le besoin d'augmenter la production alimentaire se fait de plus en plus sentir; cependant l'établissement d'Huningue, durant une vingtaine d'années, n'a cessé d'expédier sur tous les points de notre territoire, des millions d'œufs et d'alevins; ses efforts ont été vains contre les progrès du dépeuplement de nos fleuves, de nos rivières, de nos ruisseaux.

Nous examinerons ici le rôle de cet établissement, et nous tâcherons de démontrer qu'il ne pouvait atteindre le but que l'on s'était proposé en le créant.

Dans l'esprit de ses fondateurs, il avait été édifié : 1° en vue de repeupler les cours d'eau de la

France, et de produire pour les distribuer ensuite
des œufs embryonnés et des alevins. En outre le
lieu sur lequel on l'avait construit, la proximité du
territoire suisse, le voisinage du Rhin, indiquaient
aussi l'intention que l'on avait de recueillir les
belles espèces qui vivent dans les lacs de la Suisse
et dans le Rhin, pour les propager dans les eaux
de la France.

2° Il devait être, en même temps qu'un établissement pratique, une sorte de laboratoire où l'on
ferait l'application des diverses découvertes de
nos savants, où l'on expérimenterait les nouveaux
appareils en les simplifiant, en les perfectionnant
à l'usage. La deuxième partie du programme
a été très-exactement remplie et à la satisfaction
générale; mais on ne pouvait raisonnablement
espérer le même succès en ce qui concerne la
première partie. L'on ne saurait, en effet, demander à un seul établissement, placé à l'est de
la France, de repeupler les cours d'eau du nord,
du midi, du centre et de l'ouest, et de fournir des
espèces susceptibles de vivre indistinctement dans
toutes les contrées, en s'y acclimatant. Il nous
suffira, pour démontrer la justesse de notre observation, de dire que la truite, par exemple, qui
fraye dans le midi à partir de la fin du mois de
septembre jusqu'à la fin du mois de novembre, ne

2

fraye en Normandie qu'en janvier et février. Il
existe donc certaines conditions physiologiques
qui ne sont pas les mêmes pour toutes les eaux
et pour tous les pays ; ces conditions, il faut en
tenir compte, sous peine d'insuccès, et le pisciculteur doit constamment s'inspirer des phénomènes
qui se produisent naturellement, les prendre
comme modèles, étudier le terrain sur lequel il
doit opérer, et ce n'est qu'en ayant la connaissance
parfaite des éléments dont il dispose, qu'il pourra
travailler avec fruit. La nature des eaux n'est pas
non plus la même partout ; ici l'on rencontre des
eaux vives et fraîches, là des eaux stagnantes et
chaudes ; tous les cours d'eau ne produisent pas
les mêmes espèces. Nous savons bien que la truite
est le poisson qui vit le plus communément dans
nos rivières, qu'autrefois on la rencontrait dans
presque toutes les eaux ; mais encore ferons-nous
observer que ces poissons, de même espèce, diffèrent d'une contrée à l'autre. Il n'était donc
vraisemblablement pas possible que des alevins
distribués par l'établissement d'Huningue, et
provenant des grandes espèces que produisent
les lacs de la Suisse, le Rhin ou le Rhône, pussent s'accommoder, sans transition, d'un espace
resserré, d'un réservoir peu profond, alimenté
insuffisamment par des eaux plus ou moins pu-

res, ou dans d'étroits ruisseaux desséchés pendant quatre mois de l'année, et y trouvassent les conditions nécessaires au développement qu'ils doivent acquérir sous peine de maladie ou de mort.

L'acclimatation des espèces est chose que l'on n'obtient que progressivement et avec de grands efforts de patience. Les hommes qui dirigent le Jardin d'acclimatation pourraient édifier les incrédules à ce sujet, car ils savent combien l'œuvre à laquelle ils se sont voués demande de soins et de persévérance.

Il n'était pas possible qu'Huningue suffît à tant de conditions; il ne pouvait que peu de chose non plus pour l'empoissonnement complet des eaux de notre pays, car, ses moyens d'action étant forcément limités, comment aurait-il répandu dans tous nos fleuves, dans toutes nos rivières, dans tous nos ruisseaux, les milliers et les millions d'alevins nécessaires à leur repeuplement? L'observation des règlements sur la pêche, sans l'application desquels tous les efforts deviennent inutiles, n'entrait point d'ailleurs dans ses attributions. Il distribuait chaque année, en moyenne, de côté et d'autre, vingt millions d'œufs et d'alevins, dont la plus grande partie restait chez nous. Eh bien, pourrait-on affirmer que les eaux de notre pays contiennent cent mille poissons de plus qu'à l'époque où l'on a commencé de les empoissonner? Ce n'est, nous le répétons, ni de la faute de l'établissement d'Huningue, ni de celle des hommes qui l'ont administré. Ce n'est pas non plus que la pisciculture soit impuissante à mettre un terme à cette ruine qui atteint tout le monde ; ce n'est pas que la science, comme toujours, n'ait apporté les enseignements indispensables pour la bien diriger; ce n'est pas la pisciculture qu'il faut accuser, mais la manière défectueuse dont elle a été appliquée, l'insuffisance d'un seul établissement piscicole, etc., etc. La pensée de créer un vaste laboratoire à l'est de la France était très-heureuse, et nous trouverons toujours bon d'avoir à la porte de la Suisse un établissement principal de fécondation et d'incubation pour recueillir les précieuses espèces qui vivent dans les eaux de ce pays, et les diriger ensuite vers les autres établissements français créés sur les différents points de notre territoire, où l'on voudrait en tenter l'acclimatation et la propagation. Cela est d'autant plus nécessaire que nous ne pourrons désormais obtenir que très-difficilement des œufs de ce pays, une situation nouvelle nous ayant été faite par une convention passée à Bâle, en mars dernier, entre les États riverains du Rhin. Nous reviendrons plus loin sur

cet acte diplomatique, et nous en examinerons la
portée.

Il ne suffit pas toutefois qu'un établissement national soit assez grandement organisé pour produire chaque année des millions d'œufs embryonnés, qui sont ensuite distribués aux personnes qui
en font la demande sans en justifier l'emploi. Il
faudrait aussi connaître l'usage que l'on fait de
ces produits de la génération, et avoir la certitude
que ces personnes auxquelles sont adressées ces
distributions possèdent les connaissances suffisantes, pour conduire les éclosions à bonne fin,
et donner ensuite à l'alevin, et plus tard au
poisson adulte, si on le conserve jusqu'à cet âge,
les soins qu'ils réclament. L'établissement d'Huningue avait bien l'attention, il est vrai, d'ajouter à chacun de ses envois les instructions pratiques que doivent connaître les personnes qui
s'occupent de pisciculture; mais ces instructions
étaient-elles suivies de point en point par les intéressés? Ce n'est pas probable; et, parmi eux, il en
était encore bien peu qui fussent en état, après
avoir pris soin des alevins jusqu'à la résorption
de la vésicule ombilicale, de les placer dans des
endroits où ils fussent susceptibles de vivre et de
prospérer. Il était impossible aux chefs de l'établissement d'exercer ce contrôle si nécessaire,

et l'on peut malheureusement croire qu'une partie des œufs et des alevins ainsi répartis ont été perdus sans profit.

Notre institution-mère, par exemple, a été certainement d'une grande utilité pour les pays de l'est, puisque les conditions climatériques, la nature des eaux, n'y diffèrent pas sensiblement de celles de la Suisse, d'où provenaient, comme nous l'avons dit, les poissons désignés pour la culture. Les habitants de ces régions avaient en outre la facilité d'aller eux-mêmes prendre des notions sur la pisciculture à Huningue, en raison de son voisinage, de s'y instruire de cette science en assistant aux manipulations qui s'y faisaient. Mais sur les autres points de la France on ne pouvait user d'un privilége semblable, et c'est ce qui explique pourquoi la connaissance de la pisciculture est en général si peu répandue dans notre pays. Reconnaissons néanmoins que l'établissement d'Huningue a rendu des services; de plus il a fait faire des progrès à la science piscicole proprement dite. Administré par des hommes éminents et dévoués, il a mis en honneur certaines méthodes que l'on suit très-exactement à l'étranger; il a fait connaître des appareils nouveaux et les a perfectionnés, il a introduit dans notre pays des espèces qui y étaient com-

plétement inconnues, et en a réalisé l'acclimatation.

Comme établissement piscicole, il ne laissait rien
à désirer: l'organisation en était parfaite; tout s'y
faisait avec méthode et régularité; M. Coste, qui
ne le perdait point de vue, lui adressait sans cesse
de nouvelles instructions, en le tenant au courant
des progrès qu'il obtenait dans son laboratoire,
et lui faisait part des découvertes récentes. Enfin
il a servi, et sert encore, de modèle à presque
tous les établissements de même nature, qui se
fondent en France et à l'étranger.

Si l'établissement d'Huningue n'a pu à lui seul
accomplir ce grand travail de la régénération des
eaux de la France, s'il n'a pu produire tout ce
qu'on lui demandait, nous avons la conviction que
plusieurs établissements régionaux y parvien-
dront. Il s'agit de réparer le temps perdu, et de
nous mettre résolûment à l'œuvre; et puisque les
États voisins de la France se sont emparés de nos
bonnes idées, et les ont mises en pratique avec
avantage, à notre tour, nous inspirant des progrès accomplis et profitant de leurs efforts, nous
leurs redemanderons des enseignements et des
exemples.

Mais il serait bon, maintenant que l'expérience
en est faite, et lorsque le moment sera venu, de

ne pas retomber dans les mêmes erreurs, dans la même exagération, et de ne garder de notre établissement national de pisciculture que les enseignements pratiques qu'il nous a légués.

Il ne sera peut-être pas sans profit, dans ces considérations générales, de jeter un coup d'œil sur les autres pays de l'Europe qui s'occupent de pisciculture, et d'en tirer, par la comparaison, des indications qui ne peuvent que nous être de la plus grande utilité. Nous avons, dans notre beau pays de France, un réseau aquatique admirable, et nous sommes, sous ce rapport, aussi bien partagés que les États les plus favorisés. Nous avons, en outre, un système d'administration qui nous permettrait d'organiser, avec une très-grande facilité, l'aquiculture dans notre pays, et d'atteindre très-rapidement ce but si légitimement désiré du repeuplement de nos eaux. Si nous comparons le produit que la Suisse, l'Angleterre, la Bavière, etc., etc., tirent de ce chef, avec le revenu de nos rivières, fleuves, canaux, il faut bien reconnaître que nous sommes, sous ce rapport, dans un état d'infériorité très-marqué, et il est bien difficile de nous absoudre de notre indifférence en matière d'application.

D'après des documents officiels qu'il nous a été permis de consulter lors de nos missions dans les

États voisins de la France, nous avons trouvé que l'Angleterre tire de ses nombreuses pêcheries un revenu annuel de plus de 200 millions de francs. Le commerce des poissons donne lieu chez elle à des transactions nombreuses qui atteignent chaque année un chiffre considérable. Ses rivières, il est vrai, se prêtent admirablement à la multiplication artificielle et naturelle des poissons; mais on verra, par la suite, que le gouvernement et les particuliers ne reculent devant aucune des mesures propres à augmenter de plus en plus les sources de cette production.

La Bavière, où le poisson des eaux douces était, il y a quelques années, aussi rare et aussi cher qu'il l'est aujourd'hui en France, et, comme en France, menaçait de disparaître entièrement, a obtenu, de l'empoissonnement de ses lacs et de ses rivières, de très-grands avantages. Il suffit, pour s'édifier sur ces résultats, de voir avec quelle abondance le marché aux poissons de Munich est approvisionné de toutes les espèces vivant dans les eaux de ce pays. Sur aucun autre marché de l'Europe, croyons-nous, on ne rencontre une telle variété de poissons et à des prix aussi réduits.

La Hollande n'a rien négligé de son côté; certaines rivières, autrefois stériles, commencent maintenant à se peupler dans des proportions qui vont sans cesse en augmentant. L'on verra, dans la description que nous ferons plus loin de la pisciculture dans les Pays-Bas, que l'État, grâce à l'application de la pisciculture artificielle, tire, de ses pêcheries d'eau douce, un revenu trois fois plus considérable au moins qu'autrefois.

L'Autriche, une des nations qui se sont, au début, occupées sérieusement de la science nouvelle, et qui s'en occupe plus que jamais, n'a pas perdu de vue l'empoissonnement de ses eaux. Son gouvernement, après avoir lui-même donné l'exemple en prenant l'initiative, encourage, au moyen de subventions généreusement accordées, les essais qui se font dans les diverses provinces du territoire autrichien. Aussi le nombre des établissements piscicoles va-t-il en augmentant, et il en est un bon nombre qui fonctionnent aujourd'hui avec le plus grand succès. L'Autriche a encore modifié ses lois sur la pêche dans ce qu'elles avaient de défectueux, et les a complétées dans ce qu'elles avaient d'insuffisant.

Il en est de même de l'Italie, qui avait jusqu'à ce jour semblé rester étrangère au mouvement qui s'est produit en Europe. Le besoin de reviser les lois qui régissent la pêche s'est fait sentir, et un projet vient d'être présenté à la chambre des députés par le gouvernement.

La Belgique, sans être très-avancée dans cette direction, a cependant commencé à pourvoir d'échelles à saumons les barrages qui, sur ses eaux, mettaient un obstacle à la libre circulation du poisson voyageur, et, de plus, elle a présenté, à la chambre, un nouveau projet de loi sur la pêche.

La Suisse, que n'a-t-elle pas fait pour conserver à ses lacs toute leur fécondité ? C'est peut-être le pays de l'Europe où l'on fait le mieux la pisciculture. On n'hésite pas chez elle à abroger toutes les dispositions relatives aux lois sur la pêche qui peuvent être contraires à la propagation du poisson.

L'Espagne aussi a des établissements de pisciculture, et cherche à empoissonner ses eaux.

La Russie pratique l'aquiculture depuis quatre ans.

Enfin, les États-Unis, ce nouveau monde, viennent d'organiser la pisciculture sur une vaste échelle, et tiennent aujourd'hui le premier rang parmi les nations qui s'intéressent le plus à cette question. Le gouvernement n'y reste pas étranger, et fait chaque année présenter au sénat un rapport sur ce sujet.

———

*Convention passée entre les États riverains du Rhin.*

Les États riverains du Rhin viennent de prendre récemment, à Bâle, des dispositions qui intéressent notre pays au plus haut degré et qui montrent tout le prix que les divers gouvernements voisins de ce grand fleuve attachent à la pisciculture, et les espérances qu'elle leur fait concevoir. Le dépeuplement des cours d'eau que nous déplorons si vivement en France, et non sans raison, s'est également étendu à presque tous les autres pays de l'Europe, et le Rhin, ce fleuve poissonneux par excellence, a été atteint à son tour. Déjà notre gouvernement, avant les événements malheureux de 1870-71, avait compris la nécessité de remédier à cet épuisement qui se manifestait déjà d'une manière sensible. Ici encore nous reconnaîtrons les services que notre établissement d'Huningue a rendus; il a répandu dans le Rhin, pendant une période de plusieurs années, des milliers d'alevins, qui ont contribué, dans une certaine mesure, à arrêter le dépeuplement progressif de ce cours d'eau, et nous pouvons dire hardiment que nous avons rendu au Rhin plus que nous ne lui avons pris. Depuis cette époque, rien de semblable n'a été entrepris; aussi ces belles espèces, si variées, si

estimées, parmi lesquelles on comptait la carpe
et le saumon si renommés, qui vivaient dans ses
eaux limpides, tendent-elles à disparaître complétement. Le poisson blanc, qu'on trouvait en quantités si abondantes que les habitants de ses rives
dédaignaient d'en faire leur nourriture, et que la
plupart du temps les pêcheurs regrettaient de
trouver dans leurs filets ou dans les piéges qu'ils
avaient tendus; le poisson blanc, qu'on ne croyait
destiné qu'à la nourriture des autres espèces plus
recherchées, devient rare dans le Rhin. Les personnes vivant de la seule industrie de la pêche
n'ont plus maintenant leur existence assurée, et
les populations riveraines sont privées de ce moyen
d'alimentation, aussi sain que facile à obtenir,
qu'elles acquéraient à bon marché.

Cet état de choses a attiré l'attention des gouvernements intéressés, et a provoqué la réunion
de leurs délégués qui se sont assemblés, au
mois de mars dernier, afin d'arrêter, dans cette
conférence internationale, les dispositions qu'il
serait convenable de prendre pour combattre les
causes de l'appauvrissement continu du Rhin et
pour le repeupler. Déjà, en 1869, un concordat
avait été passé entre les représentants des pays
traversés par ce fleuve; mais ses dispositions n'a-
vaient encore reçu aucune application, par suite du

refus d'adhésion des Pays-Bas. Celles qu'on vient
de rédiger seront très-probablement acceptées.

Dans la nouvelle conférence, la France n'était,
hélas! plus représentée ; le gouvernement d'Alsace-Lorraine avait envoyé son délégué avec ceux
de la Suisse et du duché de Bade.

Cependant, quelques-unes des dispositions arrêtées dans la conférence nous touchent tout particulièrement : ce sont celles relatives aux établissements de pisciculture d'Huningue et de
Seltzendorf, près Fribourg.

Voici la traduction des articles :

1° La pêche du saumon est interdite, en principe, pendant le temps du frai, c'est-à-dire depuis
le 15 octobre jusqu'au 15 décembre. Les autorités
compétentes feront toutefois une exception pour
le cas où les pêcheurs s'engageront à apporter
le frai qu'ils auront recueilli, après l'avoir fécondé,
soit à l'établissement de pisciculture de Seltzendorf, soit à l'établissement de pisciculture d'Huningue, appartenant à l'empire d'Allemagne.

A la surveillance des œufs de saumon seront
préposés des employés spéciaux qui seront tenus
de munir d'une marque chaque poisson délivré
de son frai, sans laquelle il ne pourrait être exposé sur le marché.

L'établissement d'Huningue devra, par ce

moyen, être mis en état d'embryonner annuellement trois millions d'œufs de saumon, et les saumoneaux qui en proviendront seront répandus dans le Rhin.

2° Le saumon ne pourra être capturé au moyen de piéges, quelle qu'en soit la construction. A l'aide de ces piéges, les mâles sont presque toujours pris, attendu qu'ils paraissent avant l'arrivée des femelles sur les lieux du frai, et, par cette cause, il n'en reste plus qu'une infime quantité qui ne saurait suffire à la fécondation des œufs déposés par les femelles.

3° Pendant la période du frai des poissons blancs, au printemps, la pêche, à l'exception de celle du saumon, est interdite. Par cette prescription, le poisson blanc ordinaire dont la fécondité est considérable, en même temps qu'il suffira à l'alimentation du saumon, deviendra, comme autrefois, un moyen d'alimentation à bon marché.

La conclusion du nouveau concordat ne rencontre plus que certaines difficultés de forme, en ce que, pour l'Alsace-Lorraine, la convention ne peut recevoir son exécution qu'autant qu'elle sera sanctionnée par une loi spéciale de l'empire. Le retard qui en sera la conséquence ne saurait toutefois être un obstacle, attendu que le gouvernement d'Alsace-Lorraine peut mettre pro-

visoirement en vigueur par voie de simple ordon-
nance les clauses arrêtées, ce qui pourra, en
retour, disposer la Suisse, la Belgique et les autres
États à considérer de leur côté le concordat comme
existant de fait.

Celles des dispositions qui précèdent ayant trait .
aux établissements principaux de pisciculture en Allemagne et en Suisse, intéressent gravement l'avenir de la pisciculture et de l'aquiculture en France.
Désormais les pêcheurs du Rhin ne pourront plus
nous vendre des œufs de saumon ; et l'établissement d'Huningue écoulera, sans aucun doute, ce
qui lui restera d'œufs, après avoir satisfait aux
engagements imposés par la convention, dans les
autres États de l'Allemagne. L'établissement de
Seltzendorf réservera ses produits pour la Suisse, et
les aquiculteurs français qui ont obtenu des avantages avec la pisciculture, si nous n'avons bientôt
des laboratoires de fécondation et d'éclosion pour
recueillir les œufs qui pourront nous venir ou de
Neuchâtel ou de Genève, se trouveront dans l'impossibilité de continuer leurs opérations.

D'autre part, le prix des œufs a considérablement augmenté en Suisse ; les pêcheurs des lacs
Léman et de Neuchâtel, et les pisciculteurs qui
en font le commerce, trouvent à les vendre en Angleterre à raison de trente et même trente-cinq

francs le mille, tandis que nous les avions en France, il y a quelques années, pour trois ou quatre francs.

Cette disette d'œufs, qui s'est déjà fait sentir depuis la guerre, prendrait fin si l'on pratiquait chez nous sur une grande échelle la fécondation artificielle ; nous n'aurions à demander à la Suisse, à la Bavière ou à l'Autriche, que les espèces dont nous voudrions tenter l'acclimatation et la propagation. Il y a en Auvergne, dans le Puy-de-Dôme, à Saint-Genest-l'Enfant, près Riom, un établissement qui déjà est à même de fournir chaque année plus d'un million d'œufs, et l'on peut dès à présent prévoir qu'avant peu de temps ce chiffre aura triplé ou quadruplé, et cet établissement n'est pas le seul. Nous avons cru devoir faire cette petite digression et signaler le danger qui nous menace, en appelant sur ce point l'attention des économistes de notre pays.

### Causes du dépeuplement des eaux de la France.

Le poisson, qui est un aliment excellent à tous les points de vue, tend à devenir en Europe de plus en plus rare, et, en France, sans le produit des côtes il aurait presque entièrement disparu de nos marchés ; encore toutes les parties de notre pays ne peuvent-elles profiter de ce surcroît de production.

Nos eaux, autrefois si fertiles et qu'on croyait inépuisables, menacent de ne plus rien produire; nous ne tarderons pas, si l'on n'y apporte un prompt remède, à voir bientôt disparaître les derniers poissons qu'elles contiennent encore. Bien des causes ont amené ces fâcheux résultats; mais nous déclarerons d'abord que nous ne sommes pas tout à fait de l'avis de ceux qui prétendent que ni la fécondation artificielle qui est la base fondamentale de la pisciculture, ni les autres moyens naturels ne pourront obvier à ce mal, en ce sens que les cours d'eau de notre pays ne se sont dépeuplés graduellement que parce que les eaux n'offraient plus à ses habitants une nourriture suffisante, et que cela était dû au déboisement de la France. Nous ne contesterons pas, par exemple, que les nombreux insectes qui se développent sur les arbres ne soient d'excellentes proies pour le poisson; mais l'argumentation générale en elle-même est facile à réfuter par le seul exemple des fleuves et des lacs qui ont la réputation d'être les plus poissonneux. Le Rhin et la Loire, par exemple, sont-ils bordés d'arbres sur tout leur parcours? et, l'eussent-ils été, ces arbres n'auraient jamais assez fourni d'aliment pour nourrir la masse des poissons qui vivaient dans leurs eaux. Les lacs de la Suisse, dont la fertilité est proverbiale, qui offrent une si remarquable variété de poissons, ces lacs où les espèces les plus recherchées acquièrent leur plus complet développement, montrent en général des rives presque partout dépourvues d'arbres. Ce n'est pas à ces motifs que l'on doit attribuer le dépeuplement des eaux, mais à bien d'autres que nous allons essayer d'énumérer.

L'ignorance presque générale de la pratique piscicole n'est pas la moindre, car, si les agriculteurs, les propriétaires riverains avaient pu apprendre les premiers éléments de la pisciculture avec autant de facilité que l'on apprend certaines choses bien moins utiles cependant, au lieu de laisser se continuer cette dévastation, ils se seraient partout occupés d'ensemencer leurs cours d'eau et de les cultiver comme un champ ou une terre quelconque. Il est arrivé au contraire, et cela sans compensation, qu'on les a dépouillés sans discrétion et sans mesure des immenses ressources qu'ils offraient. On s'est évertué à trouver les combinaisons les plus ingénieuses pour les piller plus aisément, et finalement on les a dépeuplés.

Les empoisonnements par la coque du Levant,

que l'on peut librement acheter, ou par la chaux
vive, sont choses fréquentes en France ; il n'est
guère de cours d'eau avoisinant une localité de
quelque importance qui ne soit régulièrement
empoisonné plusieurs fois dans une année. Cela a
lieu notamment dans les départements du centre
de la France, où les eaux sont remarquablement
productives ; actuellement, un grand nombre de
ruisseaux, de rivières, de la Haute-Vienne, de la
Creuse, de la Corrèze, du Puy-de-Dôme, du Cantal,
ne contiennent pour ainsi dire plus rien.

Dans ces derniers temps, n'a-t-on pas imaginé
de se servir de la poudre dynamite pour déterminer dans les eaux des explosions qui engour-
dissent le poisson ou l'étourdissent et en rendent
la capture facile ? L'opinion publique, chez nous,
s'affecte-t-elle réellement de ces actes de vanda-
lisme ? Non. La plupart des individus considèrent
comme un jeu, comme un passe-temps innocent,
la destruction des animaux qui peuplent une rivière. Les autres, ceux qui vivent de la pêche, ne
se font aucun scrupule de se servir des engins
qui leur procurent la moisson la plus abondante.

Nos lois sur la pêche, qui sont peut-être insuffisantes pour prévenir et réprimer les abus, ne
sont pas non plus assez respectées, et, quelle que
soit la surveillance exercée par les gardes-pêches,

trop peu nombreux, ou la gendarmerie, les malfaiteurs y échappent presque toujours, en même
temps qu'à la peine qu'ils ont si justement
encourue.

N'est-ce pas un véritable crime que d'empoisonner, pour la simple satisfaction de prendre
aisément quelques poissons, tous les êtres animés
d'un cours d'eau, sur un espace qui s'étend quelquefois à deux kilomètres ? Le pêcheur ou le braconnier qui se rend coupable de pareils excès
détruit dans son germe une récolte que plus tard
il aurait recueillie, et touche à une des choses les
plus respectables, à l'alimentation publique, dont
il supprime une des sources ; il atteint encore plus
directement les populations riveraines qui vivent
de pêche ; c'est enfin la famine et la mort qu'il
répand au milieu d'elles. Nos lois ne sauront
jamais assez le flétrir.

La pêche à la main est aussi une cause de
destruction, et jamais elle ne devrait être auto-
risée. Les pêcheurs de profession, les maraudeurs,
ne se contentent pas de la pratiquer dans les
limites où elle est permise, elle ne pourrait satisfaire leur avidité ; il leur faut un butin promptement acquis ; ils ont donc recours au détournement ou à l'épuisement. Pendant l'été, c'est
chose facile à faire dans les petits ruisseaux

qui, faiblement alimentés par les sources, ne conservent qu'une petite quantité d'eau que la plupart du temps les écluses des moulins retiennent complétement pendant plusieurs heures. Si le détournement du ruisseau ne peut se faire à l'endroit même où le braconnier se propose de pêcher, et si à ce moment l'eau ne coule pas abondamment, il établit avec des mottes de terre une série de petits barrages superposés très-suffisants pour arrêter tout l'écoulement. Alors il épuise les trous où le poisson a dû se réfugier en rejetant sur la rive l'eau qu'ils contiennent, et rien ainsi ne peut échapper à sa cupidité; tous les poissons petits ou grands, truites ou vérons, sont voués à une mort certaine. Au sujet du détournement des eaux, nous sommes forcés de reconnaître, pour rester fidèles au programme que nous nous sommes tracé, que les meuniers et les industriels ne prennent peut-être pas toutes les précautions nécessaires et désirables, lorsque, pour les besoins de leur commerce, ils sont obligés, pendant les temps de sécheresse, de retenir dans leurs écluses la presque totalité du cours d'eau qui alimente leur établissement.

En attendant qu'un règlement contraigne les réfractaires à en laisser écouler la faible quantité qui, sans leur nuire, assurera la conservation du poisson, ils pourraient, ce nous semble, se soumettre de bonne grâce à cette mince exigence.

N'abandonnons pas cette partie de notre sujet sans parler des agriculteurs qui, à certaines époques, détournent également les eaux pour l'arrosage des prairies et pour les irrigations. L'agriculture a des besoins incontestables auxquels on est obligé d'avoir égard ; mais il faut avouer que, bien souvent, la plus grande partie de l'eau qui pourrait avec profit retourner à la rivière est absorbée, en raison d'un séjour trop prolongé dans les rigoles, par l'évaporation ou par les infiltrations. N'y a-t-il pas lieu d'appeler l'attention de nos agriculteurs sur ce point?

Les écluses, les barrages, non pourvus d'échelles dites *à saumons*, nuisent encore beaucoup à la propagation du poisson ; ils empêchent les poissons voyageurs de remonter vers les sources qu'ils recherchent aux époques du frai pour y déposer leur progéniture.

Ces poissons, au nombre desquels il faut comprendre les diverses espèces les plus précieuses, comme la truite, le saumon, etc., se trouvant arrêtés par les obstacles que l'industrie a multipliés dans les eaux, et ne pouvant les franchir, sont contraints d'accomplir l'acte de la reproduction dans des conditions essentiellement défavorables.

Après avoir fait d'inutiles efforts pour parvenir
à l'endroit désiré, ils déposent leur frai vers le
barrage qu'ils n'ont pu remonter et en pleine
eau. Il en résulte que la plus grande partie du
frai déposé par la femelle n'est pas ou est in-
complétement fécondée, qu'un grand nombre
d'œufs sont entraînés par le courant et répandus
sur les rives, et qu'ils sont enfin placés dans des
endroits où ils ne sauraient éclore dans des conditions normales, si, auparavant, ils ne deviennent
pas la proie d'ennemis divers.

Une fois éclos, les alevins sont exposés à tous
les périls, et deviennent, la plupart du temps, la
pâture des poissons carnassiers qui vivent dans les
mêmes eaux; tandis que, s'ils se fussent trouvés
aux sources, où, avec cette sûreté d'instinct que
Dieu a donnée à tous les animaux, même les
moins favorisés sous le rapport de l'intelligence,
la mère les aurait déposés, ils eussent été à l'abri
de tous les dangers qui menacent leur jeune
âge.

L'on peut dire, sans crainte d'exagération, que,
sur 1,000 œufs soumis ainsi à la fécondation, il
n'est peut-être pas 50 sujets qui parviennent à
l'âge adulte; et cela a lieu, non-seulement dans
les rivières, mais encore dans les ruisseaux,
dans les cours d'eau non classés où, sans plus de

façon, les propriétaires riverains établissent des barrages qui les rendent inaccessibles au poisson.

L'usage des échelles destinées au passage du poisson n'a pas été suffisamment généralisé, et les petits cours d'eau, sans exception, en sont dépourvus, quand, à peu de frais, il serait si facile d'en établir. Le mal que font ces obstacles est aussi sensible dans les ruisseaux que dans les rivières.

N'oublions pas la navigation à vapeur qui produit, par ses machines, une agitation sur tout son parcours et qui occasionne le déplacement, le décollement des œufs attachés aux herbes aquatiques du rivage. Néanmoins, sous ce rapport, le mal ne nous paraît pas aussi grand qu'on veut bien le dire : les perfectionnements apportés aux machines depuis plusieurs années l'ont déjà de beaucoup diminué, et il pourrait se faire que, dans des temps prochains, il disparût entièrement.

Les travaux de dragage produisent des faits analogues ; mais l'administration compétente les a déjà signalés et étudiés. Il en est de même des travaux faits en vue de la rectitude des berges, qui font disparaître les frayères naturelles. La construction des ponts et, en général, tous les travaux qui exigent l'emploi de la chaux ne peuvent être que funestes.

Le dépeuplement de nos cours d'eau est encore

dû à la propagation exagérée du brochet, de la
perche, et en général de tous les poissons carnassiers dont le nombre ne diminue pas et dont la
présence dans les eaux fait concevoir, pour la
conservation des autres espèces, les plus justes
craintes. Il est, du reste, facile de vérifier l'exactitude de cette assertion. Si l'on trouve une rivière
bien peuplée de salmonidés et de poissons blancs
inoffensifs, c'est qu'elle contiendra peu de brochets, et que l'on ne rencontrera pas d'étangs où
on les élève dans le voisinage. Qu'arrive-t-il, en
effet, assez souvent, en France ? que certains propriétaires s'arrogent le droit d'établir des étangs
traversés et alimentés par un cours d'eau poissonneux ; et, s'ils sont possesseurs des deux rives,
ils interceptent le cours d'eau en amont et en aval
de leur propriété, avec des barrages tellement
étroits que le poisson voyageur est arrêté dans sa
marche et ne peut atteindre les sources pour y
déposer son frai ; ils s'assurent ainsi, tout en faisant le plus grand mal, une pêche réservée, sur
laquelle l'État ne perçoit aucun droit. Quant aux
étangs dont nous venons de parler, ils empêchent,
comme les barrages, les écluses, les grillages, la
libre circulation du poisson, et de plus ils infestent
toutes les eaux de la contrée de brochets, de perches, etc.

En Angleterre, on emploie tous les moyens possibles pour diminuer la quantité de ces poissons dévastateurs, et l'on devrait s'appliquer partout à en ramener le nombre à une proportion raisonnable. L'administration anglaise accorde une prime à quiconque rapporte un brochet adulte pêché dans les eaux de l'État, comme on le fait en France, dans quelques départements, à l'égard des loups.

Une autre erreur qui s'est accréditée dans le monde des aquiculteurs n'est pas non plus étrangère au dépérissement des eaux; elle consiste dans la propagation trop grande de l'anguille, poisson non moins et peut-être plus carnassier que le brochet. Depuis une quinzaine d'années, les conseils généraux allouent annuellement certaines sommes pour achat de *montée* destinée à être mise en rivière.

Cette erreur, nous ne saurions trop la combattre, car elle engendre fatalement la stérilité des eaux, où doit se nourrir cette masse de jeunes anguilles qui, en raison de leurs habitudes de déplacement, ne tardent pas à se répandre dans les rivières et ruisseaux du voisinage, et y portent le ravage et la ruine avec elles.

Nous ne voulons pas prétendre qu'il faille renoncer complétement à la culture de ce poisson ;

mais nous estimons qu'elle exige beaucoup de précautions pour ne présenter aucun danger, et qu'il serait bon d'enlever aux anguilles la libre circulation des eaux et de les confiner dans des parcs isolés.

A l'énumération de toutes ces causes, il faut en outre ajouter la corruption des eaux par les usines qui y déversent leurs déjections et leurs résidus empoisonnés. Il s'agit encore d'une question extrêmement importante qui a déjà donné lieu à des études sérieuses et nombreuses. C'est en Angleterre une de celles dont se préoccupe le plus le gouvernement britannique, soucieux d'améliorer les rivières de ce pays. Une commission nommée à cet effet, et composée des hommes les plus compétents, est chargée de rechercher les moyens qu'il faudrait employer pour apporter un remède au mal qui résulte de ce qu'on appelle, chez nos voisins, la *pollution* des eaux, sinon pour le faire disparaître entièrement. Cette commission fonctionne déjà depuis plusieurs années, et a présenté au parlement un certain nombre de rapports qui sont le résultat de leurs longues et laborieuses investigations, et qui permettent, dès à présent, d'espérer une solution favorable.

Une autre chose qui ne présente pas de moindres inconvénients, c'est le déversement des égouts dans les rivières, surtout des égouts provenant de villes importantes et manufacturières.

Déjà M. Coumes, dans son rapport de 1862, constatait qu'en Angleterre le saumon ne parvient plus à remonter la Tamise, à partir de Londres; et nous avons nous-même reconnu que le poisson devient de plus en plus rare dans le fleuve qui traverse la capitale de la Grande-Bretagne.

La Seine, dans le voisinage de l'égout d'Asnières, ne produit presque pas de poissons ; son eau, en cet endroit, ne contient plus une seule partie d'oxygène. Cela n'explique-t-il pas, jusqu'à un certain point, l'absence des salmonidés dans le fleuve?

Il y aurait encore une foule d'autres causes à ajouter à cette nomenclature, telles que les perfectionnements apportés dans les engins de pêche et leur puissance de destruction ; le rouissage du chanvre, les lavoirs publics, etc., etc. Mais nous croyons ne pas devoir nous étendre sur ces dernières considérations, et nous terminerons cet exposé en appelant de nouveau l'attention sur l'insuffisance des lois répressives qui régissent la pêche. C'est un fait dont tout le monde s'accorde à reconnaître l'intérêt et l'urgence et qu'ont signalé toutes les personnes qui ont traité des eaux et de la pisciculture à un titre quelconque. Tant que notre législation laissera à désirer sous ce rapport, le repeuplement des cours d'eau ne se réalisera que très-difficilement.

Il faut bien se persuader que l'équilibre a été rompu entre les diverses espèces ichthyologiques, et que le poisson alimentaire le plus estimé, celui dont on doit poursuivre surtout la culture et favoriser la propagation, le salmonidé en un mot, qu'on retrouvait autrefois abondamment dans presque toutes les eaux de la France, a presque entièrement disparu, succombant sous les poursuites des pêcheurs qui s'attaquaient à lui de préférence.

Les espèces carnassières, peu nombreuses dans les ruisseaux et les rivières, et qui avaient toujours été considérées comme poissons d'étang, ont maintenant pris le dessus. Que trouve-t-on le plus souvent aujourd'hui dans les eaux de notre pays? Des brochets, des perches, des épinoches, et de misérables poissons blancs dédaignés autrefois et dont aujourd'hui on est très-heureux de se contenter en les payant bien cher.

La culture des étangs a-t-elle fait des progrès? On les cultive, on les traite aujourd'hui comme il y a plusieurs siècles; l'on suit encore les traditions laissées par les moines qui, les premiers en France, ont essayé d'utiliser des terrains jusqu'a-

lors incultes, en les convertissant en étangs productifs ; et , malgré les enseignements de la
science, malgré les découvertes de nos savants,
malgré l'exemple des pays voisins, malgré la nécessité de produire en améliorant, on tire des
étangs de si maigres avantages qu'il y a maintenant une tendance à les dessécher. En ceci ,
comme en bien d'autres choses, c'est l'ignorance
seule qu'il faut accuser, et c'est par conséquent
l'ignorance qu'il faut combattre. L'on ne saurait
contester que ce qui fait qu'en France la pisciculture n'a pas pris le développement qu'on était
en droit d'attendre après toutes les expériences
si concluantes de M. Coste, après l'impulsion et
les encouragements donnés par l'État , c'est le
défaut de connaissance des moyens à employer.
Beaucoup de personnes, bien intentionnées, ont
fait et font encore des tentatives, ou plutôt des
expériences qui sont loin de les satisfaire, car la
plupart du temps, si les résultats obtenus ne sont
pas nuls, ils sont tout au moins insuffisants. Cela
se comprend aisément : étrangères aux procédés
connus, expérimentés, mis en usage, elles sont
obligées de tout chercher, de tout apprendre, de
tout découvrir, et celles qui ne se découragent pas
après des recherches vaines et infructueuses ,
qu'un zèle, qu'on ne saurait trop louer, leur fait

continuer pendant plusieurs années, n'ont pas toujours les ressources nécessaires pour faire face aux dépenses nouvelles qu'exigerait une réorganisation démontrée par leur propre expérience.

La pisciculture n'est pas assurément une science dont les éléments soient bien difficiles à connaître; mais encore faut-il les apprendre avant de les appliquer. Un traité de pisciculture ne peut suppléer que difficilement au manque absolu de pratique, quelles que soient la clarté d'exposition et l'expérience de l'auteur. Ce qui nous manque enfin, ce qui a manqué de tout temps, ce qui peut remédier au mal que nous avons signalé, c'est l'enseignement, l'enseignement pour tous et à la portée de tous, l'enseignement pour les agriculteurs qui peuvent ensemencer les eaux comme ils ensemencent leurs champs, leurs prés.

En faisant valoir les ruisseaux dont ils sont à peu près les maîtres absolus, et qu'ils n'utilisent maintenant que pour les besoins de l'agriculture, ignorant le profit que peuvent donner ces champs aquatiques convenablement ensemencés, ils repeupleront en même temps les rivières et les fleuves dans lesquels ces petits cours d'eau vont se jeter. Cela aura d'autant plus de chances de réussite que c'est précisément dans ces cours

d'eau que l'on peut pratiquer la pisciculture avec
le plus de chances de réussite.

L'établissement d'Huningue, comme nous l'a-
vons dit, ne pouvait remplir ce programme,
n'étant point à même d'enseigner directement la
pratique de la pisciculture. Il en était de même
du laboratoire du Collége de France, où les personnes qui avaient besoin non-seulement de conseils, mais d'étudier l'organisation, d'assister aux
démonstrations, de s'inspirer des exemples donnés, en examinant les bassins, leur agencement,
les appareils à incubation, etc., n'avaient pas toujours les moyens de se rendre à Paris. Les conseils généraux ont souvent exprimé l'intention
d'instituer des établissements dans leurs départements respectifs; quelques-uns même l'ont fait,
mais tous n'ont pas donné suite à ces bonnes dispositions. Il aurait fallu du reste qu'une entente
générale présidât à la fondation de ces laboratoires, que tous les moyens d'action fussent dirigés dans le même sens; et ces tentatives isolées,
qui se répètent périodiquement dans certaines
parties de la France, n'auraient pas été noyées
dans la masse des besoins.

## *L'Agriculture et l'Aquiculture.*

L'année dernière, un honorable député qui possède admirablement toutes les questions se rattachant à l'agriculture et à l'économie domestique, et qui fait avec succès des expériences sur la pisciculture dans sa propriété, M. de Tillancourt, demanda à M. le ministre des travaux publics quelles étaient les dispositions qu'il se proposait de prendre pour remplacer Huningue, et donner à l'aquiculture le développement qu'elle comporte à tous les points de vue. Le ministre lui répondit que des projets étaient à l'étude dans son département, et qu'on ne tarderait pas à les mettre à exécution.

Nous savons combien notre budget est obéré, et avec quelle douloureuse parcimonie l'on est obligé d'agir, même pour les questions d'un intérêt supérieur. Aussi personne ne s'étonnera de ce qu'on n'ait pu trouver, vu l'état de nos finances, les fonds nécessaires à l'organisation de la pisciculture en France.

Dans le courant de cette année, M. de Tillancourt, reconnaissant lui-même les difficultés financières qui mettaient obstacle à l'accomplissement des projets ministériels, a saisi l'Assemblée nationale d'un nouveau projet qui donne en tous points satisfaction aux idées que nous avons nous-même émises, et qui tend à faire admettre l'enseignement de la pisciculture dans les fermes-écoles.

Ce projet de loi, signé par plusieurs autres honorables députés, fut renvoyé à la commission de l'enseignement pratique de l'agriculture. En voici le texte :

### PROPOSITION DE LOI

*sur l'enseignement et la propagation de la pisciculture ou aquiculture,*

Présentée par MM. de Tillancourt, Lestourgie, Louis Lacaze, Arfeuillères, Martin d'Auray, Gevelot, Sacaze, Patissier, George (Vosges), le comte de Boisboissel, Gusman Serph, E. Perrier, Gaulthier de Rumilly, L. de la Sicotière, Laboulaye, Méplain, membres de l'Assemblée nationale.

Tout ce qui a trait à l'alimentation publique tient la première place dans les préoccupations des hommes politiques.

Aussi, depuis quarante années surtout, les Gouvernements qui se sont succédé en France ont fait de sérieux efforts pour augmenter les produits de la terre, en favorisant tout ce qui était de nature à instruire les exploitants de la grande et de la petite culture.

C'est ainsi qu'ils ont secondé et créé les comices, les concours régionaux avec primes d'honneur, et l'enseignement donné à tous les degrés, depuis les écoles régionales jusqu'à l'école de jardinage qui vient d'être organisée à Versailles, d'après un vote récent de l'Assemblée nationale.

Mais, par une étrange anomalie, dans le même temps, une autre source de l'alimentation, celle provenant des eaux, suivait une marche décroissante, et les poissons d'eau douce devenaient de plus en plus rares, disparaissant même complétement de certains ruisseaux.

C'est que l'eau, comme la terre, ne donne des produits avantageux qu'avec le concours éclairé de l'homme.

Sans doute les rivières abandonnées à elles-mêmes font vivre des poissons, comme la terre non cultivée nourrit des animaux à l'état sauvage; mais combien cette production est inférieure en quantité et en qualité à celle résultant des soins rationnels !

La réflexion comme l'expérience indique donc l'urgence de faire pour les eaux ce qu'on a fait pour le sol, et de s'occuper efficacement de l'*aquiculture*.

C'est ce qui avait été compris, il y a quelques années, après que deux pêcheurs des Vosges eurent découvert les lois de la reproduction et de la fécondation artificielle des poissons d'eau douce. Le monde savant, stimulé par M. Coste de regrettée mémoire, s'occupa de la question. Il fut créé sur notre frontière de l'est, à Huningue, un établissement grandiose placé sous la direction des ingénieurs des ponts et chaussées, destiné à féconder des œufs des poissons d'espèces précieuses empruntées à la Suisse, et à les répandre dans toute la France.

Les services que l'on espérait de cet établissement furent loin de répondre aux dépenses énormes de sa création et de son entretien; ils se bornèrent aux localités du voisinage.

En effet, le transport des poissons et même des œufs est chose difficile, surtout à de grandes distances ; d'ailleurs les races d'une localité ne conviennent pas toujours à d'autres régions dont le climat et la qualité des eaux diffèrent sensiblement.

Enfin et surtout les personnes qui recevaient de Huningue des alevins ou des œufs manquaient des connaissances nécessaires pour en tirer un bon parti. Il arriva ce que l'on avait constaté lorsqu'on avait voulu, en agriculture, confier sans préparation des animaux de races étrangères perfectionnées et délicates à des fermiers qui, par leurs connaissances et par l'état de leurs cultures, n'étaient point aptes à les faire prospérer.

Nos malheurs nous ont ravi Huningue, et il importe aujourd'hui, en donnant une satisfaction sérieuse aux besoins en vue desquels cet établissement avait été fondé, d'éviter de renouveler les fautes dont l'expérience a fait ressortir l'étendue.

Il faut pour cela que l'aquiculture soit confiée aux soins de ceux qui pratiquent l'agriculture ; que partout où celui qui vit à la campagne, a de l'eau à sa disposition, s'occupe de la faire produire, comme il s'occupe de rendre ses terres productives.

Une étude de quelques semaines, parfois même seulement de quelques jours, suffit pour l'initier à ce qui est indispensable pour faire de la pisciculture domestique.

Les petits cours d'eau peuvent ainsi être repeuplés sans frais ; quant aux rivières navigables appartenant à l'État, il serait bien facile d'imposer aux locataires de la pêche l'obligation de jeter dans les eaux qui leur sont affermées, et devant les agents des ponts et chaussées, un certain nombre d'alevins fournis par les établissements privés ou par les écoles régionales.

La dépense de l'installation dans les écoles et de l'enseignement qui y serait donné serait très-minime, car les bâtiments et les bassins existants suffiraient presque partout, et l'un des professeurs actuels, ajoutant cette spécialité à celles dont il est chargé aujourd'hui, une légère indemnité suffirait pour sa rémunération.

Quand au produit pécuniaire à espérer, nous craindrions d'être taxés d'exagération en indiquant les chiffres que nos calculs ont donnés. Il suffira, pour en avoir une idée, de savoir que l'Angleterre, depuis qu'elle a développé la pisciculture, trouve annuellement dans ses eaux douces pour plus de deux cents millions de francs de poissons ; nous n'obtenons pas la centième partie de ce produit de nos deux cents rivières, d'une étendue bien plus considérable, et dont la longueur dépasse onze mille kilomètres.

En Hollande, depuis que l'élevage du poisson a été pratiqué sur une vaste échelle, le prix de la location des pêcheries s'est accru dans d'énormes proportions.

Ces renseignements sont puisés dans les rapports intéressants de M. Bouchon-Brandely, secrétaire adjoint du Collége de France, sur les missions spéciales qui lui ont été confiées par notre Gouvernement, rapports qui ont été publiés au *Journal officiel* les 18 octobre 1873 et 24 octobre 1874.

Il est allé étudier sur place les établissements de pisciculture que tous les États de l'Europe ont installés, en profitant des indications parties de la France.

Il a constaté que ces établissements sont rattachés partout à l'agriculture, en Suisse, en Bavière, en Autriche, comme en Angleterre et en Hollande ; c'est là assurément l'une des causes principales de leurs succès.

Nous vous proposons, Messieurs, de reprendre chez nos voisins les exemples qu'ils ont d'abord pris chez nous et qu'ils ont perfectionnés.

En conséquence, nous avons l'honneur de soumettre à l'Assemblée une proposition ainsi formulée :

### Proposition de loi.

ARTICLE PREMIER. — Un enseignement pratique d'aquiculture sera annexé aux écoles d'agriculture, d'irrigation et de jardinage.

ARTICLE 2. — Une part des primes distribuées dans les concours et dans ceux des comices et des associations agricoles sera affectée à l'aquiculture.

La commission, ayant pris en considération le projet de M. de Tillancourt, le soumit à la Chambre, qui décida que le programme d'enseignement dans les fermes-écoles pourrait comprendre l'étude de la pisciculture. Nous regrettons, toutefois, que ce projet n'ait pas été adopté dans son ensemble ; mais nous sommes heureux de ce premier résultat qui consacre le principe de l'union de l'agriculture et de la pisciculture.

La mention spéciale et gracieuse que M. de Tillancourt a bien voulu faire dans sa proposition de nos rapports, nous a encouragé à solliciter de la réunion des agriculteurs, membres de l'Assemblée nationale, l'honneur d'être entendu par elle, afin de développer, si c'était possible, les excellentes idées que M. de Tillancourt avait émises dans l'exposé des motifs de son projet de loi. Cet honneur nous fut accordé, et nous eûmes l'avantage de lire un mémoire sur lequel nous croyons utile de revenir dans cette partie de notre livre, en indiquant les idées principales qui nous l'avaient inspiré.

En effet, les merveilles qu'a produites la culture de la terre, et que chaque jour voit se multiplier, doivent avoir leurs équivalents dans la culture des eaux. Les deux sciences sont sœurs; l'industrie humaine a donné à la première un développement et une perfection admirables; la seconde a été négligée; le grand mouvement qui s'était produit en France de 1855 à 1860, s'est arrêté trop tôt, et les malheurs de la guerre ont contribué, dans une grande mesure, à cet abandonnement. La pisciculture, ou pour mieux dire l'aquiculture, ainsi que l'a si bien définie M. de Quatrefages dans une communication des plus intéressantes, faite à la Société d'acclimatation, « c'est-à-dire la cul-
« ture des eaux en général, se fait jour au milieu
« de nos préoccupations si grandes et si mul-
« tiples », et, ajoute le savant académicien, en par-

lant de la nature et des conditions de l'industrie nouvelle :

« Sur la terre, et quand il s'agit des produits les plus ordinaires, le sol le plus fertile veut d'abord être défriché, puis entretenu. Rien de pareil en aquiculture. Tout amas d'eau un peu considérable, tout cours d'eau quelque peu étendu, est en réalité un champ labouré, hersé, fumé par la nature, et qui, recevant sans cesse de quoi réparer ses pertes, peut se suffire à lui-même. Pour qu'il fournisse indéfiniment une moisson toujours renaissante, il suffit de récolter avec modération, et de laisser en place un nombre de reproducteurs en rapport avec son étendue. Quand il ne produit plus, ce n'est pas la fertilité qui s'arrête, c'est la semence qui fait défaut. Pour faire produire à ces champs privilégiés autant que par le passé sans courir les mêmes risques, il suffira de les ensemencer. La grande culture aquatique se résume en deux mots : *semaille* et *récolte*. »

Ce qui distingue la proposition de M. de Tillancourt, c'est son côté essentiellement pratique et surtout économique. Aussi, après la décision de l'Assemblée nationale, nous pouvons espérer avoir, sur tous les points de notre territoire, des écoles de pisciculture qui enseigneront cette science en même temps que l'agriculture ; nous aurons, au lieu d'un établissement unique, comme celui d'Huningue, vingt, trente laboratoires d'éclosion et d'alevinage, qui répandront dans toutes les eaux de la France la vie et l'abondance, et leur rendront leur première et normale fécondité. Ces établissements, qui pourront être alimentés d'œufs de belles espèces par un autre établissement de même nature, placé vers la frontière de la Suisse, prendront dans les eaux de la contrée où ils seront placés des reproducteurs avec lesquels se pratiquera la fécondation artificielle. L'on sera sûr de cette façon que les alevins provenant des œufs de ces poissons seront susceptibles de vivre dans les cours d'eau voisins qu'on voudra empoissonner. La loi nouvelle rend enfin la pisciculture à ses protecteurs, à ses administrateurs naturels, aux agriculteurs; l'aquiculture, comme au début, se trouvera placée dans les attributions du ministre de l'agriculture, ainsi que cela a lieu dans les autres pays, où tout ce qui est relatif à l'aquiculture sert en quelque sorte de complément à l'agriculture.

On sait, du reste, que, lorsqu'on organise un service public, il est nécessaire de trouver des auxiliaires dans l'intérêt privé : ces auxiliaires indispensables sont, pour la pisciculture, les agriculteurs, les premiers réellement intéressés. Mais, pour cela, il est nécessaire que la connaissance de la culture des eaux ne soit pas un mystère pour le plus grand nombre; au contraire, c'est en la mettant, par l'enseignement, à la portée de tous, que l'on réussira à doter l'agriculture d'un genre nouveau d'exploitation et d'une nouvelle source de revenus.

L'organisation de ce système est chose facile. Il y a, disséminées sur presque tous les points de la France, et placées sous la direction immédiate du ministère de l'agriculture et du commerce, des écoles pratiques d'agriculture, des fermes-écoles, des écoles d'irrigation, de jardinage, etc., auxquelles il suffirait d'ajouter comme annexes les laboratoires de fécondation, d'éclosion, d'alevinage et d'élevage. Ces établissements sont dans les meilleures conditions pour remplir le but des établissements régionaux piscicoles, dont nous avions demandé la création dans nos rapports, rapports publiés à la suite de la double mission qui nous avait été confiée par le ministre de l'instruction publique, ayant pour objet de constater les progrès de la pisciculture dans les pays voisins de la France, en Suisse, en Bavière, en Autriche, en Italie, en Angleterre, en Belgique et en Hollande. Nous avons été amené à demander la création de ces établissements régionaux par les exemples que nous avons eus de ce qui se passe dans les pays étrangers, où s'est multiplié, ainsi qu'on le verra dans la description qui en est faite, le nombre des laboratoires qui doivent entretenir la fertilité des eaux, remédier à leur appauvrissement et les repeupler si cela est nécessaire, et nous maintenons que, sans leur concours, et sans que plusieurs établissements y prennent part, l'empoissonnement de notre réseau aquatique ne pourra jamais se faire complétement. Il est évident que la dépense à faire pour installer la pisciculture dans ces divers centres agricoles serait minime ; les travaux préparatoires, indispensables lorsqu'il s'agit de fonder quelque chose de nouveau, seraient singulièrement diminués et se feraient rapidement ; l'on pourrait en quelques mois, chez nous, établir le fonctionnement régulier de la pisciculture et élever l'aquiculture à la hauteur d'un enseignement.

Placée dans les attributions d'un autre ministère, la pisciculture ne s'organiserait que très-lentement et très-incomplétement. Les eaux dépendent, il est vrai, du ministère des travaux publics, en ce sens qu'elles ne sont considérées que sous le rapport de la navigation et des travaux que nécessitent la construction des ponts et des berges, et leur entretien. Mais, si l'on voit en elles un champ que l'on peut cultiver, que l'on cultive, le ministre de l'agriculture y a des droits incontestables.

D'autre part, serait-il raisonnable de charger notre budget, déjà si difficile à équilibrer, des dépenses qu'exigerait la création des établissements régionaux indispensables? Et, en admettant un moment qu'on les créât, combien ne coûteraient-ils pas de frais d'entretien? Il faudrait un personnel pour les diriger, des hommes spéciaux pour faire les manipulations, des gardiens pour les surveiller. Et ce personnel, dans le cas encore où on le prendrait, ainsi que se l'était proposé le ministère des travaux publics, dans le corps des ponts et chaussées, dont les travaux n'ont aucun rapport avec l'étude de la pisciculture, pourrait-on le charger de cette besogne, si ce n'est aux dépens du service auquel ils sont préposés? Il n'y aurait donc pas économie, et l'on éloignerait de leurs occupations ordinaires des hommes cependant si nécessaires à l'État. Et puis, que de temps encore il faudrait pour arriver à ce résultat : obtenir d'abord un crédit du ministre des finances et un vote de la Chambre; nommer une commission chargée d'étudier et de désigner les endroits où les établissements régionaux devraient être placés; produire des projets, établir des devis, provoquer

des expropriations peut-être, et enfin disposer
des constructions propres à loger un personnel
administratif complet! Car, en admettant que
cela soit fait, on conviendra qu'il serait nécessaire
d'avoir des employés pour soigner et garder
les jeunes poissons, et, quelle que fût la simplicité de l'installation, un nombre trop limité de
personnes ne pourrait suffire à une telle besogne.

Tout cela demanderait plusieurs années, des dépenses considérables, comme nous l'avons vu pour
Huningue, et que l'on veut éviter ; l'aquiculture
resterait encore un monopole d'État, à charge pour
le gouvernement, et, comme à présent, une lettre
morte. Nous avions bien pensé, en ce qui nous
concerne, avant que l'idée d'annexer les laboratoires aux écoles d'agriculture se fût produite,
qu'on pourrait s'adresser aux conseils généraux,
dont on ne doit pas mettre en doute les bonnes
dispositions, et qu'en leur demandant à chacun
une somme de deux à trois mille francs, ce qui
produirait un total d'environ 250,000 francs, il
serait facile de construire, sans rien demander à
l'État, des établissements régionaux de pisciculture. Mais les conseils généraux sont accablés par
des charges nombreuses, et ont souvent le regret
de ne pouvoir donner satisfaction aux demandes
les plus légitimes; cependant nous croyons encore

que, le cas échéant, on obtiendrait facilement leur généreux concours.

Mais, avouons-le, nous n'aurions pas atteint le même but; tandis qu'avec l'alliance de l'agriculture, les difficultés disparaissent. Nous désirons, répétons-le, l'enseignement de la pisciculture pour tout le monde, et particulièrement pour les agriculteurs, car ils pourront désormais utiliser leurs eaux, devenues le domaine exclusif des braconniers, et faire ce que nous appellerons de la *pisciculture agricole-domestique*.

Ainsi donc, en ajoutant comme annexe au programme des écoles agricoles l'enseignement de la pisciculture, les laboratoires pourront commencer immédiatement le repeuplement et le peuplement de nos rivières. En même temps l'on introduira dans les mœurs agricoles un élément nouveau de production et de culture, dont la société tout entière tirera grand profit. Pour cela, il n'y a d'autres dépenses à faire que celle de l'installation des laboratoires, qui seront alimentés par les eaux dont sont pourvues les écoles de chaque région : on y trouvera un personnel intelligent, qui deviendra bientôt spécial, et auquel il suffira, étant donnée une aptitude particulière pour tout ce qui est culture, de faire quelques démonstrations, afin qu'il puisse enseigner à son tour.

Les élèves qui sortiront de ces écoles propageront dans toutes les parties de la France le goût et l'usage de la pisciculture; et, de même que les agriculteurs ont amélioré les races d'animaux domestiques qu'ils élèvent, ils amélioreront les diverses espèces de poissons comestibles, et des concours régionaux pourront encore stimuler leur zèle et leurs progrès.

Au point de vue de l'intérêt général, nous obtiendrons l'empoissonnement de nos eaux, qui se fera simultanément sur tous les points du territoire, et par des écoles régionales et par les agriculteurs qui fertiliseront leurs ruisseaux, et repeupleront en même temps les fleuves et les rivières; car il est à remarquer que les poissons les plus recherchés, les salmonidés, par exemple, vont se reproduire aux sources. Or c'est des petits cours d'eau que le ministère des travaux publics se préoccupe le moins; ils échappent pour ainsi dire à sa surveillance, parce qu'ils sont en général affectés aux besoins agricoles. Nous en dirons autant des étangs, dont la culture, comme nous l'avons déjà fait observer, est encore à l'état rudimentaire, quoique susceptible de grandes améliorations.

C'est en multipliant ainsi les établissements de pisciculture, que nous parviendrons non-seule-

ment à rendre à nos eaux toute leur fécondité et
à donner à la population un moyen certain d'alimentation, incomplet ou pour mieux dire in-
connu en France actuellement, mais encore, nous
ne saurions trop le répéter, à assurer à l'agriculture, et au pays par conséquent, une source nouvelle et inépuisable de revenus et de richesses.

Ces établissements pourraient en outre aider à la
propagation du poisson par les moyens naturels,
en créant et en multipliant le nombre des frayères
sur les bords des rivières dépendant de leur district, et se charger de l'empoissonnement des
canaux, dont l'État actuellement ne tire qu'un
revenu misérable, en y mettant les poissons qui
sont susceptibles d'y vivre.

Ce qui est relatif à la corruption des eaux par
les usines, et à l'usage des échelles à saumons, si
nécessaires auprès des barrages, serait, de la part
du ministre de l'agriculture et du commerce,
l'objet d'études spéciales, et il n'est pas douteux
qu'il n'arrivât à concilier des intérêts différents
dépendant de son ministère. Il en résulterait aussi
que l'épuisement de plus en plus sensible de nos
rivières en temps de sécheresse, dont l'industrie
et l'agriculture souffrent également, pourrait être
efficacement combattu.

Enfin, la police des eaux, si difficile, si inefficace et pourtant si nécessaire, deviendrait beaucoup plus facile, parce que les agriculteurs, les riverains, exerceraient eux-mêmes la surveillance sur cette propriété qu'ils auraient désormais intérêt à protéger.

Le projet de M. de Tillancourt présentait également de grands avantages au point de vue scientifique. Nous aurons dans ces écoles des laboratoires ouverts aux expériences, où l'on pourra mettre à l'essai, avec des eaux de différentes natures, les espèces exotiques qui nous sont rapportées par les voyageurs et par les navires venant des pays étrangers; nous ne manquerons pas ainsi d'enrichir d'une ou plusieurs espèces nouvelles la collection ichthyologique des eaux de la France.

La Société d'acclimatation a, sous ce rapport, réalisé des progrès sérieux au prix des plus grands efforts. L'année dernière, elle a reçu de l'Amérique deux variétés de salmonidés, qu'elle réussira à introduire en France. Cependant, les hommes éminents qui se sont appliqués au développement de cette importante question n'ont pas certainement le champ nécessaire à leurs expériences : ils le trouveront sans doute dans l'accomplissement de notre projet.

La Société aura contribué, pour une large part,

au succès de l'œuvre que nous poursuivons, en recevant avec empressement toutes les communications qui lui sont faites sur la pisciculture ; elle a suivi avec intérêt les travaux entrepris dans cette direction, et son secrétaire, M. Riveret-Wattel, a rendu plus d'un service en faisant connaître les ouvrages publiés à l'étranger, qui sont adressés à la Société et qui traitent de la science nouvelle ; de plus, elle favorise, par ses encouragements, les tentatives des travailleurs zélés qui ont des droits véritables à la reconnaissance du pays.

Assurément, nous partageons entièrement toutes les idées que le projet de M. de Tillancourt comporte, et, avant d'en arriver à nos conclusions, nous pouvons dire que là est véritablement pour notre pays l'avenir de la pisciculture ou de l'aquiculture ; car, comme son auteur, nous pensons que c'est en élevant cette science économique essentiellement agricole, à la hauteur d'un enseignement, que nous reprendrons non-seulement notre place, sous ce rapport, parmi les nations voisines de la France qui s'en occupent, mais le premier rang.

Nous ne saurions mieux terminer ce chapitre qu'en rappelant les paroles de Cuvier dans son éloge de Parmentier :

« La qualité de la végétation est elle-même « fixée par l'étendue du sol, par les espèces de

« végétaux qu'on y cultive, et par la proportion
« des bois, des prairies, des terres à blé et des
« bestiaux. En vain, donc, le gouvernement le
« plus paternel voudra-t-il augmenter la popu-
« lation de son territoire au-delà de certaines li-
« mites, tous ses soins seront inefficaces si la
« science ne vient à son secours. Mais qu'un phy-
« sicien imagine une forme de foyer qui éco-
« nomise quelque partie de combustible, c'est
« comme s'il avait ajouté en proportion à nos
« terrains plantés en bois; qu'un botaniste nous
« apporte une plante propre à donner, dans un
« même espace, plus de substance nutitrive, c'est
« comme s'il avait augmenté d'autant nos terres
« labourables; à l'instant il y aura de la place
« dans le pays pour un plus grand nombre
« d'hommes actifs.

« Heureuses conquêtes qui ne coûtent point
« de sang et qui réparent les désastres des con-
« quêtes vulgaires ! »

# CHAPITRE II.

## DE LA PISCICULTURE EN FRANCE ET DANS LES PAYS VOISINS.

———

En 1873, nous fûmes chargé par M. le ministre de l'instruction publique d'une double mission ayant pour objet de constater les progrès que la pisciculture avait faits dans les différents pays de l'Europe. Les rapports que nous publiâmes à la suite de ces missions parurent au *Journal officiel* les 28 et 29 octobre 1873, et les 24, 25 et 26 octobre 1874. Le cadre de ces rapports étant forcément limité, nous dûmes laisser de côté une grande partie des faits intéressants qu'il nous avait été donné de recueillir, et nous borner à en faire une analyse rapide.

Nous sommes à même aujourd'hui de combler cette lacune, et nous nous proposons ici de compléter ces rapports en leur donnant tous les développements que comporte le sujet intéressant que nous avons entrepris de traiter.

L'impression que nous avions ressentie à la

suite de nos voyages, et que nous avions expri-
mée, était que les États voisins de la France
avaient porté la science piscicole à un degré pratique plus élevé que chez nous. Sans modifier le
fonds de notre opinion, nous ferons cependant
exception en faveur de quelques établissements
français particuliers que nous avons visités cette
année, et nous ajouterons que la pisciculture
agricole commence à être très-appréciée, et que
l'avenir lui appartient.

## LA PISCICULTURE EN FRANCE.

Entre tous les essais entrepris sur les divers
points de notre territoire, il faut citer ceux qui
ont été tentés par M. de Tillancourt, possesseur
d'une belle propriété, dans les environs de Châ-
teau-Thierry. La Doultre, qui est le nom de ce
domaine, est arrosée par un cours d'eau vive, assez
important pour faire marcher un moulin. M. de
Tillancourt dispose de ce ruisseau sur une longueur de plus d'un kilomètre. Sur cette partie de
son parcours, les rives sont bordées partout de
grands et de beaux arbres qui y entretiennent
pendant l'été une fraîcheur continuelle ; son lit
est formé de rochers, et c'est par une série de
cascades naturelles ou artificielles qu'il traverse

le domaine. De mémoire d'homme, l'on n'avait
vu de salmonidés, ni entendu dire qu'on en eût
pêché dans ce ruisseau ; c'est à peine si l'on y
rencontrait quelques maigres poissons errants,
quelques rares goujons, et c'était tout. M. de Tillancourt essaya de peupler ce ruisseau ; il comptait
peu, sans doute, sur un complet résultat ; mais il
voulut en tenter l'épreuve. Après avoir disposé une
série de petits réservoirs, creusé des bassins au
point où jaillissent les nombreuses sources qui
naissent dans sa propriété, il fit venir de l'établissement d'Huningue les premiers œufs de salmonidés, qui servirent de base à ses expériences.
L'honorable député a essayé des différents systèmes d'appareils à éclosion ; mais, le plus souvent, il s'est contenté, non sans succès, de déposer
ses œufs sur du gravier dans le creux d'une
source, et a toujours obtenu de très-beaux alevins. Le plus grand nombre des jeunes poissons
éclos à la Doultre ont été répandus dans le petit
cours d'eau ; les autres ont vécu dans les bassins
alimentés par l'eau des sources.

Cela se passait avant la guerre. Les événements
de 1870-71 se produisent ; l'honorable représentant de l'Aisne est obligé de s'éloigner de son
château, dans lequel l'ennemi s'est établi, et les
poissons sont abandonnés aux soins de la nature.

De retour dans sa propriété, M. de Tillancourt
avait perdu, on le pense bien, l'espoir d'en retrouver la moindre trace. Mais quels ne furent pas son
étonnement et sa satisfaction lorsqu'on lui présenta
une très-belle truite qui venait d'être pêchée dans
la petite rivière! Ce n'est pas tout. On retrouva,
dans les réservoirs et considérablement grossies,
celles que l'on y avait déposées. Et nous pouvons
attester ce fait dont nous avons été témoin : en
1873, nous eûmes l'occasion de rendre visite à
M. de Tillancourt, qui nous ménageait une plus
grande surprise : au milieu des bois qui envi-
ronnent le château, immédiatement au-dessous
d'une petite source, avait été creusé un bassin de
3 ou 4 mètres de longueur, de 1 mètre de largeur, et de 60 ou 80 centimètres de profondeur
à peine. Quelques alevins, sacrifiés d'avance, y
avaient été placés ; on n'avait jamais songé à leur
accorder le moindre soin, et par conséquent à les
nourrir. Mais on eut l'idée de pêcher devant nous
dans cette étroite pièce d'eau, et l'on y trouva en
parfait état de santé et en plein développement des
saumons et des truites pesant entre une livre et
une livre et demie. Il faut ajouter à cela qu'à ce
moment la petite source, dont nous avons parlé,
débitait à peine un litre d'eau en trois heures ;
elle n'était plus qu'un suintement. Même fait s'est

produit dans les différents réservoirs disséminés sur les autres parties de la forêt. Ici l'on a pêché une truite de 500 grammes, là un saumon de deux livres ; enfin l'on se demande comment tous ces salmonidés ont pu s'habituer à vivre et à s'acclimater dans des espaces aussi restreints et avec une aussi faible quantité d'eau.

Nous ne voulons pas parler, bien entendu, de plusieurs bassins que M. de Tillancourt a fait établir et qui reçoivent de 10 à 20 litres d'eau à la minute ; il n'est point extraordinaire que les poissons y aient prospéré. Mais de quelle manière s'y sont-ils nourris ? On peut supposer que les nombreux insectes auxquels les arbres donnent naissance ont été, pendant l'été, la base de leur alimentation, et que, durant l'hiver, ils ont pourvu à leurs besoins au moyen des vers qui pénètrent dans la terre pour éviter le froid. On sait aussi que le poisson, en général, peut être privé de nourriture pendant un assez long temps sans que ce jeûne prolongé lui devienne funeste. Toujours est-il que le cas qui s'est produit chez M. de Tillancourt offre un réel intérêt au point de vue de la stabulation des salmonidés. Le mot *produit* n'est peut-être pas celui que nous devrions employer ; le fait que nous venons de signaler n'est pas tout de hasard. L'honorable député, en entreprenant des expériences chez lui, avait pour but de s'assurer de la valeur de la pisciculture, au point de vue agricole, et il voulait acquérir la certitude que cette science peut être appliquée par les agriculteurs, sans frais et avec profit. Les salmonidés qu'il a traités n'ont pas tous été soumis au même régime : les alevins éclos dans les sources étaient répartis dans différents bassins, afin que l'on pût étudier le genre de nutrition qui leur convenait le mieux : nourriture naturelle ou nourriture artificielle. Eh bien, M. de Tillancourt a obtenu de meilleurs résultats en n'alimentant pas les alevins qu'en leur accordant chaque jour une ration de nourriture. Nous n'assurerons pas que ce système doive réussir partout, mais nous nous expliquons très-bien qu'il ait donné dans la propriété de l'honorable député, tant à cause du voisinage des bois qu'à cause de la réunion d'autres éléments naturels favorables, satisfaction complète à ses vues économiques.

Les essais de M. de Tillancourt ont porté sur un autre point non moins intéressant : celui de l'empoissonnement des eaux. Nous avons dit que, chaque année, un certain nombre d'alevins de truite étaient versés dans le ruisseau, et que déjà on en avait pêché quelques-uns arrivés à l'âge adulte. Ce premier résultat obtenu, il s'a-

gissait de savoir si ces poissons trouveraient dans
ce ruisseau les conditions nécessaires pour s'y
reproduire. De ce côté également, M. de Tillancourt a réussi au-delà de toute espérance. Déjà,
vers la fin du mois d'octobre de l'année 1873, nous
avions constaté avec lui la présence de poissons
sur les frayères ; nous pûmes même les y voir à
plusieurs reprises et y retourner avec persistance,
lorsque, pour une cause ou pour une autre, ils
s'en étaient éloignés : il devint évident pour nous
qu'ils ne s'y rendaient que dans l'intention d'y
déposer leur frai ; mais il était encore douteux
que les œufs pussent arriver à parfaite éclosion,
et que les alevins fussent en état de vivre dans
ces eaux. L'année passée, ce dernier doute a été
levé : on a pêché, dans le ruisseau de la Doultre,
de jeunes salmonidés d'un an ; or, depuis 1869
au moins, aucun alevin n'ayant été répandu
dans le ruisseau, il est incontestable que ceux
qu'on y trouve actuellement proviennent de poissons apportés antérieurement à cette date et qui
se sont reproduits.

Une autre grande pièce d'eau, où autrefois
étaient placées les carpes conservées par le château, a été aussi peuplée de salmonidés. Ces poissons, si difficiles à élever, ont parfaitement réussi,
et les carpes et autres espèces sans valeur sont

aujourd'hui remplacées par de belles truites des lacs, qui se sont acclimatées dans ces eaux profondes et limpides.

Ce sont, ce nous semble, des faits qui ont bien leur importance ; ils fortifient, en ce qui nous concerne, notre foi dans l'avenir de la pisciculture agricole et domestique, et sont d'un bon exemple pour les personnes aux prises avec le doute et l'hésitation. On doit comprendre que si un homme, agissant isolément et ne s'étant même pas aidé des moyens les plus indispensables à la pratique de la pisciculture, est arrivé à empoissonner un cours d'eau entièrement dépourvu de poissons avant cette époque et à y introduire une espèce très-rare, on doit comprendre, disons-nous, ce que produirait le concours de tous les agriculteurs et propriétaires riverains, agissant dans une pensée et un but communs.

Nous sommes heureux que ce soit à M. de Tillancourt qu'est échu l'honneur d'avoir le premier réuni pratiquement l'aquiculture à l'agriculture ; son autorité en semblables matières ne peut être que d'un grand secours pour le développement de l'œuvre que nous avons entreprise, et nous espérons que son dévouement et son désintéressement à la chose publique trouveront des imitateurs dans notre pays.

## *Les établissements de l'Auvergne.*

Parmi les provinces françaises favorisées sous le rapport des eaux, l'Auvergne occupe un des premiers rangs. Partout où expirent les coulées de lave répandues par les volcans qui ont saccagé cette contrée, jaillissent du sein de la terre des eaux abondantes et pures. Nous ne voulons pas parler, bien entendu, des eaux thermales qui n'ont rien de commun avec le sujet qui nous occupe, mais de ces sources puissantes qui, comme celle de Royat, sortent de la montagne avec une température qui ne dépasse jamais huit degrés et demi et débitent une masse d'eau considérable. Les sources de cette importance sont communes en Auvergne, il en est même qui fournissent deux mille litres et plus par minute; on en rencontre aux pieds de toute cette chaîne composée en partie de montagnes volcaniques, qui part de la plaine de la Limagne pour se prolonger jusqu'au-delà des pics du Cantal. Si l'on ajoute à cela les nombreux lacs et étangs situés sur les plateaux et alimentés également par des eaux vives, et les cours d'eau qui naissent dans ces parages, on comprendra que nul lieu ne pouvait être mieux choisi pour l'application de la pisciculture artificielle; la

nouvelle science économique dont M. Coste a été
le promoteur devait rencontrer des adeptes dans
ce pays, où se trouvent réunies les conditions
les plus favorables.

Il y avait, en effet, un savant estimé et aimé,
M. Lecoq, alors professeur d'histoire naturelle à
la faculté de Clermont-Ferrand, qui n'hésita pas à
prendre toutes les dispositions nécessaires pour
introduire la pisciculture en Auvergne. Les heureux résultats qu'il obtint dès le début et qu'il sut
avec son autorité mettre si bien en évidence, atti-
rèrent bientôt l'attention de l'administration, et
le conseil général du Puy-de-Dôme décida la création d'une école de pisciculture départementale en
désignant le jardin des plantes de Clermont-Ferrand, comme le lieu où elle devrait être établie.
M. Lecoq s'était déjà adjoint le préparateur de
son cours, un naturaliste distingué, homme
d'action et de persévérance, M. Rico, pour l'aider
dans les diverses expériences qu'il avait entreprises
sur la pisciculture ; il lui abandonna, dès qu'on lui
eut donné cette première satisfaction, la direction
du nouveau laboratoire fondé en 1857.

Nous joignons à l'appui de la description que
nous allons faire de l'École de pisciculture de
Clermont, un plan de cet établissement que nous
devons à l'obligeance de M. Rico.

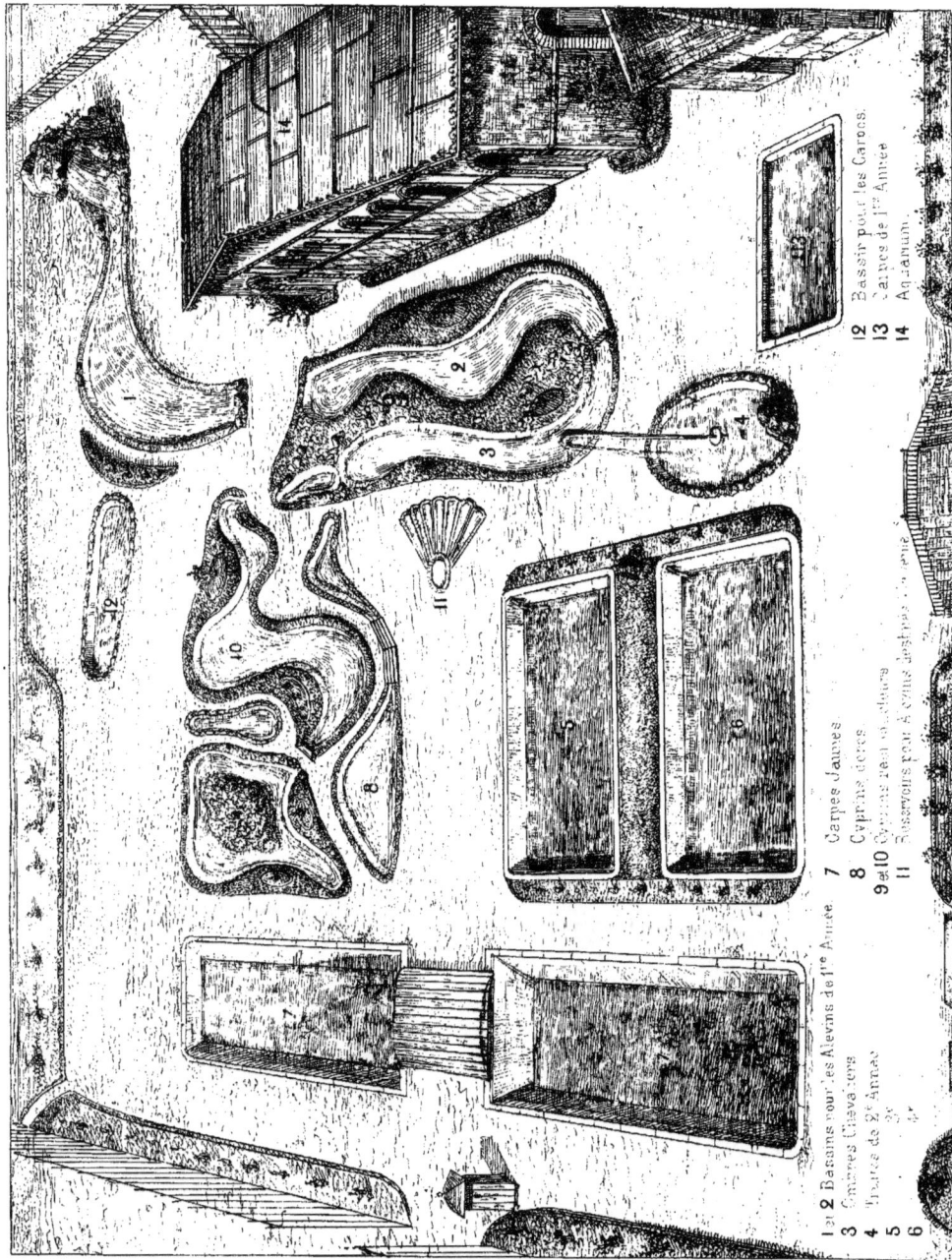

Ecole départementale de Pisciculture de Clermont-Ferrand.

Les débuts assurément furent difficiles : il ne s'agissait plus alors de garder dans des aquariums quelques poissons pour démontrer au public la possibilité d'élever des salmonidés et de les faire reproduire ; il fallait dès ce moment pourvoir dans une certaine mesure aux demandes d'œufs fécondés, adressées de tous les points du département, par les maires ou les particuliers désireux de peupler leurs eaux ; il fallait en outre réserver des œufs et des alevins pour les répandre dans les rivières désignées par l'administration. M. Rico dut lutter d'économie et d'ardeur pour arriver, avec le mince budget qui lui était attribué, à l'exécution du plan qu'on lui avait confié. Il fit cependant tant et si bien en organisant, une année, les appareils à éclosion, en construisant quelque bassin une autre année, que le petit espace dont il dispose, 40 mètres sur 25, présente aujourd'hui l'aspect d'un établissement de pisciculture complet, où il se réalise de véritables merveilles, sous le rapport de l'élevage artificiel du poisson et de la stabulation.

L'École de pisciculture reçoit les eaux de la ville, c'est-à-dire celles qui proviennent de la source de Royat. Il est regrettable seulement que la quantité affectée à ce service soit insuffisante pour entretenir dans les bassins le courant nécessaire

à l'élève des salmonidés. Néanmoins on peut
constater que les hôtes confiés aux soins de
M. Rico ne laissent rien à désirer sous tous les
rapports : santé, vigueur et prospérité.

Quels sont maintenant les procédés employés
par M. Rico?

La fécondation artificielle des œufs a été faite
pendant longtemps au laboratoire de Clermont-
Ferrand, conformément à la méthode recomman-
dée par M. Coste ; mais par la suite M. Rico, en
expérimentant le procédé russe, qui est le même
que celui pratiqué par M. le D$^r$ Vouga, en Suisse,
et par le directeur de la pisciculture en Amérique,
reconnut qu'il était préférable de s'arrêter à ces indications nouvelles, qui offraient en réalité des
avantages incontestables sur la méthode ancienne ;
l'honorable inspecteur de la pisciculture dans le département du Puy-de-Dôme s'est livré sur ce point
à des études comparatives qui ne lui ont laissé aucun doute sur la valeur des nouvelles opérations,
et, dans notre chapitre sur la pisciculture pratique,
nous donnerons sur ce sujet les développements
nécessaires.

Les appareils à éclosion, pour les œufs de salmonidés, dont on fait usage à Clermont, sont les
mêmes que ceux du Collège de France; seulement,
comme on pourra le voir par le dessin que nous

# FRANCE.

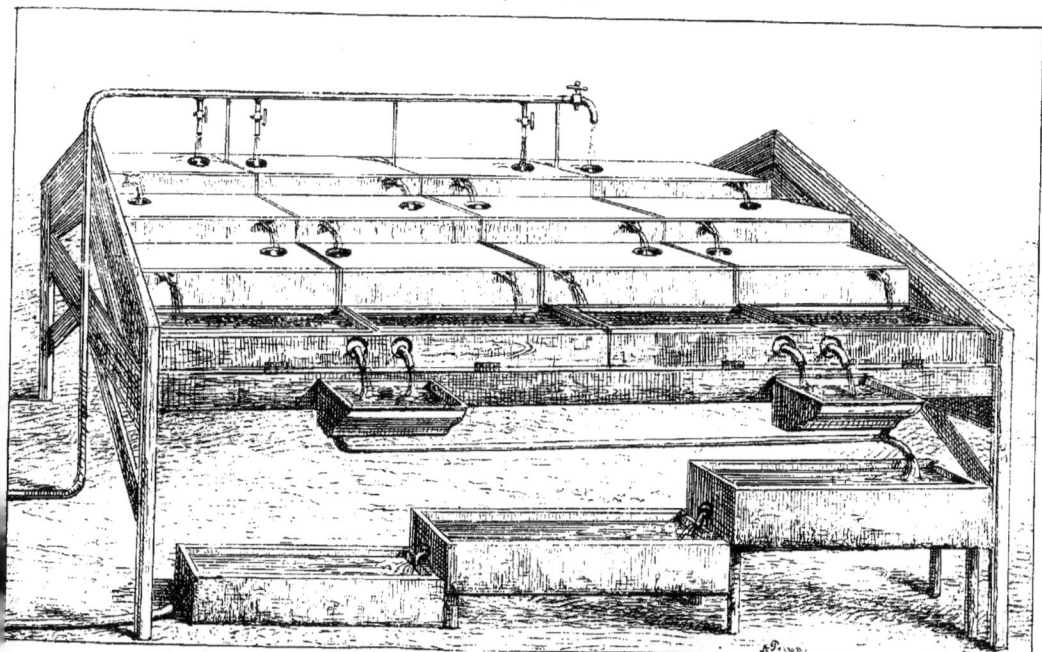

Ecole de Pisciculture de Clermont-Ferrand.
Appareils destinés à l'Incubation et à l'Eclosion des Oeufs de Salmonides.

intercalons dans ce livre, ils sont disposés d'une façon différente. Cet agencement permet de surveiller très-aisément les œufs destinés à l'éclosion et rend faciles les démonstrations théoriques; il est surtout avantageux pour les grands établissements. Ces appareils sont situés dans une des salles du rez de-chaussée, qui faisaient partie de l'ancienne faculté, et dont la température est maintenue à un degré convenable pendant la durée de l'incubation. Un réservoir d'une contenance d'environ quatre mètres cubes d'eau met les appareils à l'abri d'un arrêt momentané dans la distribution des eaux, pouvant se produire pour une cause ou pour une autre.

De plus, des compartiments en ciment ont été construits dans un autre petit laboratoire pour recevoir également le frai des truites, des saumons et des ombres-chevaliers; ils ont de grands rapports comme disposition avec ceux qui sont destinés à l'éclosion des œufs de poissons dits du printemps, dont nous donnons aussi le dessin. Quant à ces derniers, ils sont placés à l'extérieur des bâtiments et reçoivent l'eau que l'on a eu soin de faire réchauffer dans un réservoir en tôle, exposé au soleil, afin qu'elle obtienne la température convenant aux œufs qui éclosent rapidement; seulement ces auges à incubation

ne sont pas toutes fabriquées en ciment et d'une
seule pièce ; quelques-unes de celles que l'on a
fixées à droite sur la muraille, et déversant au
moyen d'un tuyau leur eau de l'une à l'autre,
semblent plutôt appartenir au système de M. Millet, à cette différence près que le métal à l'intérieur est recouvert d'une couche de ciment.
Cette série d'appareils est en outre exposée aux
rayons du soleil, ce qui active beaucoup l'éclosion
des œufs, et assure à l'eau que l'on emploie la
chaleur dont elle pourrait manquer.

Les alevins de salmonidés, vers les mois de
mars et d'avril, sont transportés dans les premiers
bassins où se répand l'eau, dès qu'elle sort des
conduits qui la distribuent. Les espèces dont
M. Rico poursuit la propagation sont la truite, le
saumon et l'ombre-chevalier. Chaque année on
produit aussi un certain nombre de métis d'ombres et de truites qui donnent d'assez bons résultats, mais cette variété est considérée à bon escient
comme plus vorace et plus batailleuse que les
poissons dont elle provient. Il est inutile d'ajouter
que si la truite réussit bien à la pisciculture de
Clermont, cela n'a rien d'extraordinaire ; mais
un poisson dont l'élevage présente de grandes
difficultés, l'ombre-chevalier, que presque tous
les établissements de pisciculture ont renoncé à

# FRANCE

Ecole de Pisciculture de Clermont-Ferrand.( Appareils pour les eclosions d'été)

conserver, vient admirablement dans les bassins de l'École départementale, et les tentatives entreprises pour le propager dans les lacs de l'Auvergne ont été couronnées de succès. Nous pouvons dire aussi que le saumon commun se contente très-bien du petit espace où il est parqué, et qu'au moment de la mise en rivière son développement a suivi une marche normale. Quelques-uns de ces saumons, versés dans le lac Pavin, ont acquis en quelques années une taille et un poids qu'ils n'auraient probablement pas dépassés s'ils avaient vécu librement dans un de nos fleuves.

Le genre d'alimentation auquel M. Rico habitue les alevins après la résorption de la vésicule ombilicale, mérite d'être signalé. Dès le premier âge, il leur distribue du sang tamisé et du jaune d'œuf cru. Cette dernière préparation s'obtient en mélangeant un jaune d'œuf d'abord avec une faible quantité d'eau, puis en ajoutant à ce premier mélange un litre d'eau environ ; on répand ensuite ce liquide dans le bassin des alevins, et l'on peut voir avec quelle avidité ils se précipitent sur cette nourriture dont ils sont extrêmement friands. Un peu plus tard ils trouvent, dans les bassins qui leur sont destinés, des insectes de toute nature que l'on y a propagés, et qui forment une alimentation également de leur goût et parfaitement

convenable. Mais, comme cette nourriture pourrait
être insuffisante, on y ajoute jusqu'au mois de
septembre une composition dans laquelle il entre
cinq parties de viande de cheval, hachée et dé-
layée dans cent parties d'eau ; le tout est ensuite
passé à travers les mailles fines d'un tamis qui
ne laissent d'issue qu'aux parcelles d'une facile
déglutition pour les petits poissons. De temps
à autre on leur livre des petites crevettes d'eau
douce, qui viennent compléter leur alimentation.

Au mois d'octobre on débarrasse les bassins du
trop grand nombre de poissons qu'ils contiennent
encore, et l'on ne garde, après les diverses distributions, que cent trente jeunes truites communes
environ et de soixante à cent ombres-chevaliers
et saumons qui sont replacés dans les mêmes
réservoirs.

Dès que les nourrains ont atteint l'âge d'un an,
et même avant, le régime alimentaire auquel ils
sont assujettis se compose de viande de cheval,
hachée par une machine, qui leur est distribuée
une fois par jour ; quelques kilogrammes suffisent
à la nourriture de tous les poissons que l'on élève
à l'École de pisciculture.

Signalons aussi les expériences relatives à l'alimentation des salmonidés, que M. Ricot a faites
sur la viande salée. Il a constaté que non-seu-

lement les poissons la préféraient à toute autre chose, mais que ceux qui en avaient été nourris s'étaient plus rapidement développés.

L'honorable inspecteur de la pisciculture, en praticien habile, se garde bien de mettre, dans un même bassin, des poissons présentant de trop grandes inégalités de taille ; il sait que c'est une mesure indispensable pour éviter qu'ils ne s'entre-dévorent. Il pousse même la précaution jusqu'à ne point mêler les ombres-chevaliers avec les truites de même âge : des compartiments spéciaux sont réservés à chacune de ces espèces.

La plus grande propreté est maintenue dans tous les bassins de l'établissement. Chaque jour le gardien procède à un nettoyage complet. Une pipette de fort calibre suffit pour faire promptement cette besogne.

Il faut, sans doute, reconnaître que c'est à cause de la multiplicité des soins accordés aux élèves, que les alevins sont rarement atteints des diverses maladies communes à leur âge. Cependant, la température de l'eau, durant la saison la plus chaude, s'élève jusqu'à 24 degrés centigrades ; les pertes que l'on éprouve pendant la première année ne sont pourtant que d'environ 5 pour 100.

Il y a, dans un des deux grands réservoirs, que

l'on peut voir sur le plan d'ensemble ci-joint, un
certain nombre de salmonidés de quatre ans et
plus, qui sont réellement très-remarquables pour
des individus élevés en captivité. Quelques-
uns atteignent, à cet âge, un poids de treize à
seize cents grammes. Les hybrides que l'on compte
dans ce nombre ne le cèdent en rien comme développement aux autres poissons au milieu desquels ils vivent. Cette réserve de reproducteurs
donne à M. Rico l'occasion de pratiquer la fécondation artificielle dans son laboratoire même, et
fournit chaque année plusieurs milliers d'œufs
qui ne sont pas de qualité inférieure à ceux que
l'on fait venir des pays étrangers et aussi à ceux
que l'on obtient sur les frayères naturelles.

Contrairement à ce que l'on fait dans la plupart
des établissements piscicoles, aucun refuge n'est
ménagé à l'intérieur des viviers; les adultes n'ont
même pas une plante aquatique qui leur offre un
abri. M. Rico a constaté que ces dispositions
donnaient lieu généralement à des attaques où
bien des sujets recevaient des blessures mor-
telles.

Voici la moyenne du poids et de la taille que
les poissons ont atteints par chaque année de leur
séjour dans les bassins :

Agés de deux ans à vingt-six mois, les truites,

saumons et ombres-chevaliers mesurent 0$^m$,25 environ, et pèsent de 200 à 300 grammes.

A trois ans ils ont acquis une longueur de 0$^m$30 et un poids de 500 à 700 grammes. En général, vu le manque d'espace, à quatre ans on les livre à la consommation avec une taille de 0$^m$40 et un poids de 800 à 1500 grammes.

Si, de temps en temps, quelques sujets sont pris de maladie, ce qui arrive surtout pendant l'été, on les isole de leurs compagnons en les plaçant dans des compartiments à l'intérieur, desservis par l'eau la plus pure. Nous ajouterons que ce traitement réussit presque toujours, particulièrement dans la maladie des branchies.

Les opérations de l'École départementale de pisciculture ne portent pas seulement sur les salmonidés, les cyprins y tiennent au contraire une large part.

Signalons en première ligne la carpe jaune que bien des naturalistes s'accordent maintenant à regarder comme une espèce à part, au lieu de la considérer comme résultant de croisements successifs, et qui se multiplie à l'infini dans plusieurs des réservoirs de l'école. C'est à la fois un poisson d'agrément et un poisson comestible, car il arrive à peser 5, 6 et même 10 kilogrammes. M. Rico croit que cette carpe fut importée d'Italie en

France par le connétable de Bourbon, vice-roi du
Milanais, au commencement du seizième siècle.

La quantité des poissons de cette nature, que
l'établissement de Clermont produit chaque année,
est énorme. D'autre part, ils subissent facilement
les fatigues d'un long voyage, et l'on se contente,
pour les expédier, de les placer dans un pot en
terre cuite, à goulot étroit, d'une contenance de
dix litres, que l'on renferme dans un panier de
même forme. Quelques herbes aquatiques, intro-
duites dans le récipient et se maintenant à la surface de l'eau, évitent les clapotements susceptibles
de blesser les poissons qui se produisent durant
le transport.

Les autres variétés de carpes se propagent avec
le même succès à l'École de pisciculture. Des
herbes tapissent le fond des réservoirs et, étendant leurs rameaux jusqu'au-dessus de la surface
de l'eau, forment de véritables frayères naturelles
où les poissons vont déposer leur frai. Deux de
ces bassins, les plus grands, sont disposés de telle
façon que les bords ne présentent qu'une très-
petite profondeur favorable aux alevins éclos sur
les frayères; mais, en général, on préfère recueillir
le produit de la génération pour le déposer dans
les appareils spéciaux dont nous avons parlé, où
l'éclosion de cette multitude d'œufs s'effectue en

très-peu de temps. Cette catégorie d'alevins est ensuite reléguée dans le bassin en forme d'éventail indiqué sur le plan ; elle reste en cet endroit jusqu'à ce que les jeunes sujets aient acquis assez de force pour n'être pas l'objet de soins particuliers. L'espace que comprend ce réservoir et sa disposition rendent facile la capture de ces jeunes cyprins, qui sont ordinairement destinés à être distribués ou vendus. On les nourrit d'abord soit avec du jaune d'œuf, comme les salmonidés, soit avec des résidus de viande pilée que l'on mélange avec de l'eau. Les herbes des bassins donnent lieu, d'autre part, à une très-grande propagation d'insectes qui constituent également une nourriture excellente. Les poissons plus âgés reçoivent une pâtée de pommes de terre cuites.

Le nombre des reproducteurs n'est pas très-élevé, mais il suffit à tous les besoins, en raison de la fécondité extraordinaire dont sont doués ces animaux.

Après ce que nous venons de dire, nous ne croyons pas qu'il soit bien nécessaire d'insister sur l'aquarium de l'école de pisciculture, où sont mis en évidence de très-beaux sujets produits par l'établissement, et d'assurer qu'il fait les délices de tous les visiteurs, en même temps qu'il est un objet d'étude pour les savants.

Nous terminerons cet exposé par un aperçu de l'importance de l'établissement, en résumant les opérations de l'année 1875 :

Œufs de salmonidés embryonnés à l'École de pisciculture : 43,500 ; alevins obtenus : 42,830 ; alevins distribués : 42,196.

Les établissements de Saint-Genest-l'Enfant et de Pontgibaud, dont nous allons parler, ont fourni : le premier, 42,000 œufs embryonnés, qui ont donné naissance à 38,496 alevins. Sur ce nombre, 37,897 ont été distribués.

L'établissement de Pontgibaud a fourni 49,000 œufs embryonnés, et, sur les 46,674 alevins qui en sont résultés, 44,984 ont été distribués. Le total des alevins obtenus est de 128,000, qui ont été répartis de la manière suivante : MM. les maires, pour les cours d'eau de leur commune, en ont demandé 28,800 ; 64,600 ont été répandus dans les rivières et cours d'eau du département ; les propriétaires en ont reçu 29,477 ; les bassins de l'École de pisciculture en ont gardé 2,200 ; enfin 3,774 poissons d'âges divers ont été délivrés aux particuliers.

Ce tableau indique les progrès accomplis par la pisciculture dans le département du Puy-de-Dôme, et laisse ressortir combien était ardue la tâche confiée à M. Rico : elle exigeait de sa part, pour la mener à bonne fin, un zèle infatigable et une conviction assurée qui ne lui ont pas fait défaut. Après les événements de la guerre, l'établissement d'Huningue ne fournissait plus d'œufs ; il fallait satisfaire cependant aux besoins qui augmentaient en quelque sorte avec le succès. L'honorable inspecteur n'a pas craint de se transporter, pendant les froides journées de l'hiver, sur le bord glacial des rivières, pour aller recueillir, avec l'aide des employés des ponts-et-chaussées, aux frayères mêmes, les reproducteurs qui devaient lui fournir les œufs dont il avait besoin.

Le dévouement de M. Rico à la chose publique a trouvé sa récompense dans les témoignages d'estime qui lui sont rendus, dans les encouragements qui lui ont été accordés, dans la satisfaction du devoir accompli, et dans les résultats inespérés qui sont venus couronner son œuvre.

Le lac Pavin, d'une superficie de 42 hectares et débitant à son déversoir 300 litres d'eau par minute, improductif jusqu'alors, a été empoissonné par ses soins. Les truites des lacs, les ombres-chevaliers, les saumons communs, les saumons huchen ou saumons du Danube, les cyprins qui ont été versés dans les eaux vives, y ont merveilleusement profité et s'y sont propagés ; les écrevisses même y ont prospéré et s'y sont reproduites. Il est vrai de dire aussi qu'un laboratoire d'éclosion et d'alevinage établi au niveau du lac contribuait beaucoup à y entretenir une fructueuse fertilité.

Pendant plusieurs années, les stations thermales du département du Puy-de-Dôme, les hôtels de Clermont-Ferrand, ont trouvé de véritables ressources dans le produit des pêches du lac Pavin; et, sans remonter bien haut, on y a pris, il y a environ deux ans, un saumon huchen pesant *quatorze kilogrammes.*

Les autres lacs de l'Auvergne, que l'école de pisciculture a empoissonnés, fournissent aussi leur appoint à l'alimentation publique. Dans le lac Chauvet, où l'on ne rencontrait autrefois que la perche, il s'y élève actuellement la féra, l'ombre-chevalier, la grande truite des lacs, et même le saumon. Il en est de même pour les lacs de Guéry, de Servière. Dans ce dernier, on a pêché une truite du poids de huit kilogrammes. Le Gour ou lac Tazana contient maintenant diverses espèces de salmonidés. Entre Coudes et Issoire, il a été pris, en 1873, 249 saumons, et, depuis Saint-Arcons jusqu'au bec de l'Allier, 600. L'Allier produit également plus de truites qu'autrefois. L'Allagnon, dans le Cantal, la couse d'Arles, ont été empoissonnés par l'établissement central, ainsi que Lembronnet, l'Eau-Mère, la couse d'Issoire, la couse de Valveleix, la couse de Chambon, la Mône, etc., et l'on y pêche maintenant des truites de deux et trois kilogrammes. Mentionnons aussi la Dore, le Buron, la Marge et la Dordogne, qui ont reçu des alevins à différentes reprises.

Un certain nombre de propriétaires de la vallée de Royat et des habitants de Chamalière se sont assuré un revenu en pratiquant la pisciculture dans les eaux de cette source abondante qui alimentent Clermont, et qui ne font que traverser leurs viviers.

Il en est qui, chaque année, recueillent du poisson pour une valeur de trois cents francs, sans qu'il leur en coûte rien. Dans une belle propriété des environs de la ville, appartenant à M^{me} de Marpon, ont été établis un laboratoire d'éclosion et d'alevinage et des réservoirs poissonneux.

Nous pourrions multiplier les exemples et dire encore qu'à Chauvassagnes la pisciculture fait merveille dans les eaux de source; mais nous avons hâte de parler de l'établissement le plus important de l'Auvergne et, nous pouvons ajouter, de la France, qui est celui de Saint-Genest-l'Enfant.

## *Établissement de Saint-Genest-l'Enfant.*

Nous avons été véritablement émerveillé en
visitant l'établissement de M. Gabriel de Féligonde ; nous n'avions encore vu rien de si complet, soit en France, soit à l'étranger. Les vastes
proportions sur lesquelles il a été construit sem-
bleraient devoir faire oublier notre pisciculture
d'Huningue, si des sentiments d'une autre nature
ne venaient nous rappeler à la cruelle réalité. Mais,
nous pouvons bien le dire, la pisciculture française
semble s'être réfugiée en Auvergne.

Situé au bas de superbes montagnes qui semblent ne pas vouloir avancer plus loin dans cette
direction, comme si elles craignaient d'envahir
la fertile plaine qui compose la Limagne, et de la
priver d'une parcelle de cette terre féconde, l'é-
tablissement de M. Gabriel de Féligonde est en-
clavé dans la propriété qu'il possède à Saint-Genest-l'Enfant, et qu'un mur de clôture protége
des braconniers et des animaux malfaisants. Dans
l'enceinte même de cette propriété naissent les
sources les plus abondantes peut-être que l'on
puisse trouver en Auvergne ; elles suffisent am-
plement, non-seulement à alimenter les bassins de
la pisciculture, mais elles pourvoient, dans les

BATIMENT DE LA PISCICULTURE.

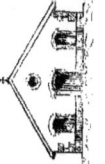

PLAN PARTERRE.    FAÇADE.    COUPE LONGITUDINALE

1. Laboratoire
2. Bassins d'Alevinage
3. Truites de 2eme Année
4. do   do   3e   do
5. Grand lac p.r grosses pièces
6. Bassin pour reproduction des poissons blancs
7. Ombres-chevaliers
8. Frayères
9. Garde de nuit.

Bâtiment de la Pisciculture.
a. Prise d'eau.
b. Filtre & distribution.
c. Conduites.
d. Appareils à éclosion.
e. Bassins d'attente des reproducteurs.
f. Rigoles des trop pleins.

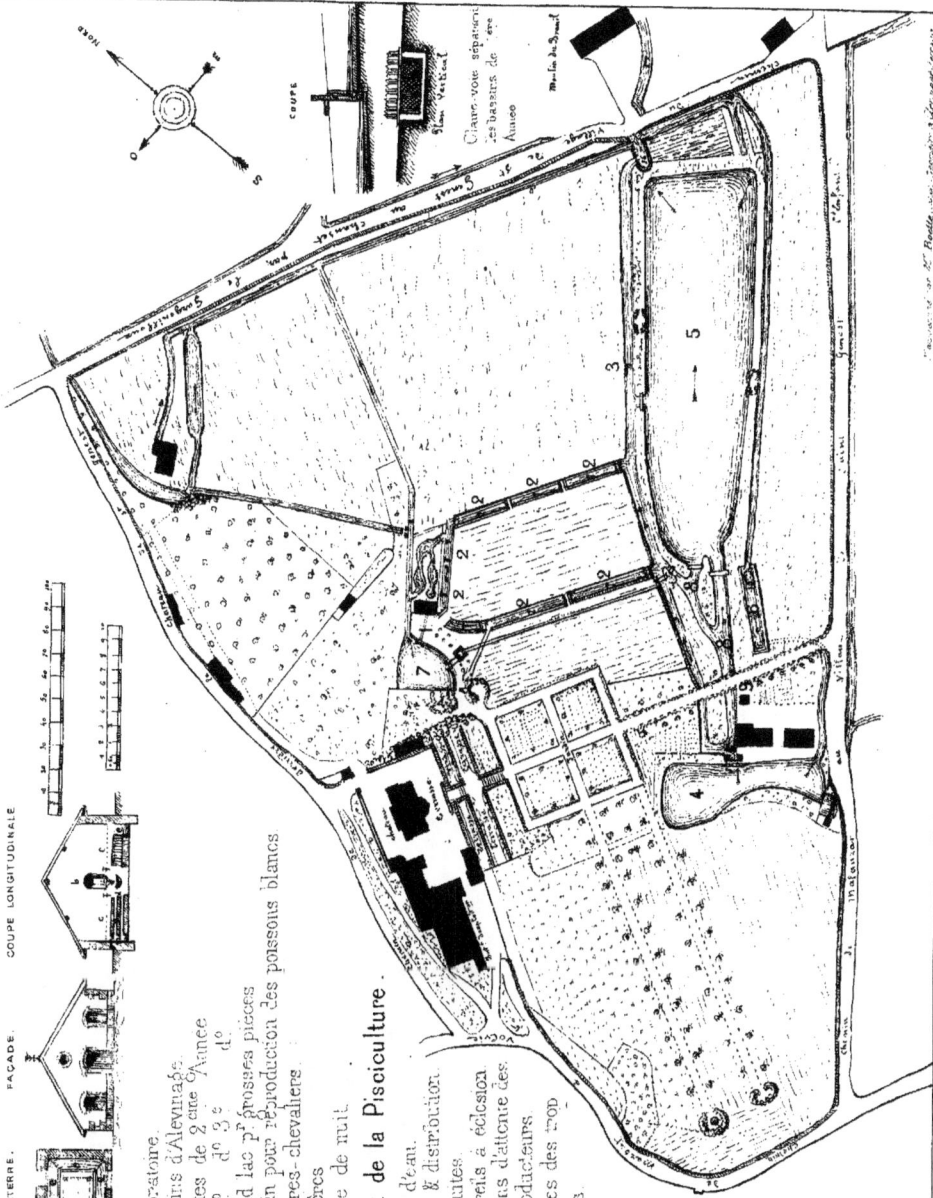

NORD

Plan Vertical

Claies-vou séparant les bassins de 1ère Année

Moulin de St...

Imp. Monrocq Paris.

Plan de l'Etablissement de Pisciculture de M. de Féligonde à St Genêst l'Enfant. (Puy-de-Dôme).

mêmes proportions, aux besoins de la ville de Riom, qui y vient capter les eaux potables nécessaires à sa consommation. Le débit de toutes ces sources réunies dépasse de beaucoup deux mille litres par minute; elles jaillissent du sol à l'endroit où se termine la coulée de lave d'où l'on extrait la fameuse pierre de volvic, avec laquelle on a construit une partie des maisons de Clermont et de ses environs, et forment divers cours d'eau qui sillonnent la propriété.

Pour donner une idée de leur importance, nous dirons que deux d'entre elles suffisent chacune au fonctionnement d'une usine. Celle qui forme la rivière où sont les truites de deuxième année et remplit le grand lac, produit deux mètres cubes d'eau en trois minutes ; la température de ces sources qui vont rejoindre l'Allier mesure, à leur sortie de terre, huit degrés et demi au-dessus de zéro.

Ni la chaleur ni le froid ne diminuent ou n'augmentent la quantité d'eau qu'elles distribuent, et ne modifient leur température normale, en raison de l'épaisse couche de lave qui les isole. Est-il bien nécessaire de faire ressortir combien était avantageuse une position semblable pour la création d'un établissement de pisciculture, et combien était précieuse la réunion de tels éléments ?

M. Gabriel de Féligonde en a tiré un excellent
parti, et l'établissement qu'il dirige, présente
des dispositions intéressantes et instructives à
analyser.

Les premières opérations datent de huit ans. A
cette époque, les différentes petites rivières qui
parcourent les environs de Saint-Genest-l'Enfant
étaient peuplées de salmonidés; il n'était pas douteux que ces poissons ne fussent susceptibles de
subsister et de se développer dans les eaux du
château. Encouragé par l'exemple de M. Rico et
s'inspirant de ses conseils, M. de Féligonde fit
venir de Clermont des œufs embryonnés qui don-
nèrent de très-bons résultats. Après ce premier
essai plein d'encouragement, l'honorable propriétaire de Saint-Genest n'hésita plus à commencer les divers travaux qui font de sa pisciculture un établissement remarquable. Il organisa
successivement des bassins pour les alevins, fit
construire un laboratoire d'incubation et d'éclosion, disposa des étangs, régularisa le lit des
cours d'eau, etc., etc. Il est arrivé aujourd'hui
à pouvoir produire, sur place, près de deux millions d'œufs embryonnés.

Le laboratoire où se pratiquent les incubations et
les éclosions, et de la disposition générale duquel
on peut juger par le dessin annexé au plan que

M. de Féligonde nous a fourni, mérite une mention toute spéciale. L'aménagement intérieur présente la plus grande commodité pour les manipulations. Des appareils en ciment du genre de ceux destinés aux éclosions d'été, à l'École départementale, peuvent recevoir aisément des centaines de mille d'œufs ou embryons.

Le système de ces appareils, dont le principe est la claie en verre suspendue, du Collége de France, ressemble beaucoup à ceux que nous avons vus à Amsterdam. Chacun des petits réservoirs où les claies sont placées, d'une largeur d'environ 20 centimètres, se prolonge sans interruption sur une longueur de deux à trois mètres. Cette disposition permet aux alevins, dès qu'ils ont franchi, après l'éclosion, l'intervalle qui sépare chacune des baguettes composant la claie, de se mouvoir dans cet espace relativement grand, et d'y rechercher les endroits le plus à leur convenance. Comme on peut le vérifier sur le plan, ces compartiments, appliqués et fixés au mur, sont au nombre de trois ; le plus élevé est à 1$^m$,50 de hauteur, à partir du niveau du sol, tandis que le moins élevé n'en est qu'à 50 centimètres. Dans un dernier réservoir, plus bas encore et pouvant servir de bassin d'alevinage si les jeunes sont en trop grand nombre, se réunissent les eaux qui ont traversé les appareils à éclosion, et dont on peut modérer la distribution au moyen des différents robinets.

Une grille mobile, à mailles assez resserrées pour empêcher le passage des sujets nouvellement éclos, ferme l'issue de chaque bassin, et en détermine le niveau.

Le laboratoire est abondamment alimenté, et, par surcroît de précaution, les eaux qui y arrivent traversent, sans qu'il en soit guère besoin, un filtre qui les dégage de toutes les matières impures qu'elles pourraient contenir. Ces eaux se dirigent ensuite, par des conduits en plomb, d'une part dans les lacs à incubation, et de l'autre vers les bassins où l'on conserve jusqu'à maturité complète les reproducteurs pris sur les frayères, et restés réfractaires à une première tentative faite en vue d'opérer leur délivrance. Toute la partie s'étendant à droite du laboratoire est réservée aux sujets qui se trouvent dans ce cas. Les bassins dans lesquels ils vivent sont assez profonds et assez spacieux pour que les plus grands puissent y circuler librement, et que l'on puisse s'emparer d'eux aisément et les examiner chaque jour. Une balustrade en fer, de un mètre de hauteur, met obstacle aux efforts qu'ils ne manquent pas de faire pour sortir de la prison où ils sont confinés.

L'ensemble de ce laboratoire, comme nous l'avons déjà dit, nous a semblé parfait, et nous ajouterons qu'il est entretenu dans un état de propreté qui ne laisse rien à désirer. Il est éclairé par une douce lumière que des ouvertures intelligemment ménagées laissent pénétrer à l'intérieur. Les œufs en incubation qui pourraient souffrir d'une trop vive clarté, et les alevins nouvellement éclos qui en redouteraient l'effet, y sont à l'abri des rayons lumineux trop ardents, capables de mettre arrêt à leur développement.

Mais il est temps d'expliquer comment on pratique à Saint-Genest-l'Enfant les diverses opérations que comprend la pisciculture artificielle ; avant tout, nous rappellerons que M. de Féligonde possède dans ses bassins un assez grand nombre de salmonidés aptes à la reproduction, et qu'il est dispensé de recourir à d'autres expédients pour se procurer la quantité d'œufs qui lui est nécessaire.

Dans le grand lac de huit mille mètres de superficie indiqué sur le plan, sont parquées de très-belles truites âgées de quatre ans au moins ; or, comme la pêche de toutes celles propres à se reproduire, présenterait de trop grandes difficultés en raison de l'étendue de cette pièce d'eau et du nombre considérable de poissons qu'elle renferme,

des frayères très-bien disposées ont été établies
à l'origine de la source.

Dès que le besoin de rechercher des endroits
favorables pour déposer leur progéniture commence à se manifester, les salmonidés se portent
instinctivement et en masse, en remontant le cours
d'eau, vers la frayère ; il suffit donc, pendant la
nuit, d'abaisser une vanne, ou de barrer le passage un peu plus bas, au moyen de filets, pour
recueillir des reproducteurs que l'on peut délivrer
à l'instant même, ou qui pourront l'être à très-
courte échéance. En renouvelant ce manége pendant toute la durée de la période du frai, on est
sûr de capturer des individus disposés à se reproduire. La plupart du temps la fécondation artificielle des œufs se fait sur le lieu même; les femelles
opérées sont immédiatement rejetées à l'eau ; celles
que l'on ne parvient pas à délivrer à l'instant sont
transportées dans les bassins d'attente. Quant aux
mâles, le nombre en est toujours assez grand pour
qu'on ne soit pas dans l'obligation de prendre
à leur égard des mesures spéciales.

Si les grandes truites fournissent de beaux embryons, on ne dédaigne pas cependant d'utiliser
les produits de la génération, que procurent celles
âgées de deux et de trois ans.

A Saint-Genest-l'Enfant, la fécondation artifi-

cielle se fait suivant la méthode adoptée par l'École
de pisciculture de Clermont, et, comme à Clermont
aussi, M. de Féligonde n'a qu'à se louer de l'avoir
mise en pratique.

Il est intéressant maintenant d'examiner comment sont traités les jeunes après l'éclosion; nous
ne croyons pas qu'il soit bien utile de parler du
développement des œufs qui suit, là comme ailleurs, sa marche ordinaire.

Vers l'époque de la résorption de la vésicule
ombilicale, les alevins éclos dans le laboratoire
de la pisciculture sont dirigés vers une série de
bassins communiquant tous entre eux, ou plutôt
dans deux petites rivières, divisées par compartiments, dont l'eau parfaitement pure se transmet de
l'un à l'autre des bassins au moyen de cascades de
0$^m$,50 centimètres de chute, et acquiert par cette
agitation une oxygénation complète. A l'extrémité
de chaque compartiment, un grillage fixé dans un
châssis empêche le poison de sauter ou d'élire domicile ailleurs qu'à l'endroit qui lui est assigné. Les
alevins déposés dans ces réservoirs y rencontrent
en quantité suffisante les aliments qui conviennent à leur jeune âge ; ils consistent surtout en insectes qui se sont développés dans les eaux ou qui
y sont tombés. Pendant presque toute la durée de
la première année aucune autre nourriture ne

leur est distribuée ; ils doivent eux-mêmes pourvoir à leurs besoins. Nous ferons observer que la
mortalité n'atteint presque jamais les jeunes poissons soumis à ce régime, et que l'on ne voit pas se
produire les maladies du premier âge. Il faut
avouer que ces bassins sont parfaitement entretenus ; chaque semaine on enlève avec une toile
de la largeur des rigoles, fixée à deux bâtons, les
végétations qui se forment à la surface de l'eau ;
chaque jour aussi les grillages sont visités. Les
murs, qui limitent le lit des rivières d'alevinage,
ont été très-soigneusement construits ; ils sont, à
l'intérieur, presque entièrement recouverts d'un
enduit de ciment qui empêche de pénétrer les
animaux nuisibles au poisson. L'eau est toujours renouvelée dans la même proportion et ne
fait, bien entendu, jamais défaut. Le niveau peut
en être modifié au moyen de la vanne qui établit
la démarcation entre chaque compartiment et que
l'on élève ou que l'on abaisse à volonté ; mais en
général la profondeur adoptée varie entre 40 et
50 centimètres.

Nous avons dit que la température des sources
à leur point de départ était de huit degrés et demi
au-dessus de zéro. Cette température est un peu
plus élevée aux bassins d'alevinage, parce que les
eaux ont séjourné, avant d'y arriver, dans une

pêcherie où l'on met en réserve le poisson destiné
à la vente, et où vivent actuellement de très-beaux
ombres-chevaliers qui vont se reproduire à partir
de cette année.

Assez souvent on fait le triage des jeunes, dans
le but de réunir ensemble tous ceux d'une même
taille. Pour cela on se sert d'un filet, que l'on promène dans le sens de la longueur du canal, et dont
les mailles sont assez espacées pour ne retenir que
les plus gros. Cette opération doit être fréquemment renouvelée si l'on ne veut pas, parmi les
alevins d'une même éclosion, réunis ensemble,
voir les plus grands dévorer les plus petits. Ce
classement, bien que commandé par la prudence,
n'est pas d'une nécessité absolue, si l'on a à traiter
des sujets âgés de plus de quatre années ; M. de
Féligonde n'y recourt même pas pour les truites
de deux et de trois ans, et jamais aucun mal n'est
résulté de ce manque de précaution.

Après une année passée dans les rivières d'alevinage, les écluses sont ouvertes, et les élèves
sont forcés de se rendre, avec l'eau qui s'écoule,
dans une autre rivière plus spacieuse, réservée aux
truites de seconde année. A dater de cette époque
ils sont nourris à raison de trois distributions par
semaine. Le ruisseau où ils sont parqués atteint
sur certains points de son parcours une largeur

de 4 à 5 mètres ; sa profondeur varie généralement entre 40 et 80 centimètres ; il est partout
bordé d'arbres qui produisent pendant l'été des
ombrages très-recherchés par les salmonidés, et
qui, de plus, laissent tomber dans l'eau, à chaque
instant, des insectes qui deviennent aussitôt la
proie des poissons aux aguets. La quantité de
truites de cet âge, rassemblées dans ce ruisseau, est
vraiment inouïe, et dépasse de beaucoup tout ce
qu'il nous avait été donné de voir jusqu'à ce jour.
On pourrait conseiller aux personnes qui refusent
de croire aux effets de la pisciculture artificielle, une
visite à Saint-Genest-l'Enfant, pour juger elles-
mêmes des résultats qu'elle peut donner, lorsqu'elle
est intelligemment comprise et appliquée, et nous
avons la certitude absolue qu'elles modifieraient
sur-le-champ leur opinion.

Ce cours d'eau n'est pas la seule partie de la
pisciculture où l'on rencontre une aussi grande
agglomération de poissons. L'étang où résident
les truites de trois ans, le grand lac réservé
à celles âgées de plus de quatre ans, présentent
un spectacle tout aussi intéressant ; et, si l'on s'y
rend à l'heure du repas, c'est par bandes com-
pactes et serrées, que l'on voit s'avancer ces
animaux de tous les points de leur demeure.

Le développement de quelques-uns de ces salmonidés, tous venus au monde dans les bassins de la pisciculture, est aussi chose remarquable ; les sujets de 50 et de 60 centimètres de longueur ne sont point rares, et il s'en trouve un certain nombre qui ne pèsent pas loin de 3 kilogrammes. Leur nourriture se compose exclusivement de viande fraîche de cheval, que l'on se procure à Clermont. Avant de la leur distribuer, on la fait passer préalablement dans une machine à hacher, puis elle est répartie sur différents points des pièces d'eau, afin de ne pas provoquer, en réunissant un trop grand nombre de poissons dans un seul endroit, des combats où beaucoup d'entre eux trouveraient la mort. L'on sait, du reste, avec quelle avidité les salmonidés s'emparent de la proie qu'ils convoitent, et avec quelle furie ils se font la guerre lorsqu'elle leur est disputée.

Pendant l'été, pour éviter que les aliments de conserve ne se corrompent, on les place dans un récipient en zinc ou en fer-blanc, que l'on laisse séjourner dans l'eau la plus froide. Ce système permet de les garder, pendant plusieurs jours, sans qu'ils subissent aucune altération.

Aux truites, qui sont les poissons ordinaires d'élevage à l'établissement de Saint-Genest-l'Enfant, il faut joindre les ombres-chevaliers. Les essais commencés par M. de Féligonde sur cette variété de salmonidés seront assurément continués, car les alevins obtenus sont tout aussi vigoureux et aussi bien portants que les alevins de truite ; et, s'ils grandissent généralement moins vite que ces derniers, la cause peut en être attribuée à des dispositions naturelles et exceptionnelles qui rendent ce poisson difficile à élever en captivité. Néanmoins, nous avons remarqué, dans le compartiment qui leur est affecté, quelques individus arrivés à l'âge adulte, qui nous ont semblé avoir acquis un développement équivalent à celui d'une truite de même âge, et nous avons la conviction que ce précieux poisson réussira tout aussi bien dans l'établissement de M. de Féligonde que les autres congénères du saumon.

Enfin un bassin, accompagné d'un ruisseau de 200 mètres de long et de 1 mètre de large environ, vient d'être disposé pour recevoir des poissons blancs que l'on destine à la nourriture des salmonidés. Des emplacements pouvant servir de frayères ont été réservés sur les bords : en très-peu de temps, étant donnée la fécondité extraordinaire de ces poissons, M. de Féligonde produira chez lui assez de proies vivantes, pour suffire à l'alimentation complète de tous ses élèves.

Il n'est pas nécessaire de dire que l'élevage de la carpe, de la tanche et autres poissons d'étang, a été laissée entièrement de côté. M. de Féligonde, qui a voulu créer un établissement de rapport, un établissement industriel, ne pouvait raisonnablement songer à en poursuivre la culture, tandis qu'il peut, sans plus de peine, et disposant de si belles eaux, obtenir des espèces de qualité et de prix supérieurs.

Comme on le voit, rien ne manque à cette organisation : tout y est bien conçu, tout y est complet, tout y est largement et commodément installé. M. de Féligonde a fait faire un réel progrès à la pisciculture industrielle, et son établissement peut être mis au rang des mieux organisés. Nous lui adressons nos plus sincères félicitations, ainsi qu'à M. Rico, dont il a accueilli les excellents conseils.

### Établissement de Pontgibaud.

La rivière la Sioule est un des cours d'eau les plus poissonneux du Puy-de-Dôme. Elle prend sa source au pied du Mont-Dore, qui lui distribue, pendant l'été, toutes les eaux formées par la fonte des neiges qui s'accumulent, l'hiver, sur ses pics élevés, et reçoit, le long de son parcours, les nombreuses sources d'eau vive qui naissent à chaque pas dans les vallées qu'elle traverse.

Depuis le Mont-Dore jusqu'à Écherolles, où elle se jette dans l'Allier, elle est d'un grand secours pour les habitants qui vivent sur ses rives. Les poissons qu'elle fournit ont, dans les divers départements où elle se fraye un passage, une renommée, comme qualité, du reste parfaitement justifiée. Aussi, l'industrie de la pêche s'est-elle considérablement développée sur ses bords, et notamment à Pontgibaud et dans les environs où l'on livre annuellement à l'alimentation pour plus de 50,000 francs de poissons. C'est la truite que l'on pêche le plus communément dans la Sioule, et tout semble en favoriser la propagation et le développement. Les stations thermales de la contrée, depuis Vichy jusqu'à la Bourboule, se trouvent dispensées de s'adresser à l'étranger, pour obtenir ce poisson délicat si précieux pour les malades.

Il y a déjà plus de dix ans que M. Rico est allé pour la première fois à Pontgibaud recueillir le frai de ces truites recherchées. Plusieurs pêcheurs de cette ville, initiés dès cette époque aux opérations de la fécondation artificielle qu'ils avaient vu maintes fois pratiquer sous leurs yeux, tentèrent à leur tour des essais qui furent heureux dès le début. Mais ils durent se borner, leurs moyens étant limités, à exercer cette industrie

# FRANCE.

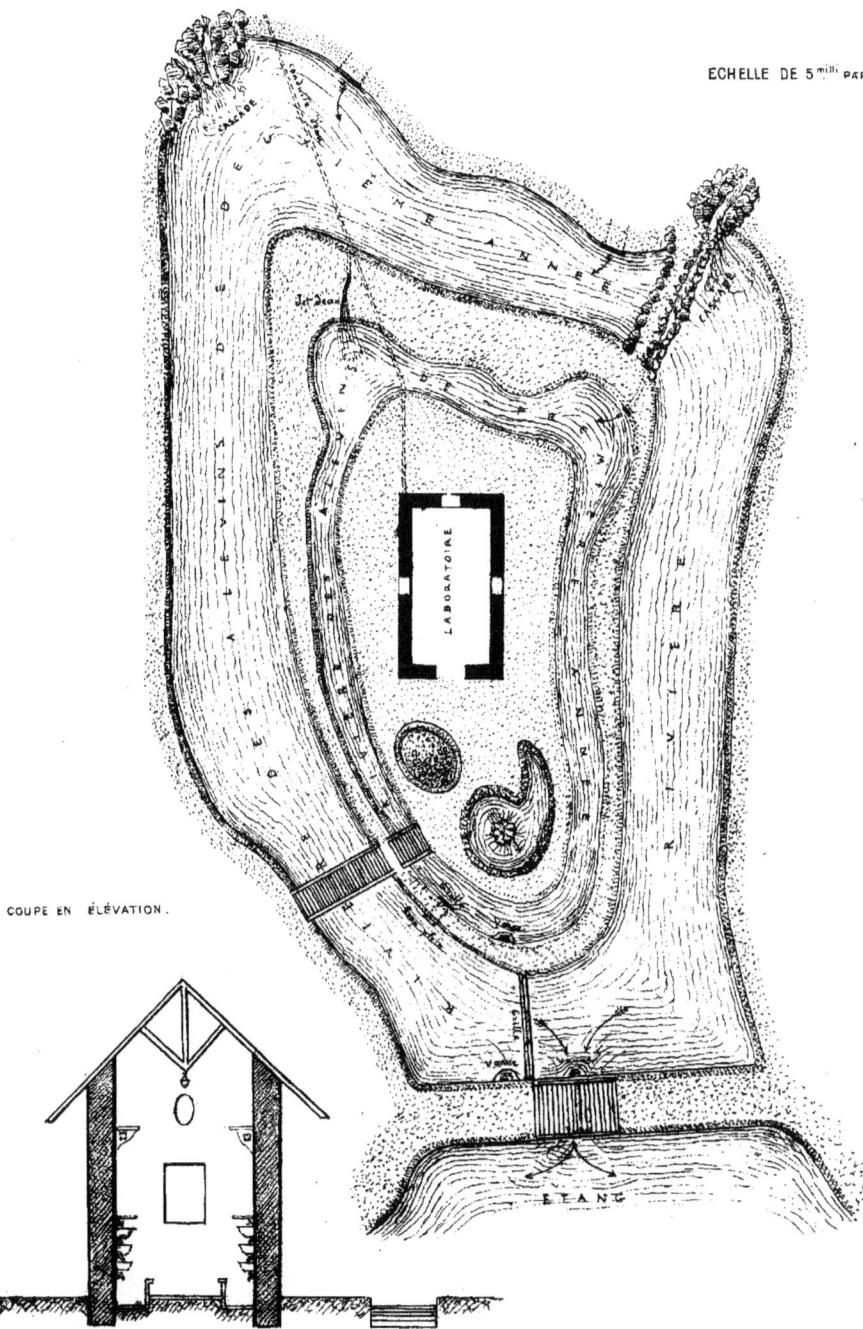

ECHELLE DE 5 milli PAR MÈTRE.

LABORATOIRE

COUPE EN ÉLÉVATION.

ÉTANG

Imp. Monrocq, Paris.

J. Perrassin del.

Etablissement de Pisciculture de Pontgibaud. (Puy-de-Dôme.)

dans d'étroits réservoirs capables à peine de contenir deux ou trois cents poissons. Cependant,
comme à Saint-Genest-l'Enfant, comme à Cha-
vassagnes, comme dans bien des endroits de l'Auvergne, Pontgibaud présente un champ d'exploitation on ne peut plus favorable à une pareille
entreprise : partout des étangs naturels recevant
les sources les plus pures, partout des ruisseaux
d'eau vive qu'il suffirait d'empoissonner pour
qu'ils produisissent cent fois plus de revenus
qu'une terre de même dimension, si bien cultivée
qu'elle pût l'être.

La société qui dirige l'exploitation des mines
de Pontgibaud, possédant dans le terrain qu'elle
occupe au bord de la Sioule de vastes bassins
alimentés par cette rivière, fut saisie par son directeur, l'honorable M. Bontoux, d'un projet
d'organisation permettant d'utiliser toutes ces
eaux par la création d'un établissement de pisciculture, facile à surveiller en raison de sa situation, et peu coûteux à entretenir. La proposition
fut agréée, et les travaux furent aussitôt commencés.

Le laboratoire des manipulations, construit d'a-
près les indications de M. Rico, appelé à donner
ses avis, quoique moins grand que celui de Saint-
Genest-l'Enfant, peut encore très-facilement re-

cevoir huit cent mille œufs dans ses appareils d'incubation. La disposition des compartiments, la manière dont se fait le service de la distribution des eaux, rappellent ce que nous avons vu chez M. de Féligonde. Il en est de même pour le système d'écoulement des eaux et pour les claies en verre où l'on étale les œufs. Ces claies, semblables aussi à celles du Collége de France, peuvent être immergées dans l'eau à la profondeur que l'on désire. Comme à Saint-Genest, c'est au moyen de robinets soudés à un conduit qui amène l'eau dans l'intérieur du laboratoire, en traversant toute la salle et longeant le mur au-dessus des rangées d'appareils, que chaque compartiment est desservi.

Les rigoles d'incubation et d'éclosion, fabriquées en ciment, sont fixées à l'intérieur, le long du mur qu'elles suivent dans presque tout son développement, et sont séparées entre elles par un écartement d'une vingtaine de centimètres.

Les bassins d'alevinage, situés à l'extérieur, entourent entièrement le laboratoire ; ce sont de petits canaux d'environ $1^m50$ de largeur et d'une profondeur de $0^m50$ à $0^m60$.

Le canal qui se trouve à droite du laboratoire renferme les alevins de la première année, et celui de gauche ceux de la seconde. Parallèlement

au premier, un réservoir plus large et plus
profond, plus abondamment alimenté, est affecté
aux truites de troisième année : enfin, dans un
grand lac où se jettent les eaux s'écoulant du
laboratoire ou provenant des divers bassins, sont
réunis les sujets de trois ans, de quatre ans et
plus, qui forment la réserve des reproducteurs et
des poissons destinés à l'alimentation. Comme
nous l'avons dit, les eaux qui entretiennent les
viviers de Pontgibaud, arrivent de la Sioule ; une
écluse, servant autrefois à dériver une portion de
la rivière au profit d'un moulin aujourd'hui sans
emploi, assure aux bassins poissonneux un débit
continuel que la sécheresse ne peut interrompre.

L'eau fait irruption dans l'établissement par
deux cascades formant une chute très-haute ; elle
se brise et s'aère en tombant avec fracas sur des
rochers. Sa température subit, durant l'année,
des variations assez grandes : en hiver elle se
maintient, pendant plusieurs mois, à un ou deux
degrés seulement au-dessus de zéro, et, en été,
elle dépasse souvent 17 et 18 degrés.

Au mois d'août de cette année, nous avons constaté qu'elle en mesurait 17 ; mais on comprendra
qu'en raison des pluies froides qui sont tombées
au commencement de l'été de 1875, elle n'ait pu
atteindre son maximum de chaleur.

Il résulte de ces différences de température que
la période de l'incubation dure un peu plus longtemps, et que les éclosions sont généralement
tardives. Pendant la campagne 1874-1875, les
œufs, à Pontgibaud, ont mis trois mois et quelques
jours pour éclore. Cela, nous aurons occasion
de le répéter, ne présente aucun inconvénient, et
dans bien des établissements étrangers, au lieu
de chercher à hâter le développement de l'embryon, on préfère plutôt le retarder.

Depuis que le laboratoire de Pontgibaud est en
activité, aucune épidémie particulière n'est venue
frapper les jeunes générations. Les pertes que
l'on a éprouvées à l'égard des jeunes, n'ont pas
dépassé la moyenne ordinaire des mortalités. La
fécondation artificielle des œufs y est pratiquée
par un pêcheur habile, M. Thomas; la meilleure
méthode qu'il emploie est la méthode russe.
Les reproducteurs proviennent presque tous des
eaux de la Sioule, à l'exception de quelques sujets délivrés par la pisciculture de Clermont et
élevés dans les réservoirs de l'établissement. Ils
sont au nombre de 600 environ, mâles et femelles,
et peuvent donner chaque année de deux à trois
cent mille œufs. L'établissement en conserve une
partie pour peupler ses bassins, sa pêcherie, et la
rivière la Sioule dont la société dispose librement

sur un parcours de 5 à 6 kilomètres; le reste est vendu ou expédié vers d'autres laboratoires. Cette année, 100,000 œufs ont été embryonnés; sur ce nombre, 80,000 ont été livrés à la vente, et 20,000 sont éclos dans les appareils à éclosion. De ces 20,000 alevins, 8,000 environ ont été jetés dans la Sioule, et 12,000 sont restés dans les bassins de la pisciculture; ce sont ces derniers que nous avons vus. Le même pêcheur est chargé des soins de l'alevinage. Les jeunes poissons sont mis dans les canaux peu de temps après l'éclosion et lorsque l'on n'a plus à craindre les gelées. Chaque jour une distribution d'aliments est faite, et tous les sujets, sans distinction, sont soumis à ce régime. Pendant l'été, la nourriture consiste en foie, poumons et autres débris de boucherie; l'hiver, elle se compose de viande de cheval, que l'on peut, à cette époque de l'année, sans craindre qu'elle ne se gâte, faire venir de Clermont-Ferrand.

Bien que cet établissement ne fonctionne que depuis deux années seulement, on peut augurer, par les résultats déjà obtenus, qu'il tiendra bien sa place à côté des autres établissements de l'Auvergne, et fera honneur non-seulement à M. Bontoux, le fondateur, mais encore à la Société des mines de Pontgibaud, qui a compris de quelle

valeur il deviendrait pour ce pays; considéré
au point de vue industriel, il est à même d'assurer, dans peu de temps, de très-beaux revenus à
la compagnie, car il est organisé dans d'assez
larges proportions pour pouvoir élever, chaque
année, un nombre considérable de truites destinées à la consommation, sans compter les centaines de mille œufs qui peuvent y être embryonnés, et que l'on trouvera facilement à placer.

Une entente parfaite a, du reste, présidé à l'installation, et nous ne pouvons nous dispenser de
dire combien les bassins réservés aux poissons
sont bien compris et bien aménagés. Faciles à
vider, lorsque l'on veut faire une pêche générale,
le nettoyage en est commode; de plus, comme
toutes ces pièces d'eau se commandent entre elles,
on peut, sans fatiguer les élèves, les faire passer
d'un compartiment à l'autre, suivant leur âge ou
suivant leur taille.

Mais ce n'est pas tout. La pisciculture de Pontgibaud possède encore, non loin de là, à quelques mètres seulement de la rivière la Sioule,
une annexe précieuse : c'est l'étang naturel de
Péchadoire, entouré de roches, formé par une
abondante source d'eau vive.

Ce petit lac a ses souvenirs : les chartreux, qui
en étaient autrefois les propriétaires, y pêchaient,

suivant la tradition du pays, des truites saumonées d'un poids de 6 et 8 kilogrammes. Il est vrai
qu'on ne saurait rencontrer des eaux plus pures
et plus limpides ; la profondeur de cette pièce
d'eau est de 7 à 8 pieds vers le milieu ; le fond
est tout entier de rochers, et, à certains endroits,
une végétation aquatique, particulière aux eaux
vives, vient offrir aux salmonidés des refuges
qu'ils recherchent tant, et sert en même temps
de frayère aux poissons blancs qui s'y reproduisent.

C'est certainement dans cet étang que les reproducteurs, qu'on possède à Pontgibaud, ont le
plus profité. Ils s'y sont nourris en partie des
innombrables vérons que l'on voit se dégager des
algues ou des interstices des pierres lorsqu'on
se promène sur les rives. Autre avantage qui a
bien sa valeur : ce petit lac peut se vider, au
moyen d'une tranchée déjà établie ; par cela
même, la pêche en est facile.

Il y a seulement quelques années, des appareils
à éclosion furent installés à Péchadoire ; les opérations que l'on y entreprit réussirent à merveille ; les éclosions s'y faisaient régulièrement
après soixante jours d'incubation ; les alevins y
prospéraient. Mais, à cette époque, M. Bontoux
n'avait pas encore songé à la création d'un établis-

sement piscicole, et ce ne furent que des tentatives sans suite.

Aujourd'hui les choses sont changées, et, avant peu, l'étang de Pêchadoire sera la plus belle dépendance de la pisciculture de Pontgibaud.

En parcourant ce ravissant pays de l'Auvergne, en rencontrant à chaque pas ces belles sources, ces beaux étangs naturels que la nature a multipliés, nous avons ressenti encore plus amèrement combien était coupable notre négligence à l'égard de la culture des eaux. Que de champs stériles n'a-t-on pas là et qui rendraient, avec usure, au centuple, la semence qui leur serait confiée!

Dans les environs de Pontgibaud seulement, nous en connaissons plus de dix dont les plus célèbres sont l'étang de la Faye et celui de Mazaye ; personne encore n'a songé ou n'a osé leur demander les trésors qu'ils recèlent. Dans les Vosges, dans les Pyrénées, sur les autres points de notre territoire, partout des eaux vives qui n'attendent que d'être ensemencées. Mais nous avons confiance dans l'avenir, et nous espérons que le mouvement de retour vers la pisciculture qui s'accentue chaque jour, ne fera que se continuer et s'accroître au grand profit de l'alimentation publique.

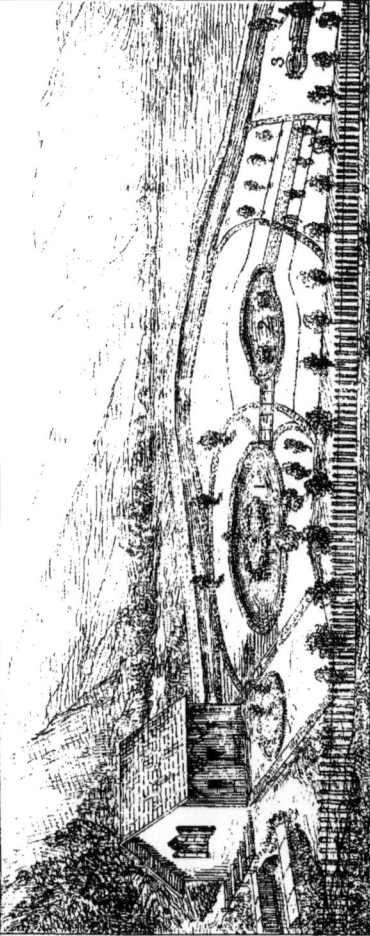
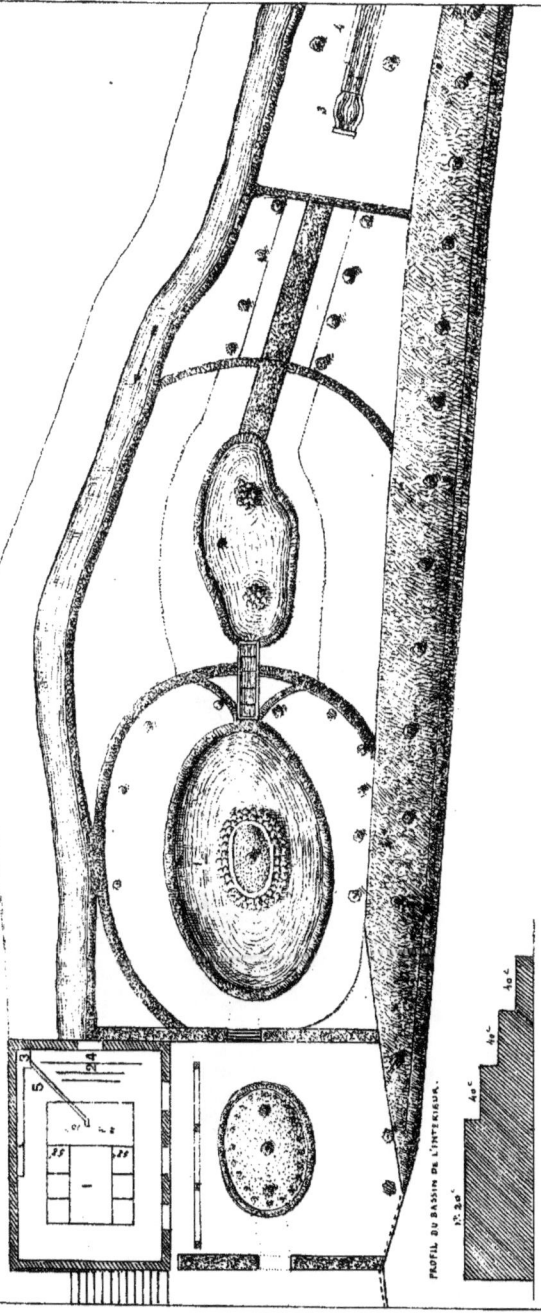
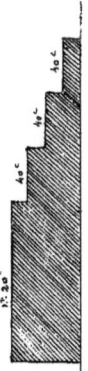

1. Gd Bassin pour truites
2. Réservoir pour jeunes saumons
3. Filtre
4. Ruisseau qui alimente l'établissement.

Laboratoire.

1. Bassin à gardins.

2. Appareils à éclosion
3. Filtre
4. Tuyaux à robinets pour alimenter les appareils.
5. Tuyaux pour alimenter les bassins

PLAN DE L'ETABLISSEMENT

PROFIL DU BASSIN DE L'INTERIEUR.

Etablissement de Pisciculture de Combo, près Bayonne.

Imp. Monrocq Paris

## *Établissement de Combo.*

Il y a quelques années, M. Onslow, de Bayonne, en sa qualité de gérant-fondateur d'une société de pisciculture, entreprit, dans les environs de cette cité pyrénéenne, la création d'un établissement piscicole industriel, et choisit, pour les incubations et les éclosions, près de Combo, à 22 kilomètres de Bayonne, le lieu où devait s'exercer son industrie.

Un laboratoire fut construit et très-bien organisé ; les aménagements intérieurs, la disposition des appareils à éclosion, comme on peut s'en assurer en examinant le plan ci-contre, que M. Onslow a bien voulu nous adresser, ne laissaient rien à désirer. Quoique de petite dimension, ce laboratoire pouvait suffire à embryonner cinq cent mille œufs. Les appareils en usage dans l'établissement étaient ceux du Collége de France, et M. Onslow ne nous a pas dissimulé sa préférence pour eux, après en avoir expérimenté une infinité d'autres plus ou moins recommandés. Toute l'eau servant à l'alimentation de ces appareils, amenée par des tuyaux à l'intérieur du laboratoire, devait traverser un filtre avant de se rendre dans les petites augettes d'incubation. La distribution

s'en faisait au moyen d'un robinet, et le débit
pouvait en être aisément modéré. Des bassins
pour les poissons de différents âges avaient été
creusés à l'extérieur sur la partie dérivée du ruisseau, qui traverse la pisciculture.

Au point où s'effectuait la division, un grand
filtre ne laissait pénétrer, dans ces réservoirs,
que de l'eau parfaitement purifiée.

Tout cela était très-bien ordonné; mais malheureusement, pendant les fortes chaleurs de
l'été, le petit cours d'eau tarissait en partie et
devenait insuffisant.

Pas la moindre source dans le voisinage capable
de remédier à ce mal en venant modifier, par sa
fraîcheur, la température trop chaude de l'eau
du ruisseau, tout en l'augmentant de son propre
débit. L'on sait combien les alevins de salmonidés
sont sensibles à la chaleur, et quelles difficultés
on a pour les conserver dans une eau dont la
température est trop élevée. M. Onslow usa de
tous les moyens, il appliqua bien tous les remèdes
connus; mais on ne peut absolument rien contre
le manque d'eau : c'est là l'élément indispensable.
Il dut, après des essais répétés pendant plusieurs
années consécutives, et se voyant dans l'impossibilité de pouvoir réussir à garder, jusqu'à un
certain âge, les salmonidés qu'il se proposait

d'élever, abandonner la gestion de son établissement.

Nous ne pouvons cependant passer sous silence comment furent dirigées les premières opérations, ou plutôt les premières expériences entreprises par M. Onslow. L'incubation des œufs se fit toujours dans des conditions très-régulières, et les eaux du petit ruisseau produisirent des éclosions satisfaisantes. Jusqu'à la résorption de la vésicule ombilicale, aucune maladie, point de mortalité ; mais, à mesure que les alevins grandissaient, il s'en trouvait toujours quelques-uns de morts au fond des viviers. Croyant que cette mortalité provenait peut-être de la décomposition des ardoises dont le bassin était doublé, M. Onslow fit transporter les petits poissons dans un autre réservoir du jardin ; il continua encore d'en perdre un certain nombre, mais il n'y avait là rien de décourageant.

Les alevins étaient nourris de biscuits de marine, que l'on pilait avec de la viande fraîche ou de la chair de poisson. En présence de la disette d'eau, seule cause de l'insuccès de cet établissement, M. Onslow ne put continuer ses études sur des poissons de deuxième année.

Si cet établissement, considéré au point de vue industriel, ne devait pas répondre à la pensée de ses

fondateurs, le laboratoire pouvait être utilisé avec
succès à l'empoissonnement des rivières du voisinage. C'est ce qui a été parfaitement compris
par le fermier du droit de pêche dans la Nive,
entre les mains duquel M. Onslow l'a abandonné.
Ce fermier le gère aujourd'hui sous la surveillance du corps des ponts-et-chaussées, et l'on nous
assure qu'il lui rend de véritables services, en
tant que laboratoire d'incubation et d'éclosion; les
habitants de cette contrée n'auront bientôt qu'à
se louer de la pensée qui a porté M. Onslow à
créer cet établissement.

M. de Monicault, dans les Dombes, a été plus
heureux que M. Onslow dans les Pyrénées; il est
vrai qu'il poursuit un tout autre but, un autre côté
de la pisciculture. Agriculteur distingué, M. de Monicault s'est demandé si l'on ne pourrait pas tirer
un meilleur parti des étangs si nombreux dans
cette contrée de la France, en perfectionnant les
procédés piscicoles connus et employés jusqu'à ce
jour; et si, en se basant sur le principe de la nourriture artificielle convenablement administrée, et
en alimentant les poissons d'élevage, au lieu de
les laisser s'étioler dans des pièces d'eau où ils ne
rencontrent pas toujours les choses nécessaires,
indispensables à leur développement, à leur exis-

tence, on n'obtiendrait pas de plus grands avantages. Il ne s'agissait plus de salmonidés, mais de carpes, de tanches, etc., etc.

Un petit étang fut affecté à cette expérience; un plus grand nombre de nourrains que ne comportait son étendue y furent placés. M. de Monicault fit alors fabriquer une sorte de pain avec les graines recueillies dans les granges et les greniers, et on en répartit un certain nombre de morceaux sur différents points de la pièce d'eau. Or nous avons appris de M. de Monicault que les poissons ainsi élevés, que l'on peut apercevoir dans l'étang, présentent le meilleur aspect et promettent une moisson fructueuse pour l'avenir. Nous enregistrons avec un véritable plaisir toutes ces tentatives qui ont pour but l'alliance de la pisciculture et de l'agriculture.

Le département des Vosges ne le cède en rien sous le rapport des eaux à celui du Puy-de-Dôme; partout des sources, partout des eaux vives et du poisson, jusque sur les plus hautes montagnes. Dans ce département comme dans les autres, le poisson a une tendance très-marquée à disparaître. Le conseil général, frappé de cet état de choses, a étudié la question dès l'année dernière, et l'on est tombé d'accord pour reconnaître que l'on pourrait

avantageusement établir des étangs de retenue
sur le versant des montagnes, et qu'il suffirait de
les empoissonner pour qu'ils fournissent chaque
année de précieuses ressources à l'alimentation
publique. Un ingénieur des ponts et chaussées est
chargé de donner suite à ces bonnes idées.

Dans la Creuse la nécessité de recourir à la
pisciculture est généralement reconnue ; l'assemblée départementale, dans la mesure de ses moyens,
favorise par des encouragements les essais entrepris.

Il y a déjà longtemps que la Creuse a été désignée parmi les départements qui pourraient le plus
profiter de la science nouvelle dès la découverte des
pêcheurs vosgiens. Les eaux y sont belles et assez
abondantes, et certaines rivières, telles que le Tau-
rion, la Creuse, la Gartempe, encore assez productives, fournissent des poissons très-estimés.
Ce département ne peut oublier toutes ces choses ;
M. le docteur Maslieurat s'est mis depuis longtemps à la tête du mouvement piscicole dans ce
pays ; il a répandu des milliers d'alevins dans les
différentes rivières, et de temps à autre il rappelle
au public, par une publication intéressante, la valeur de l'aquiculture.

# FRANCE

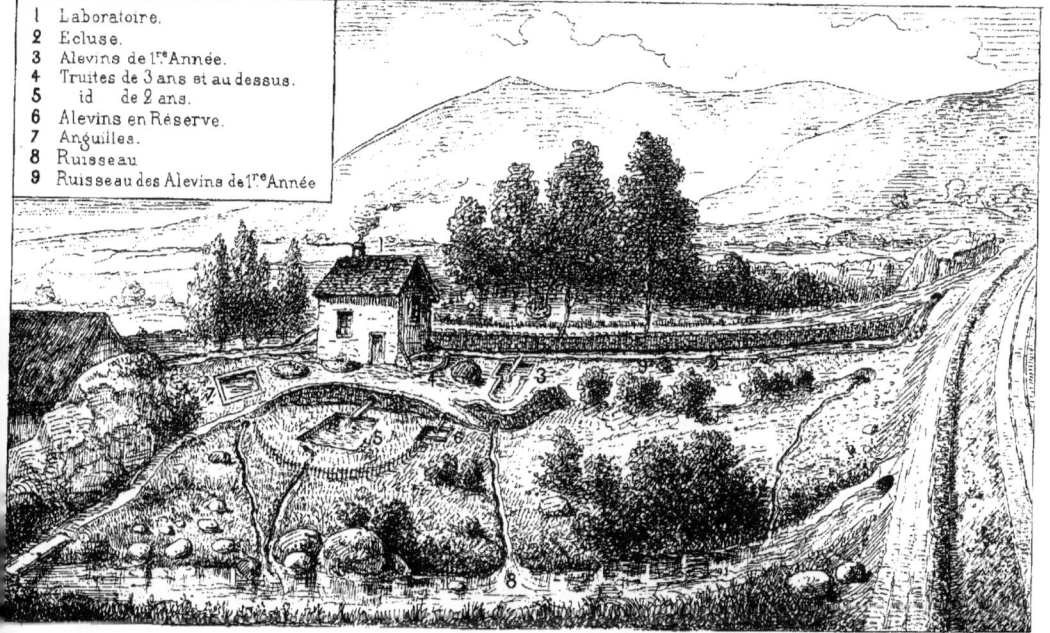

Etablissement de Pisciculture de Sainte-Feyre (Creuse.)

Imp. Monrocq, Paris.

# LA PISCICULTURE DANS LES PAYS VOISINS.

En traitant de la pisciculture en France, nous nous sommes attachés à ne parler en général que des choses que nous avons vues nous-même.

Nous allons passer maintenant en revue, dans le même ordre d'idées, les différents États de l'Europe que nous avons parcourus.

## SUISSE.

C'est la Suisse surtout qui a su mettre à profit la science de la pisciculture, et les progrès accomplis dans ce pays méritent d'être signalés. Le gouvernement, l'administration cantonale, l'initiative individuelle, ont senti qu'il y avait là une source nouvelle et féconde de produits, pour ce pays si bien partagé sous le rapport des eaux et de leur qualité; la pisciculture a fait de la Suisse sa patrie adoptive. Des établissements ont été fondés par les cantons et par des particuliers; à ces derniers l'État accorde de grands priviléges, et les lois sur la pêche les protégent et favorisent en même temps leurs tentatives.

En Suisse, comme en France, le dépeuplement

des rivières et des lacs marchait rapidement, et,
malgré la fécondité des eaux, il était temps d'y
mettre un terme : la pisciculture artificielle a rempli ce programme, et aujourd'hui on repeuple au
fur et à mesure qu'on détruit.

Citons un fait entre bien d'autres, avant de
nous occuper des établissements que nous avons
visités : les habitants du village de Vallorbe, près
de Jougne, vivaient, il y a une vingtaine d'années,
du produit des pêches qu'ils faisaient dans la rivière de l'Orbe. A force d'épuiser ce cours d'eau,
fertile en salmonidés, sans jamais le repeupler, le
poisson vint à manquer, et les pêcheurs et leurs
familles se trouvèrent réduits à la misère.

Les observations du pêcheur Rémy, confirmées
par les expériences faites au Collége de France,
parvinrent aux oreilles du régent du village ; il
s'occupa d'abord de pisciculture à un point de
vue théorique, puis tenta quelques épreuves qui
furent couronnées de succès. Les habitants de la
localité suivaient avec anxiété, mais avec incré-
dulité, les diverses phases de l'éclosion des œufs
fécondés artificiellement, qui se fit dans les meilleures conditions.

La commune s'intéressa à ces expériences et
quelques centaines de francs furent mis annuellement à la disposition du régent pour l'aider dans

son entreprise. Le résultat ne se fit pas longtemps attendre. Aujourd'hui la rivière foisonne de poissons, et, chiffre officiel, quatre-vingts familles vivent actuellement du produit de la pêche.

Le premier établissement que nous avons visité en Suisse est celui du docteur Vouga, homme savant et consciencieux. Tous les pisciculteurs connaissent M. Vouga de réputation, et au dernier congrès scientifique de Lausanne il fit, à l'occasion de ses travaux, une conférence très-appréciée par les hommes spéciaux.

Après avoir expérimenté les diverses méthodes en usage pour la fécondation des œufs de poisson. M. Vouga s'est arrêté à la méthode russe, qui lui a toujours donné les meilleurs résultats. Sur six mille œufs ainsi fécondés en 1872, époque à laquelle nous avons visité son établissement, pas un seul n'a été frappé de stérilité. M. Vouga désigne ce procédé, que nous expliquerons dans notre troisième chapitre, *de la Pisciculture pratique*, sous le nom de fécondation à sec.

L'établissement que M. Vouga a fondé auprès de Neuchâtel, quoique n'étant pas encore entièrement organisé en 1872, avait déjà rendu de grands services aux eaux du voisinage; la rivière l'Areuse, dont M. Vouga est fermier, se trouvait par ses soins complétement repeuplée.

Les bassins sont alimentés par un petit ruisseau descendant d'une montagne voisine, dont la température se maintient à un degré uniforme pendant toutes les saisons. Chez M. Vouga les éclosions se font toutes sur le sable. L'appareil est placé dans l'intérieur d'un bâtiment servant de laboratoire, et reçoit les eaux que des robinets lui distribuent. Le savant pisciculteur de Neuchâtel trouve cette façon de procéder plus commode que celle qui consiste à placer les œufs sur des claies en verre. Les reproducteurs qui lui servent à peupler chaque année l'Areuse sont pris dans cette rivière à l'époque du frai. Un système de barrages, établi sur la partie de son cours qui passe dans la propriété, rend facile la pêche de ces poissons. Après avoir largement satisfait à tous ses besoins, M. le docteur Vouga peut encore expédier en Angleterre, chaque année, plusieurs milliers d'œufs des grandes truites des lacs.

Ajoutons que les communications sur la pisciculture qu'il adresse fréquemment à la Société d'acclimatation présentent toujours un réel intérêt, en même temps qu'elles témoignent d'un travail incessant.

## *Interlaken.*

M. Hasler, d'Interlaken, est un homme intelligent et pratique qui est arrivé de lui-même à connaître tous les secrets de la pisciculture ; il étudie surtout la nature des eaux et leur influence sur le développement des poissons. Son établissement est alimenté par une source très-pure, naissant dans le voisinage de sa propriété, et par la Lutschine, torrent formé par les glaciers de la Yungfrau.

Il y a sept années seulement que M. Hasler s'occupe de pisciculture, et cependant nous avons vu chez lui, en 1873, des sujets très-remarquables, élevés et nourris artificiellement.

Les pisciculteurs de la Suisse sont d'avis que l'une des choses qui contribuent le plus à donner à leurs truites cette qualité qui les fait rechercher, est la manière dont elles se nourrissent dans les eaux essentiellement froides qui résultent des glaciers ou de la fonte des neiges. Les salmonidés ne rencontrent dans ces torrents, pour toute subsistance, que des proies vivantes, se composant de petits poissons propres aux eaux froides, très-communs dans tous les lacs de la Suisse ; les insectes et autres animaux entraînés par les eaux, nourriture la plus ordinaire de ces poissons, dans les autres

pays, font généralement défaut dans les cours
d'eau de la Suisse. C'est ce qui fait sans doute que
la question de la nutrition a été, à un autre point
de vue, une des grandes préoccupations de M. Hasler ; elle est devenue de sa part l'objet de nombreuses expériences des plus intéressantes. Ainsi
il versa, il y a quelques années, dans deux bassins
des alevins de truites provenant d'une même fécondation et d'une même éclosion, et les habitua à
un régime alimentaire différent. Le premier réservoir, où une partie fut placée, recevait constamment
et avec abondance les eaux pures de la source ;
dans un autre, où elles n'arrivaient qu'en très-
petite quantité, des végétations aquatiques ne tar-
dèrent pas à se développer et à en tapisser le fond;
des myriades de petits insectes, dont le renouvellement peu fréquent de l'eau favorisait la propagation, s'y multiplièrent bientôt. Les alevins du
premier bassin furent nourris, soit avec de la
viande hachée, soit avec du sang cuit, qui compose avec la pomme de terre cuite et pilée la nourriture ordinaire que M. Hasler donne à ses élèves ;
les autres ne reçurent aucun aliment et durent
se contenter des insectes qu'ils rencontraient dans
leur demeure. Après dix-huit mois d'expérience,
les jeunes truites privées de nourriture artificielle
avaient acquis un développement dépassant de

beaucoup celui des autres truites ayant vécu dans le réservoir renouvelé, aéré, et qui avaient été admirablement traitées sous le rapport de la nutrition. Le même fait se produisit sur de petits poissons, pris dans le lac de Thun, que M. Hasler fait reproduire dans ses bassins pour les livrer ensuite en pâture à ses salmonidés. Ceux vivant dans les viviers alimentés par les eaux de la Lutschine, qui séjournent un peu en cet endroit, devinrent deux fois plus gros que les autres élevés dans les eaux de la source.

Les faits que nous venons de rapporter, concernent, comme on l'a vu, les alevins seulement; quant aux salmonidés adultes, une distribution de nourriture leur est faite chaque jour très-régulièrement.

A l'établissement d'Interlaken toutes les éclosions ont lieu sur le sable; M. Hasler s'est déclaré partisan de ce procédé qui lui avait jusqu'à ce jour parfaitement réussi.

Les bassins d'élevage, creusés dans le sol, ne sont point bordés par des murs de soutènement; cette disposition permet aux vers de terre de s'y introduire, et ils deviennent la proie des poissons qui en sont très-friands. En 1873, la Société d'acclimatation a décerné un prix à M. Hasler pour ses intéressants travaux et pour les beaux résultats qu'il a su obtenir.

### *Établissement cantonal de Zurich.*

L'établissement cantonal de Zurich, situé à Meilen, fonctionne déjà depuis seize années ; il est destiné au repeuplement du lac de Zurich, des cours d'eau qui l'alimentent, et à l'amélioration des espèces qui se trouvent dans cette partie de la Suisse. L'administration alloue annuellement une somme de 3,000 francs pour l'entretien de l'établissement et le traitement du gardien.

Placé à mi-côte de l'une de ces hautes montagnes qui s'élèvent sur la rive droite du lac de Zurich, il n'est qu'à 20 minutes de distance de Meilen. Le ruisseau qui remplit les bassins y arrive après un parcours d'un demi-kilomètre. C'est à l'origine de la source qui forme ce ruisseau, que sont installés, dans une petite construction, les appareils d'incubation et d'éclosion ; la disposition de ces appareils ne présente rien de particulier, car les éclosions ont lieu sur le gravier.

L'établissement n'a pas plus de 70 mètres de long sur 50 de large ; l'espace qu'il comprend est soigneusement entouré d'une palissade empêchant la loutre et autres animaux avides de poisson d'y pénétrer. Un corps de bâtiment, placé en tête, pouvant servir de logement au garde, est

affecté aux opérations de la délivrance des femelles
et de la fécondation artificielle des œufs. Sur le
devant, sont creusés dans le sol des bassins dont la
profondeur varie entre un et deux mètres ; ils
sont relativement petits ; le plus grand ne mesure
pas plus de 45 à 50 mètres carrés de superficie.
Sur la gauche du bâtiment, en regardant Meilen,
coule un ruisseau artificiel de 1 mètre de largeur,
où l'on a ménagé des repos pour les alevins que
l'on y transporte aussitôt après leur naissance; ces
poissons sont assujettis à rester trois mois dans
cette rigole, puis ils sont dirigés vers le lac ou vers
les autres cours d'eau que l'on veut empoissonner.
Le transport des élèves présente certaines difficultés, vu le manque de chemins praticables pour
les voitures entre Meilen et le laboratoire, et
c'est seulement au moyen d'appareils spéciaux,
facilement transportables à la main, qu'il s'effectue.

Pendant toute la période comprise entre la résorption de la vésicule ombilicale et leur mise en
liberté dans les cours d'eau, les jeunes salmonidés
sont nourris presque exclusivement avec de la
chair de poissons blancs bien pilée ; on enveloppe
ensuite cette nourriture dans un linge de mousseline, et l'on en extrait les plus minces parcelles en
agitant le linge dans l'eau. Quelquefois, mais bien

rarement, on y ajoute quelques miettes de jaune
d'œuf, et plus rarement encore de la cervelle crue
d'animaux, comme cela se fait dans beaucoup de
laboratoires.

Des expériences entreprises dans le but de déterminer le genre d'alimentation convenant le
mieux aux jeunes élèves, ont décidé le pisciculteur chargé des manipulations à l'établissement de Meilen à laisser de côté le foie pilé, le
sang cuit, etc., etc., et à s'en tenir à la chair de
poisson.

Nous avons dit que les alevins étaient mis en
liberté après trois mois de séjour dans les ruisseaux d'alevinage. La raison en est que, si ces
jeunes poissons avaient déjà acquis une certaine
vigueur lorsqu'on les jette dans le lac, au lieu de
se tenir rassemblés sur les bords comme ils le font
naturellement dans le premier âge, ils se sépare-
raient, et, en se répandant dans cette immense
étendue d'eau, seraient entraînés par les courants
et deviendraient fatalement la proie des espèces
carnassières dont le lac est peuplé ; tandis qu'âgés
de trois mois seulement, ils se cantonnent instinctivement sur les bords, et ne s'aventurent dans les
profondeurs que quand ils ont éprouvé leurs
forces sur ce rivage plus hospitalier.

Au moment du frai, l'administration achète à

des pêcheurs, spécialement désignés pour les recueillir, des reproducteurs pesant en général de 15 à 20 livres, que l'on garde dans les bassins jusqu'à l'époque de la maturité des œufs et de la laitance. Après la délivrance, ces poissons sont vendus au profit de l'établissement, à des prix relativement élevés, car les truites deviennent de plus en plus rares dans le canton de Zurich. Indépendamment de ces sujets qui proviennent toujours du lac, on conserve encore dans d'autres bassins, et dans le même but, des truites de huit ans, nées à l'établissement même, et pesant de 9 à 10 livres. Le gérant de la pisciculture de Meilen préfère opérer sur ces dernières, car il a remarqué que c'est avec les truites acclimatées dans ses réservoirs qu'il obtenait les meilleurs résultats des fécondations artificielles.

Enfin, au mois d'octobre de chaque année, d'autres pêcheurs sont chargés par l'administration cantonale de capturer, aux sources du Rhin, des saumons, autant que possible des femelles, dans le but de pratiquer des croisements. Ces saumons sont placés cinq par cinq dans des tonneaux pleins de quatre à cinq cents litres d'eau, que l'on expédie à Zurich par le chemin de fer, et de là à Meilen par un bateau spécial. Pendant le trajet entre Glattfelden et Zurich, on renouvelle trois

fois seulement; entre Zurich et Meilen, c'est celle
du lac qui remplit les réservoirs.

Le but des croisements est celui-ci : on cherche
à produire une variété de salmonidés, ayant la
taille et la qualité du saumon, qui conserverait les
habitudes de la truite; c'est-à-dire qu'on veut
obtenir un saumon sédentaire, se contentant des
eaux du lac, sans éprouver le besoin de descendre
à la mer; on croit être arrivé à ce résultat, et
même on assure que ces mulets sont susceptibles
de se reproduire; la personne préposée à la direction de l'établissement nous l'a confirmé, et les
expériences faites au Collége de France l'ont
prouvé. Dans tous les cas, les spécimens qu'on
nous a montrés sont une véritable conquête, et,
n'eût-on obtenu que ce seul résultat, on aurait
déjà fait beaucoup pour l'amélioration de l'espèce.

Notons en passant que la fécondation des œufs
du saumon par la laitance de la truite a produit de
plus beaux sujets que les œufs de truite fécondés par
des saumons. Néanmoins les deux combinaisons
ont réussi, et, en apparence, les jeunes hybrides
présentent tous les caractères d'une ressemblance
parfaite. On a remarqué toutefois que les premiers, c'est-à-dire le résultat du croisement d'un
saumon femelle avec un mâle de truite, se développent beaucoup plus rapidement et empruntent,

en grandissant, au saumon, une partie de son organisation ; tandis que la conformation des seconds se rapproche beaucoup plus de celle de la truite.

Tous les salmonidés adultes, conservés dans les viviers de l'établissement de Meilen, sont nourris avec la chair, coupée en morceaux, des poissons blancs que l'on se procure facilement et à bon marché, et à laquelle on mêle des limaces et des escargots. Quelques centaines de ces poissons blancs sont mis en réserve dans un bassin spécial, pour qu'on ne soit jamais pris au dépourvu.

La distribution des aliments a lieu deux fois par semaine seulement, afin, nous a dit le garde, d'éviter la corruption de l'eau par les restes que laissent les poissons lorsqu'ils sont habitués à recevoir tous les jours une nourriture fraîche trop abondante.

Pendant l'hiver, lorsque les réservoirs sont couverts de glace, on a soin d'entretenir libres deux ouvertures ménagées, l'une au milieu, et l'autre à la grille de sortie ; l'on introduit les aliments au point où l'eau pénètre dans le bassin.

Le tableau ci-dessous, qui nous a été communiqué par M. le directeur de l'agriculture du canton de Zurich, servira à donner une idée de l'importance de l'établissement et des services

qu'il peut rendre. Voici le nombre des alevins
qu'a produits la pisciculture de Meilen en 1871 :

Salmo lacustris . . . . . . . . . . . . . . . 180,000
Salmo umbla . . . . . . . . . . . . . . 120,000
Salmo fario . . . . . . . . . . . . . . . . 55,000
Salmo lacustris et umbla croisés . . . . . 95,000
Salmo umbla et fario croisés. . . . . . . 50,000
Salmo solar et umbla croisés. . . . . . . 130,000
                                         —————
                                         630,000

Sur ces 630,000 poissons, 539,000 ont été trans-
mis dans les lacs et les rivières du voisinage.
Le reste a été vendu aux particuliers, à l'exception de deux ou trois mille, que l'on garde,
chaque année, pour remplacer les reproducteurs
qui succombent ou de vieillesse ou de maladie.
Jusqu'à l'âge de deux ans, les alevins de réserve
séjournent dans le bassin d'alevinage; ils sont
ensuite placés dans un autre compartiment plus
grand et d'une profondeur de 1$^m$,20 à 1$^m$,50, en
compagnie de tout petits poissons qui servent à
leur subsistance, et y restent jusqu'à ce qu'ils aient
atteint l'âge de cinq ans, époque à laquelle ils sont
réunis aux grandes truites.

Depuis 1871, plus d'un million d'alevins de
truites, ou d'alevins résultant de croisements, ont
été lâchés dans le lac de Zurich. Sans cette mesure

de prudence, il est probable que cette belle plaine
d'eau se serait progressivement dépeuplée des
espèces recherchées, à cause de la propagation
de plus en plus considérable des brochets dont le
nombre est si grand qu'on les vend à Zurich pour
un prix dérisoire.

Nous signalerons encore sur le Rhin un établissement d'élevage pour les anguilles, que son
fondateur, M. Keller, dirige avec succès à Glattfelden. Nous aurons l'occasion plus tard de parler
plus longuement de ce poisson comestible, si facile à élever, et répondant par un développement
rapide aux soins qu'on lui accorde; pour l'instant,
nous nous bornerons à dire que M. Keller en
élève une grande quantité qu'il livre annuellement à la consommation à des prix très-restreints.
Ce surcroît de ressources est fort apprécié des
habitants de la contrée.

### Berne.

#### Établissement de M. Massart.

L'établissement piscicole de M. Massart, de
Berne, est un des plus complets et des mieux organisés que nous ayons visités dans nos missions;
sa disposition générale, sa situation bien choisie,
indiquent chez son fondateur une étude sérieuse

et une grande pratique de la pisciculture. Distant de 7 ou 8 kilomètres de la capitale politique de la Suisse, et construit sur les bords de l'Aar, il est sillonné intérieurement et extérieurement par de petits canaux d'eau vive, où s'élèvent, comme en liberté, les nombreux poissons que M. Massart fait éclore chaque année. Créé il y a huit ans environ, il a rapidement réalisé les progrès dont était susceptible un établissement industriel de cette nature ; et cependant M. Massart, comme tous les pisciculteurs qui sont obligés d'expérimenter pour apprendre, a éprouvé au début des déconvenues et des désillusions qui auraient apporté bien vite le découragement chez un esprit moins résolu que le sien. Il a trouvé toutefois, dans l'administration du canton de Berne, une protection encourageante pour ses tentatives que la population du canton suivait avec un véritable intérêt. Il faut dire que, jusqu'alors, en Suisse, les essais faits en vue de la création de l'industrie piscicole avaient échoué presque partout.

L'établissement dispose de deux sortes d'eau : eau de source et eau de rivière, qui alimentent alternativement les bassins. L'eau de source, très-pure et de température égale, arrive à la pisciculture en quantité suffisante pour desservir le laboratoire des éclosions, et se répandre dans

quelques pièces d'eau ; on ne l'utilise généralement que pendant l'hiver.

Le débit qu'elle fournit ne saurait, du reste,
suffire à l'entretien de tous les réservoirs. Pendant
l'été, l'eau de l'Aar, très-abondante et très-fraîche à
ce moment de l'année, à cause de la fonte des neiges
de l'Oberland, dans le voisinage, convient mieux
pour un établissement de cette importance ; en
outre, cette eau entraîne avec elle des matières nu-
tritives pouvant servir à l'alimentation du poisson.

Tous les bassins d'élevage sont creusés dans le
sol ; ils sont généralement peu spacieux, mais en
revanche très-profonds ; dans quelques-uns la hauteur de l'eau dépasse souvent deux mètres : des
branchages ou des planches en recouvrent le tiers
ou la moitié, et viennent offrir au poisson un abri
contre l'ardeur du soleil, et empêchent en même
temps l'eau de trop s'échauffer. Ces pièces
d'eau se complètent par des cases adroitement
ménagées dans les parois, où les salmonidés vont
rechercher cette tranquillité et cette obscurité qui
leur conviennent tant.

Les bassins d'alevinage sont beaucoup plus
vastes, mais moins profonds ; ils reçoivent aussi
une plus faible quantité d'eau : des grillages à
mailles serrées, placés à l'endroit où l'eau s'introduit dans le réservoir et à celui d'où elle s'écoule,

opposent un obstacle aux jeunes poissons qui tente-
raient de s'évader, ou qui, dans tous les cas, pourraient se répandre de l'une à l'autre des pièces d'eau.

Indépendamment de ces réservoirs, qui sont
nombreux, comme on peut le voir sur le plan que
nous donnons de l'établissement de Berne (1), et
des canaux extérieurs dont nous avons parlé au
début, un très-beau ruisseau, où coule sur un
lit de roches et de cailloux l'eau arrivant de l'Aar
par une saignée pratiquée à cette rivière, est
destiné aux truites de cinquième année, qui y
rencontrent les mêmes conditions que si elles
vivaient en liberté.

Aucune nourriture, du reste, ne leur est donnée;
elles subsistent de quelques poissons blancs, au
milieu desquels elles vivent, et des insectes que
laissent tomber les arbres plantés le long de son
parcours. La largeur de ce cours d'eau, à certaines places, est de trois ou quatre mètres, et sa
profondeur varie entre $0^m,20$ et $2^m,50$.

Les racines des arbres, les roches naturelles,
constituent de très-belles cases, dans lesquelles
les truites s'établissent volontiers. Enfin, toutes

(1) Depuis notre retour de Suisse, nous avons reçu la douloureuse nouvelle de la mort de M. Massart, et c'est à l'extrême obligeance de M. Paul de Laboulaye, alors premier secrétaire d'ambassade à Berne, que nous devons ce plan.

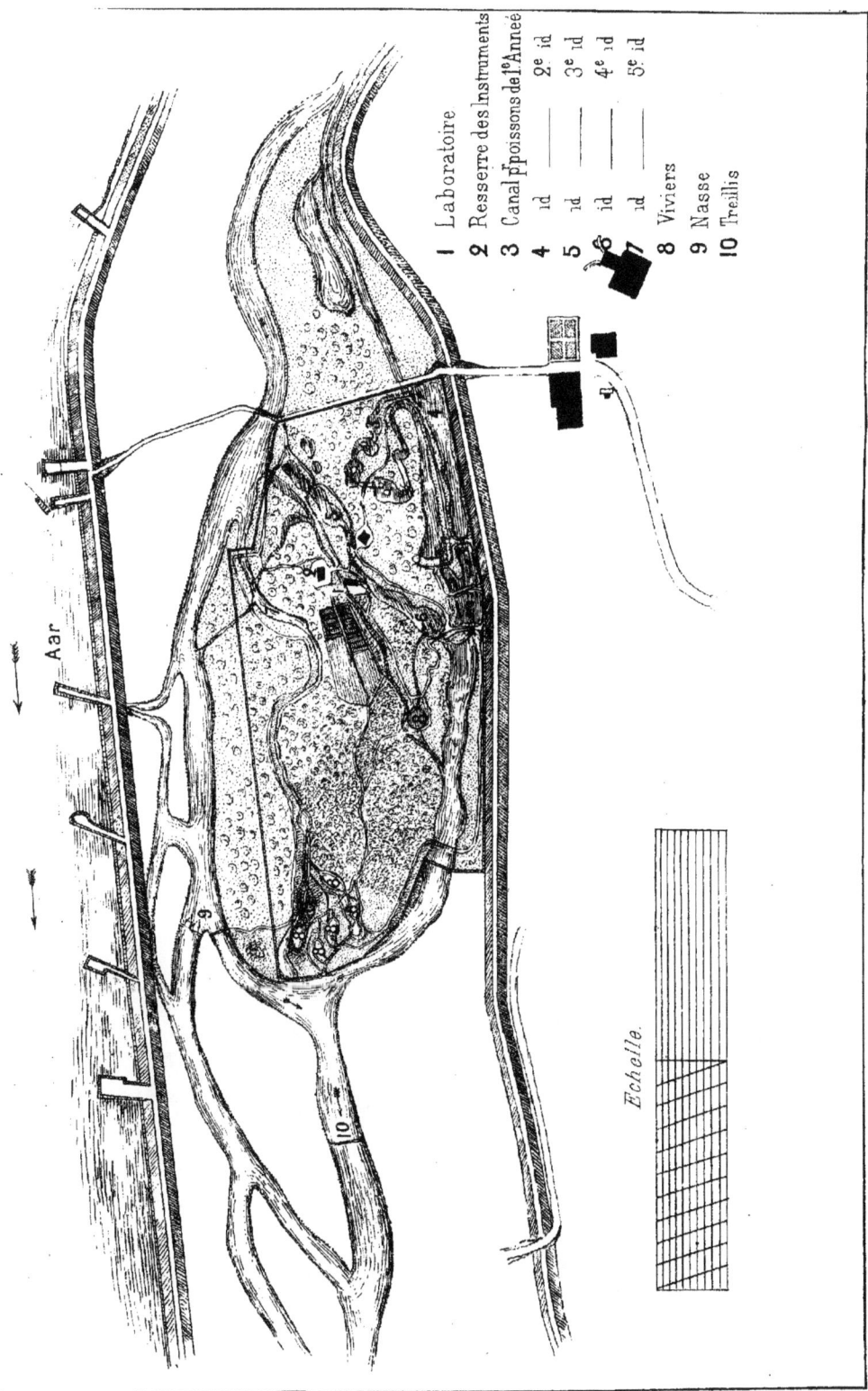

Etablissement de Pisciculture, près de Berne, crée par M. Massart

Aar

*Echelle.*

1   Laboratoire
2   Resserre des Instruments
3   Canal pⁱ poissons de 1ᵉ Anneé
4   id   ———   2ᵉ id
5   id   ———   3ᵉ id
6   id   ———   4ᵉ id
7   id   ———   5ᵉ id
8   Viviers
9   Nasse
10  Treillis

Imp. Monrocq Paris

les pièces d'eau sont bordées d'arbres et d'arbrisseaux qui fournissent les insectes dont on a reconnu la grande utilité.

Le petit bâtiment où se font les fécondations artificielles et les éclosions est construit au milieu même de l'emplacement que comprend la pisciculture. Un petit compartiment y est ménagé pour un gardien dont la surveillance consiste à préserver l'établissement des loutres et des maraudeurs. Disons que ces derniers sont moins nombreux que les premières, depuis surtout qu'un voisin, convaincu d'avoir dérobé deux truites dans les bassins de M. Massart, fut poursuivi par la justice cantonale et paya bien cher sa coupable action. Au surplus, la police du canton exerce elle-même une surveillance assidue sur cet établissement qui est appelé à rendre de grands services à la ville de Berne.

Un règlement de police porte même que les pêcheurs qui seront pris possédant des poissons n'ayant pas la taille réglementaire, seront tenus de les reverser dans les bassins de la pisciculture s'ils sont encore vivants; et, s'ils sont morts, ils seront donnés en pâture.

Une palissade entoure tout l'espace occupé par l'établissement.

Examinons maintenant quelle est la méthode de

fécondation artificielle employée par M. Massart,
comment se font les éclosions, comment se pratique l'alevinage, comment enfin les poissons sont
nourris.

M. Massart prend ses reproducteurs dans l'Aar
dont il est fermier, où, par une faveur toute
spéciale que lui a accordée le canton de Berne,
il peut pêcher en toute saison. Ayant ainsi la
faculté, au moment du frai, de choisir les sujets
les plus beaux et ceux qui sont le plus aptes à
la reproduction, il est évident que ses opérations réunissent toutes les chances de réussite.
M. Massart suit de point en point les recommandations de M. Coste au sujet de la fécondation
artificielle, et pratique sa méthode comme ce
maître l'a enseignée. Plusieurs millions d'œufs
peuvent être fécondés et embryonnés tous les ans
dans le laboratoire de Berne; les établissements
étrangers de l'Allemagne et de l'Italie viennent
s'y approvisionner; ainsi, depuis 1871, c'est surtout à Huningue que M. Massart a écoulé la plus
grande partie de ses œufs.

Les éclosions ont lieu à couvert et sur le
gravier. Les appareils ne sont autres que de
larges boîtes carrées dont le fond est recouvert
d'une couche de petits cailloux de 4 ou 5 centimètres d'épaisseur.

Le chenal conduisant l'eau dans les bassins d'éclosion a son orifice placé presqu'au même niveau que l'appareil où sont étalés les œufs, afin d'éviter une chute qui, les déplaçant continuellement, ferait périr l'embryon avant l'éclosion, ou fatiguerait extrêmement les alevins nouvellement éclos; tandis qu'une eau courante, transmise sans chute, entretient les œufs dans un état de propreté constante et se rapproche bien plus des conditions qui existent à l'état naturel. M. Massart appela particulièrement notre attention sur ce point, en nous priant d'en faire une mention spéciale.

Quinze jours avant la résorption de la vésicule ombilicale, les alevins, demeurés jusque-là dans l'appareil où ils sont nés, sont transférés dans de grands bassins spacieux, affectés à l'alevinage. Nous nous arrêterons un instant sur les considérations qui ont déterminé le fondateur de l'établissement de Berne à chercher autre chose que la coutume enseignée dans les laboratoires, de donner aux alevins, dès qu'ils commencent à manifester le besoin de prendre de la nourriture, ou de la cervelle crue, écrasée, ou du foie pilé, ou du poisson haché, etc., etc.; M. Massart a essayé de tous ces procédés; il a essayé aussi des œufs de poule cuits, en éparpillant le jaune sur la surface de l'eau. Tous ces moyens, dont on est cependant obligé de se servir dans les laboratoires d'expérimentation, puisque l'on n'en a pas d'autres à sa disposition , ont échoué ; les alevins mouraient dans des proportions désespérantes, atteints de cette épidémie particulière aux jeunes poissons élevés d'une manière artificielle, que l'on nomme communément la maladie des branchies, laquelle dure pendant une période qui , partant d'un mois ou deux après la résorption de la vésicule, se prolonge pendant trois ou quatre mois , jusqu'au moment où cessent les grandes chaleurs.

Le choix de la nourriture à cette époque est une chose extrêmement importante, et peut varier suivant les lieux sur lesquels on opère. M. Massart, après avoir longtemps tâtonné, s'est arrêté à la méthode la plus simple et la plus naturelle, qui est de nourrir les jeunes poissons avec des proies vivantes, et voici comment il procède. Au mois d'août ou au mois de septembre, aussitôt après que les alevins en sont partis, il vide complétement le réservoir d'alevinage et le laisse à sec jusqu'aux mois de février ou de mars, suivant que les éclosions ont été hâtives ou tardives ; pendant ce temps, un commencement de végétation a eu le temps de se développer dans le fond, et des germes d'animalcules s'y sont en même temps déposés.

L'eau, qui acquiert vite la pureté désirable, est remise dans le réservoir une huitaine de jours avant le transport des alevins, chez lesquels la résorption de la vésicule n'a pas encore eu lieu, et les insectes qui ont eu le temps de se développer, fournissent à ces petits poissons une nourriture appropriée aux besoins de leur âge.

Après trois ou quatre mois, les jeunes sont triés et placés ensemble dans d'autres bassins, suivant la taille, afin que les gros ne dévorent pas les petits; cette opération, indispensable, se renouvelle fréquemment et s'applique aux poissons d'un an, comme à ceux de trois ans. Une partie de ces alevins est dirigée vers l'Aar que M. Massart est chargé d'empoissonner, par un canal servant à l'écoulement et se rendant directement à cette rivière; on évite ainsi l'emploi des appareils de transport. Ajoutons que l'entrée de ce canal ou de la petite rivière, pour mieux dire, est pourvue d'un fort grillage en fer, pouvant arrêter les poissons de cinq ans, parqués immédiatement au-dessous, qui, par une tendance naturelle, chercheraient à remonter vers la source.

La sortie du canal est, au contraire, entièrement libre, de telle sorte que des salmonidés venant de l'Aar s'introduisent souvent, au moment du frai, dans les eaux de la pisciculture, pour y trouver les endroits propres à la reproduction.

Le reste des alevins est versé dans les rivières et dans les canaux extérieurs où ils vivent dans une entière liberté. La longueur de ces canaux comprend plusieurs centaines de mètres; ils sont creusés profondément dans la terre, mais la hauteur d'eau ne dépasse pas trente centimètres. Point d'arbres ni d'arbrisseaux sur les bords, capables de procurer aux jeunes truites quelques petits insectes pour subsister, et cependant aucune distribution d'aliments ne leur est faite; elles doivent vivre de ce que l'eau entraîne avec elle, des sauterelles et des autres petits animaux qui viennent des prairies du rivage s'échouer dans le ruisseau. Aussi nous avons pu remarquer que ces poissons profitaient dans une proportion bien moindre que ceux s'élevant dans les bassins d'alevinage, et que ces derniers les dépassaient du double en poids et en grandeur. Mais un fait qui ne se produit pas dans les canaux des élèves, ce sont ces inégalités frappantes dans la taille des individus de même origine et éclos en même temps, que l'on peut observer chez les sujets vivant en captivité; les alevins des canaux sont petits, mais égaux en développement. Cette circonstance a déterminé M. Massart à faire une classification des jeunes, suivant la taille, une fois tous les vingt-cinq ou trente jours.

A l'âge de six ou sept mois, les petits poissons abandonnent les bassins d'alevinage pour vivre désormais dans des pièces d'eau plus profondes, et y être soumis au régime alimentaire des truites adultes.

La nourriture se compose de chair de poissons blancs que l'on prend en abondance dans l'Aar, de viande de cheval coupée par morceaux, de sang à moitié cuit, et en général de tous les détritus de boucherie; une distribution a lieu pour chaque bassin, tous les jours à quatre heures. Les aliments sont généralement frais; il faut éviter qu'ils ne se corrompent avant qu'ils n'aient été dévorés.

Mais pour que ce système de nutrition soit encore moins onéreux, M. Massart y introduit, dans une proportion de moitié, du maïs cuit ou d'autres farineux qui ne lui coûtent pas grand'chose, et qui constituent néanmoins une alimentation saine et rafraîchissante. En outre, il achète soit un cheval qu'on doit abattre, soit du poisson blanc au moment où il est très-commun, en fait des tonneaux de salaison, et s'assure ainsi une provision pour l'hiver. L'usage de la viande salée tend beaucoup à se répandre chez les pisciculteurs étrangers. Des expériences concluantes,

relatives à ce sujet, ont démontré qu'elle engraisse
rapidement le poisson. Au printemps et pendant
l'été, le gardien de la pisciculture de Berne ra-
masse, le matin et le soir, les escargots et les limaces
qu'il trouve sur les lieux, et les donne en pâture
aux grosses truites. Ce genre de nourriture est
aussi très-salutaire en été, et M. Massart l'a
pratiqué avec succès sur les truites d'une année,
alors qu'une maladie s'était déclarée parmi elles.

C'est du reste, on le voit, une économie bien
entendue qui préside à l'administration de cet établissement industriel, capable maintenant d'élever
vingt mille truites par an. Les élèves sont livrés
à la consommation dès l'âge de deux à trois
ans et bien rarement à quatre ans ; on attend seulement qu'ils aient la taille réglementaire de six
pouces exigée par la loi ; ils pèsent à ce moment
entre 500 et 1,000 grammes. En les gardant plus
longtemps, M. Massart s'est aperçu qu'ils coûte-
raient plus cher qu'ils n'auraient de valeur, car la
voracité, chez les salmonidés, augmente à mesure
qu'ils vieillissent.

On ne conserve, bien entendu, aucun reproduc-
teur, puisqu'on peut en prendre dans l'Aar autant
qu'on en désire. La seule exception à cette règle
est faite en faveur des truites de cinq ans dont le
ruisseau est empoissonné. Au milieu de ces grandes

truites, M. Massart a introduit des poissons blancs, dont la grande multiplication vient compléter la nourriture artificielle.

Un autre bassin spécial est réservé à la reproduction d'une sorte de petit poisson, propre aux eaux vives de la Suisse, que l'on donne en pâture aux truites d'un an qui en sont très-avides.

Inutile d'ajouter que les brochets et les perches qui pénètrent, malgré toutes les précautions, dans les eaux de l'établissement, sont poursuivis sans relâche; M. Massart, bien entendu, tient essentiellement à ce qu'aucun de ces poissons carnassiers n'élise domicile dans ses piscines.

Nous dirons, pour terminer, que le propriétaire de la pisciculture de Berne s'est livré, comme M. Hasler, d'Interlaken, à d'intéressantes recherches, ayant pour but de déterminer l'influence des eaux de différentes natures et de diverses provenances, sur le développement du salmonidé. Comme à Interlaken aussi, il est arrivé à reconnaître que les poissons qui vivent dans les eaux de rivière, grossissent plus vite que ceux qui vivent dans les eaux de source, et il en a conclu que la rapidité du courant, la fraîcheur de l'eau, ne sont pas des choses absolument indispensables à l'élève des salmonidés âgés de plus d'un an.

Les plus beaux spécimens que nous avons vus chez lui, ont été élevés et nourris dans des bassins alimentés par les eaux de l'Aar.

## *Ebnat-Kappel.*

Nous devons mentionner, en Suisse, un établissement de pisciculture qui fut organisé par M. Bosch, à Ebnat-Kappel, non loin de Winterthur. Les dépenses faites jusqu'à ce jour par les cent vingt actionnaires qui composent la société s'élèvent à 53,000 francs. Est-il bien nécessaire d'ajouter qu'avec une pareille somme l'installation en est parfaite? Rien n'y manque, en effet : laboratoire de fécondation et d'éclosion, bassins d'alevinage, maison de gardien, etc., etc. Mais la situation qu'il occupe est défavorable pour une industrie de cette nature; aussi n'a-t-on pas obtenu les résultats qu'on était en droit d'attendre, bien que les personnes préposées à sa direction présentassent toutes les garanties désirables de savoir et d'aptitude.

Il est instructif d'examiner les causes de ce demi-succès, quand, maintenant, sur tous les autres points de la Suisse, prospèrent des établissements moins complets et plus modestes. Tout s'explique, disons-le bien vite, par la mauvaise nature de l'eau.

Elle provient d'un torrent prenànt naissance dans
les glaciers du voisinage, et arrive à l'établissement, avant qu'elle ait eu le temps d'acquérir la
qualité des eaux battues, si nécessaire aux salmonidés; en outre, son débit est insuffisant, à certaines époques de l'année, pour alimenter les deux
immenses bassins oblongs creusés devant l'établissement, dont l'un est réservé aux truites de
trois et quatre ans; c'est à peine si, dans cette eau
crue et froide, quelques poissons osent s'aventurer
au moment du frai, et encore ce sont toujours de
petites truites de montagne, qui n'atteignent jamais un poids supérieur à un kilogramme, et
cela après bien des années. L'acclimatation des
autres variétés de truites de la Suisse, présentant
des conditions plus avantageuses à la pisciculture
industrielle, sous le rapport du développement et
du poids qu'on leur fait obtenir rapidement, si elles
sont bien soignées et bien nourries, est chose impossible dans les eaux d'Ebnat-Kappel, et des
essais vainement tentés le sont venus démontrer.

Cet établissement est donc obligé de s'en tenir à
l'élevage de petites truites qui, après quatre ans
passés dans les bassins, n'ont pas seulement acquis
le poids de sept ou huit cents grammes. Ce sont cependant les seuls produits que la pisciculture fon-
dée par M. Bosch peut livrer chaque année à la con-

sommation. On doit facilement se rendre compte
de ce que les truites ont dû coûter avant de parvenir
à cet âge, et des minces bénéfices qui peuvent être
réalisés. Des poissons reproducteurs sont conservés pour fournir chaque année la quantité d'œufs
avec laquelle on doit opérer. Les manipulations
se font dans un laboratoire, et les éclosions,
qui ont lieu dans des boîtes garnies de gravier, ne
durent pas moins de dix à douze semaines, à cause
de la température glaciale des eaux.

Trente jours environ après leur naissance, les
alevins sont transférés dans des bassins circulaires,
spécialement affectés à l'alevinage, où pendant les
deux ou trois premiers mois ils se maintiennent
dans un excellent état de santé ; mais, à partir
de ce moment, et durant une longue période,
ils succombent en masse. A l'âge de sept ou huit
mois, ils sont répartis dans le grand bassin d'élevage, peut-être un peu trop spacieux pour qu'on
puisse facilement les surveiller. De plus, ces réservoirs se couvrent pendant l'hiver d'une couche
de glace de 18 et 20 centimètres d'épaisseur, qui
rend les soins impossibles.

Il règne en outre à Ebnat-Kappel des ennemis
très-dangereux ; ce sont les nombreux oiseaux
pêcheurs qui ont élu domicile dans cette contrée,
et que l'on ne peut parvenir à éloigner ; ils

détruisent en très-peu de temps une quantité énorme de jeunes truites. Sans ces diverses circonstances, et comme nous l'avons dit, l'établissement fondé par M. Bosch aurait donné satisfaction entière à la société qui avait fourni les fonds nécessaires à son organisation.

Parmi les autres établissements que nous avons visités en Suisse, celui de M. Loës mérite une mention toute spéciale; aussi en réservons-nous la description, que nous ferons aussi complète que possible, pour la fin de notre chapitre sur la pisciculture dans ce pays. En attendant, pour ne rien oublier de ce que nous avons vu, nous dirons que des sociétés piscicoles sont formées ou s'organisent en ce moment de tous côtés. A Fribourg, M. de Brocard a fondé un établissement dont la situation est belle et bien choisie, et qui commençait à fonctionner au moment de notre tournée dans ce canton. Placée sur les bords de la Sane, la pisciculture de Fribourg peut être alimentée par les eaux de cette rivière et par celles d'une source, qui lui servent actuellement. Les appareils à éclosion, système du Collége de France, sont établis dans une cave, genre de sous-sol, où l'on entretient pendant l'incubation une température toujours égale. Des bassins, creusés sous les arbres épais qui ombragent l'établissement, reçoivent les eaux de la source qui peuvent être rafraîchies pendant l'été, si cela est nécessaire, au moyen d'une glacière. L'espace laissé entre les bassins est sillonné par de petits ruisseaux artificiels où les alevins séjournent un certain temps.

Nul doute que cet établissement ne prenne bientôt l'importance à laquelle il est appelé par sa situation dans les environs de Fribourg.

### Aigle (canton de Vaud).

Établissement de M. de Loës.

M. de Loës a eu la bonté de nous communiquer le plan de son établissement, et nous a autorisé à le reproduire dans ce livre; il servira à bien faire comprendre tous les détails que nous allons donner, et nos lecteurs nous sauront gré de leur fournir ce document intéressant.

M. de Loës, comme M. Vouga, est correspondant de la Société d'acclimatation; à ce titre, ses instructions sont précieuses, car il joint aux connaissances scientifiques qu'il possède sur la pisciculture, une pratique de quinze ans, pendant lesquels il a fait de nombreuses expériences, et s'est assuré, par un contrôle rigoureux, de la va-

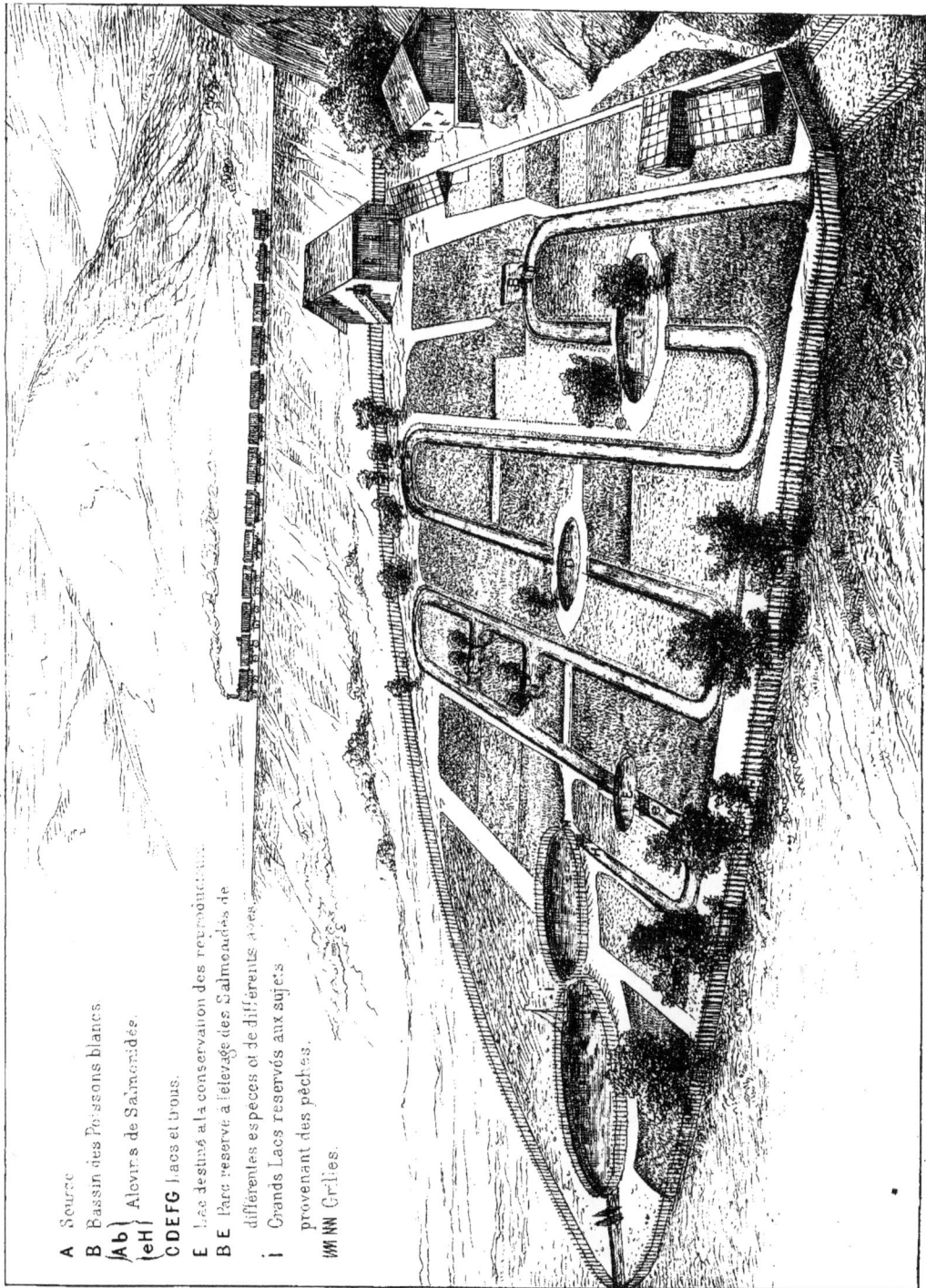

A  Source

B  Bassin des Poissons blancs

(Ab) Alevins de Salmonidés.
(eH)

**CDEFG** Lacs et trous.

E  Lac destiné à la conservation des reproducteurs.

BE  Parc reserve à l'élevage des Salmonidés de différentes espèces et de différents âges.

i   Grands Lacs reservés aux sujets provenant des pêches.

ɪɪɪ ɴɴ Grilles.

leur des découvertes que les pisciculteurs donnaient comme bonnes.

L'établissement de M. de Loës est situé sur la
rive gauche du Rhône, au-dessous d'Aigle; il se
nomme la pisciculture de Châlex. Une source
abondante, sortant de la montagne à une faible
distance de là, est conduite souterrainement
jusqu'à l'entrée du domaine, et conserve par ce
moyen la température qu'elle possède en sortant de terre, c'est-à-dire 8 à 9 degrés Réaumur, en même temps qu'elle s'entretient dans
un parfait état de propreté. Le débit de cette
source est d'environ 800 litres d'eau à la minute. Le ruisseau qu'elle forme a 1 mètre de largeur, et une profondeur variant entre 35 et 50 centimètres. La vitesse du courant est de 10 à 15 centimètres par seconde.

L'espace, presque en plaine, relativement restreint, qui comprend la pisciculture de Châlex
dans la vallée du Rhône, ne mesure pas plus de
150 mètres dans sa plus grande longueur; mais,
en faisant ingénieusement replier le ruisseau plusieurs fois sur lui-même, M. de Loës lui a fait obtenir un développement de 1 kilomètre. La place
attribuée aux poissons est encore augmentée par
des trous profonds, des bassins circulaires, des
lacs ombragés par des arbres, que l'on a ménagés

sur différents points du cours d'eau. C'est généralement dans ces endroits que les plus gros sujets
vont se réfugier. Des plantes aquatiques, telles que
les anacharis, les characées, tapissent avec des
cailloux le fond des eaux, et leur distribuent l'oxygène en quantité suffisante.

Une autre grande pièce d'eau, établie à côté de
la canalisation et alimentée par une autre petite
source d'eau très-douce, est réservée à la propagation des poissons blancs; ses bords évasés en
forme de gradins, et recouverts de plantes et
d'herbes aquatiques, permettent à la couche supérieure de la nappe d'eau de s'échauffer assez dès
le printemps, pour favoriser la reproduction des
carpes, des goujons, des chevaines et des tanches
qui la peuplent.

Toute la partie supérieure de la source comprise
entre l'orifice du tuyau qui l'amène et ce premier
réservoir, sert de bassins d'alevinage; un grillage
à mailles étroites empêche les alevins de descendre
dans les autres compartiments. C'est depuis cet
endroit jusqu'au petit bassin circulaire qui précède les deux grands lacs, que vivent les saumons,
les truites, les ombres-chevaliers de différents
âges, et les sujets destinés à la reproduction.

D'autres alevins sont parqués entre le premier
grand lac et le dernier réservoir supérieur; deux

grilles serrées les protégent contre les autres poissons plus grands dont ils sont entourés.

Enfin, à l'extrémité du ruisseau, un peu avant qu'il ne franchisse la palissade qui clôt la pisciculture de Châlex, sont creusés les deux immenses lacs, d'une contenance de 150 mètres cubes d'eau, d'une profondeur d'au moins deux mètres, qui servent de réserve aux poissons capturés dans le Rhône. Inutile d'ajouter qu'une forte grille fixée au point où le ruisseau se sépare de la propriété pour se rendre dans le fleuve, met un obstacle aux tentatives d'évasion des sujets en élevage.

Voilà quelles sont les dispositions principales de ce bel établissement, dont l'organisation bien comprise laisse deviner combien le fondateur a dû expérimenter et pratiquer pour en arriver à ce point, et pour accomplir les réels progrès qu'il a fait faire à la science piscicole.

M. de Loës s'est beaucoup occupé de l'acclimatation et de la conservation des truites qu'il pêche dans le Rhône, et qui deviennent d'excellents reproducteurs; mais il paraît que ce n'est pas chose facile, car les plus grands sujets, dès qu'ils sont cantonnés dans les pièces d'eau, refusent de prendre la nourriture qu'on leur distribue, et se laissent la plupart du temps mourir d'inanition. Les plus petits, c'est-à-dire les plus jeunes, se font davantage à cette captivité, et s'y habituent même assez vite. Effarouchés au début, ils se précipitent éperdument, au risque de se blesser ou de se tuer, contre les parois de leur prison, dès qu'ils aperçoivent quelque objet animé : méfiants pendant les premiers jours, ils évitent de passer aux endroits où l'on jette la nourriture ; mais, après quelque temps, lorsque la faim les aiguillonne, ils commencent à manger, la nuit d'abord, puis le jour, et sans crainte.

Outre les reproducteurs conservés dans les eaux de la pisciculture et les sujets qui, tous les ans dans les pièces d'eau, arrivent à l'âge adulte, M. de Loës est autorisé à en pêcher au moment du frai dans le Rhône et dans le canal qui y est parallèle, et qu'il est chargé de peupler. Il peut donc très-généreusement satisfaire aux obligations qu'il a contractées vis-à-vis du canton, et produire encore assez d'œufs et pour sa pisciculture, et pour en délivrer aux personnes qui s'occupent de l'empoissonnement des autres rivières du pays.

Aux mois d'octobre et de novembre tous les sujets reproducteurs sont placés dans des tonneaux remplis d'eau, et dirigés vers le laboratoire de fécondation et d'éclosion, établi un peu au-dessus et à dix minutes de l'établissement principal. Ils sont ensuite versés dans des bacs en ciment, en attendant que le moment favorable aux opérations soit arrivé. L'eau qui alimente ce laboratoire, plus froide que celle de Châlex, ne mesure que 7 degrés Réaumur au-dessus de 0. La source qui la produit jaillit du rocher par une ouverture de 10 ou de 15 cent. de diamètre, et tombe directement dans les différents compartiments.

La fécondation se pratique dans ce laboratoire suivant la méthode Coste, et les éclosions ont lieu en partie sur le sable et en partie sur des claies en verre suspendues. M. de Loës fait de plus des éclosions à Châlex, dans des boîtes garnies de gravier, qu'il dispose à l'endroit où débouche le conduit qui amène la grande source dans son établissement d'élevage.

Tous les alevins sont ensuite réunis et placés ensemble dans les lieux que nous avons désignés, et se nourrissent au moyen des crevettes d'eau douce dont on a peuplé le ruisseau, et dont la fécondité est prodigieuse, et de *mites* (cirons du fromage) qu'on leur distribue chaque jour. Cette alimentation réussit admirablement; mais, avant d'en reconnaître la valeur, M. de Loës avait vu, pendant plusieurs années, ses générations d'alevins décimées par la maladie particulière aux salmonidés que l'on élève artificiellement. C'est alors qu'obser-

vateur infatigable, et suivant sa devise : « Cherche
ce qui est », il s'est inspiré des conditions naturelles dans lesquelles sont placés les jeunes poissons vivant à l'état libre, et a désormais alimenté les
alevins avec des proies vivantes. Il faut avouer que
M. de Loës est très-exigeant pour lui-même, car,
bien que lui ayant réussi, ce système ne le satisfait pas entièrement, et il se propose de faire sur
ce sujet d'autres expériences. C'est pourquoi ce
savant pisciculteur n'a pas encore dit son dernier
mot.

Cependant, grâce à l'exemple qu'il a donné et à
l'impulsion qu'il a imprimée, la pisciculture a
déjà rendu de grands services dans le canton de
Vaud pour le peuplement des cours d'eau. M. de
Loës a été en outre chargé de la direction de la
pisciculture cantonale. Des sociétés en voie de
formation, pour l'exploitation de la pisciculture
industrielle, ont dû à ses conseils de ne pas mettre
à exécution des plans défectueux s'éloignant considérablement des règles d'une pratique bien entendue.

Mais l'action de M. de Loës s'est surtout mani-
festée dans les mesures qui ont été prises sur son
initiative : il a obtenu l'organisation de deux viviers sur les bords du Rhône, à Lay. De plus, la
pêche dans le Rhône n'étant possible que pendant

la période du frai, les pêcheurs sont tenus de faire visiter les produits qu'ils ont recueillis, par un préposé de l'État; en sorte que les femelles portant des œufs sont délivrées au profit des deux viviers où sont établis des appareils d'éclosion, et remises en rivière si elles ne sont pas en état d'opérer leur ponte. S'ils refusaient de consentir à cette mesure essentiellement préservatrice, les pêcheurs ne pourraient recevoir l'autorisation de prendre le poisson, car la pêche en Suisse est interdite au moment du frai, en vertu de règlements dont l'application est générale.

Sur l'Arnon et sur la Thièle, également dans le canton de Vaud, les fermiers de la pêche doivent livrer une certaine quantité d'œufs aux deux pêcheries pourvues des appareils nécessaires à la fécondation et à l'éclosion, que le canton a organisées sur les bords de ces deux rivières; c'est à cette condition seule que la faculté de pêcher au moment du frai leur est accordée; l'administration ne concède pas de pêche sans l'acceptation de cette clause par le fermier. Ce sont là des dispositions excellentes, qui assurent aux eaux de ce canton une fertilité et une richesse inépuisables.

Nous ajouterons que plusieurs fois durant l'hiver M. de Loës fait des conférences sur la pisciculture; il signale à ses auditeurs, dont le nombre est quelquefois de trois à quatre cents, les avantages qui peuvent résulter de cette science nouvelle; et, pour bien expliquer à tout le monde les secrets de cette culture, si essentiellement économique, que l'usage seul peut généraliser et mettre en honneur, il appuie ses théories par des démonstrations pratiques.

Nous pensons donc, en terminant, que nous ne pouvons mieux faire que d'adresser à M. de Loës nos sincères remercîments pour les renseignements qu'il a bien voulu nous donner, lorsque nous nous sommes rendu chez lui, et le féliciter d'avoir mené à bonne fin la tâche laborieuse qu'il a entreprise.

## AUTRICHE.

Les premières tentatives faites en Autriche sur la pisciculture le furent sur l'initiative de l'empereur François-Joseph, vers 1863. Ce souverain, frappé du mouvement qui se produisait dans les autres pays de l'Europe, et du bruit que les expériences de M. Coste faisaient dans le monde des savants et des économistes, entrevoyant, d'autre part, le profit que son pays, sillonné par de nombreux cours d'eau, pourrait tirer de l'application de la pisciculture artificielle, organisa, dans ses propriétés particulières, des laboratoires de fécondation et d'éclosion.

Depuis, l'Autriche a modifié ses lois de pêche, qui étaient insuffisantes, et fait des règlements sur la pisciculture. Il n'était pas aussi facile qu'on pourrait le supposer de toucher à l'ancienne législation à laquelle on était habitué, et il fallut toute la prévoyance du gouvernement pour provoquer cette réforme. L'État n'avait aucun intérêt immédiat à s'immiscer dans les affaires des particuliers en ce qui concerne les questions de pêche, car il n'y a dans ce pays que très-peu de pêcheries publiques; les cours d'eau sont considérés comme la propriété particulière des riverains qui en disposent à leur gré et se partagent, proportionnellement à l'étendue de leur domaine, le produit des pêches qui se font à des époques déterminées. L'appauvrissement des cours d'eau en Autriche ne s'est pas manifesté d'une manière aussi sensible que dans les autres États, en raison de ces usages très-favorables à la propagation du poisson et à la conservation des espèces. Les maraudeurs, qui sont la plaie de nos rivières, n'existent pour ainsi dire pas dans ce pays, et, en tous cas, les moyens puissants de destruction leur sont absolument inconnus, ainsi que l'emploi des piéges que l'on a tellement perfectionnés en France et en Suisse et multipliés avec une telle profusion sur le passage des poissons, que bien peu parviennent à les éviter. Néanmoins le gouvernement impérial pensa que l'application de la science économique nouvelle dans les diverses provinces de l'Autriche aurait l'immense avantage de perfectionner la culture aquatique, restée jusque-là à l'état rudimentaire, et de compenser les fâcheux effets que le développement de l'industrie occasionne en répandant des matières nuisibles dans les eaux dont elle se sert; il régla les rapports existant entre les pisciculteurs et les industriels par de sages mesures qui assurent les intérêts de chacun. L'action du gouvernement ne s'est pas non plus bornée à de stériles encouragements, aux exemples donnés; elle s'est étendue d'une façon tutélaire sur toutes les sociétés piscicoles dont elle a facilité la création, et leur a accordé de généreuses subventions qui leur ont permis d'entreprendre, sans compromettre leurs ressources, les diverses expériences préalables auxquelles doit nécessairement se livrer tout établissement au début de ses essais. C'est ainsi que de nombreuses sociétés se sont constituées; maintenant la plus grande partie des provinces de l'Autriche ont leur établissement de pisciculture.

Les princes Schwarzenberg n'ont pas rendu, de leur côté, un moindre service aux agriculteurs de l'Autriche. Ils ont établi de nombreux étangs dans leurs propriétés qu'ils dirigent avec autant de science qu'en praticiens accomplis, et les ont empoissonnés selon le système du pisciculteur autrichien Wagner. Ils ont promptement compris l'importance de l'aquiculture, et le rôle qu'elle était appelée à jouer dans leur pays. Ils ont associé leur nom à ceux des autres personnes éminentes de l'empire, et ont pris ainsi, après le souverain, la pisciculture sous leur haut patronage. Les personnes qui savent de quelle considération la vieille famille princière de Schwarzenberg jouit en Autriche, quelle autorité les princes ont dans les questions agricoles dont ils s'occupent, du reste, avec une noble ardeur, estimeront de quel prix devait être leur concours. A l'exposition de Vienne une place était réservée aux produits industriels et agricoles qu'ils avaient envoyés, et auxquels étaient joints les spécimens des poissons élevés dans les eaux de leur propriété. Les sujets vivants avaient été placés dans trois bassins disposés à l'extérieur; le reste de la collection ichthyologique était classé dans des bocaux avec un ordre parfait.

La nomenclature que nous empruntons à leur catalogue, et que nous donnons plus bas, prouve

que l'aquiculture a fait merveille chez eux. Au
reste, cette opinion se trouve confirmée par l'extrait suivant du rapport sur l'exposition de Vienne,
que nous devons à M. Eugène Tisserand, sous-
directeur au ministère de l'agriculture et du commerce et inspecteur général, dont la parfaite
compétence dans ces questions est reconnue de
tout le monde :

Parmi les produits (en parlant de l'exposition des
princes Schwartzenberg) qui ont attiré le plus vivement
l'attention du public, il faut citer les poissons vivants et
les poissons conservés, provenant des étangs de Wittingau. Les carpes, les tanches, les anguilles, les lottes et les
brochets étaient d'une taille énorme ; le prince en fait
dans ses étangs l'objet d'un élevage et d'un engraissement très-méthodiquement conduits ; il aménage ses étangs
avec autant de soin que l'herbager le fait pour ses pâtures ;
les poissons sont classés par espèces et par catégories d'âge
et de taille, changés d'étangs à époques déterminées, de
façon qu'ils trouvent des eaux de plus en plus riches ; les
carpes et les anguilles atteignent en peu d'années par
cette méthode des dimensions véritablement colossales,
tout en prenant une qualité supérieure. Année moyenne,
les étangs du prince de Schwartzberg livrent au commerce
360,000 kilogrammes de poissons de choix, soit environ
40 kilogrammes par hectare et par an. Sans doute, l'aménagement rationnel suivi pour la production du poisson
est pour beaucoup dans les résultats obtenus à Wittingau ;
on peut croire cependant que la qualité des eaux, la nature

du fond et des herbes, des insectes, des mollusques et crustacés qui y vivent, ne sont pas sans quelque influence. Il doit en être pour les poissons comme pour le bétail, et il est probable que les étangs de la Bohême sont pour les carpes ce que les riches herbages de l'Angleterre sont pour l'espèce bovine et que, dans l'un et l'autre cas, les animaux leur doivent en partie leur précocité et leur développement.

Voici maintenant la nomenclature :

### *Lebende Fische.*

In dem Bassin rechts von der Halle : Karpfen, Schleie u. a. m.

In dem Bassin zur Linken : Hechte, Barsche u. a. m.

Im mittleren Bassin nebst Bibern, welche auf Domäne Wittingau zur Erinnerung an das ehemalige allgemeine Vorkommen dieser Thiergattung gehegt werden, Aale, Aalrutten u. Krebse.

### *Präparate von Fischen.*

Gemeiner Karpfen (*Cyprinus carpio L.*) in seiner ganzen Entwicklung, vom Rogen bis zum ausgewachsenen Fische.

Hecht (*Esox lucius L.*) nach denselben Entwicklungsstadien.

Schill o. Sander (*Sandra*) nach denselben Entwicklungsstadien.

Junge u. alte Aalrutte (*Lota vulg. seu com. Cuv.*).

Junge u. alte Schleihe (*Tinca vulgaris*).

Gemeiner Aal (*Anguilla fluviatilis Agas.*).

Rothauge (*Scardinius erythrophthalmus Bon.*) in 2 Exemplaren.

Karausche (*Carassius vulgaris Nils.*)

Flussbarsch o. Barschling (*Perca fluviatilis*).

Brachsen (*Abramis brama Cuv.*).

Blaunase (*Abramis vimba*).

Altl (*Leuciscus cephalus L.*).

Rothfeder (*Leuciscus rutilis L.*).

Bitterling (*Rhodeus amarus*).

Laube (*Alburnus lucidus nob.*).

Koppe oder Breitkopf (*Cottus gobbio Cuv.*).

Gründling (*Gobbio fluviatilis Roud.*).

Kaulbarsch (*Acerina vulgaris*).

Schlammbeisser (*Misgurnus fossilis L.*).

Bartgrundel (*Nemachilus barbatulus L.*).

Steinbeisser (*Cobitis tænia L.*).

Pfrille (*Leuciscis phoxinus L.*).

Jugendform des Neunauges (*Petromizon Planeri Bl.*).

Sonnenfisch (*Leucaspius delineatus Beck.*).

*Établissement de Salzbourg.*

En 1865, l'établissement de Salzbourg, le plus considérable de l'Autriche, fut créé sous les auspices du gouvernement. Il reçut de l'État, au début, une subvention annuelle considérable qui permit de satisfaire aux premiers besoins. Depuis environ cinq ans il se suffit à lui-même et se crée

des ressources en élevant tous les ans de dix à
quinze mille sujets qui doivent être mis en vente,
suivant une convention particulière, dans le seul
district de Salzbourg. De plus, le laboratoire expédie dans les principaux établissements provin-
ciaux de l'Autriche, en Suisse, en Hollande, en
Prusse, en Bavière et même à Huningue, trois
millions d'œufs embryonnés, produisant chaque
année un assez bon revenu que la vente de petits
poissons d'aquariums vient encore augmenter.
Salzbourg est pour l'Autriche ce que Huningue
a été pour la France : mêmes méthodes, mêmes
procédés. Cet établissement, dirigé par une société, est situé à une lieue seulement de la ville,
près du château impérial de Neubau, et au pied
des Alpes; son étendue ne dépasse pas 170 à
180 mètres sur chacun de ses côtés; il est alimenté par de très-abondantes sources d'eaux
vives et pourrait au besoin recueillir les ruisseaux
qui traversent le parc, dont il n'est séparé pour
ainsi dire que par un mur, et les utiliser à son
profit; mais le but qu'on se propose n'est pas d'é-
lever beaucoup de poissons, mais d'en faire beaucoup éclore. On ne conserve absolument que ceux
que l'on destine à la reproduction; les autres sont
livrés à la consommation pour couvrir les frais de
la société.

Mais, avant d'en arriver aux détails, disons quelques mots des dispositions générales de la pisciculture de Salzbourg. Sa superficie est d'environ 30,000 mètres carrés. Une palissade entoure cet espace et empêche les animaux nuisibles de s'y introduire. Un chalet, construit sur une petite éminence, à l'endroit même où naît la principale source, renferme, au rez-de-chaussée, le laboratoire des incubations et des éclosions. Ce laboratoire est établi un peu au-dessous du niveau du sol, afin que la pente qu'exige l'installation d'appareils à gradins soit ménagée. Le préposé à la direction de l'établissement et un garçon de service sont logés dans les étages supérieurs. Autour de cette maison, qu'elle entoure en partie, une sorte de fossé profond de 2 m. à 2 m. 50, recevant les eaux de la grande source, après qu'elles ont desservi les appareils, et celles de quelques sources voisines, est affecté aux reproducteurs que l'on veut conserver.

De chaque côté du chalet, divers bassins réservés aux salmonidés de différents âges sont alimentés par les eaux du réservoir principal qui se déversent de l'un à l'autre; dans le but de soustraire ces eaux à l'action de la température extérieure, sujette à de brusques changements, on les dirige par des canaux recouverts. Les bassins d'alevinage, au nombre de trois, de 2 m. 50 de longueur sur 1 m. 20 de largeur, placés à l'extérieur, sont entretenus par les eaux d'autres sources qui prennent naissance à quelque distance de cet endroit, et, pour que ces eaux ne subissent aucune altération de nature à compromettre la santé des élèves, elles sont spécialement affectées au service de l'alevinage. Les bassins sont entièrement recouverts par des trappes en planches, faciles à soulever et à abaisser au moyen des charnières auxquelles elles sont fixées, et qui laissent à peine filtrer à travers les joints quelques rayons de lumière. Un canal creusé le long des bassins, un peu au-dessous de leur niveau, reçoit le trop plein qui s'en échappe, et permet de les vider entièrement, si l'on veut procéder au nettoyage, ou pour tout autre besoin. Ils ont de profondeur environ 35 cent. Les eaux provenant de tous les viviers se répandent dans un très-grand réservoir, à l'extrémité de l'établissement. C'est là qu'on élève les poissons blancs qui, comme la carpe, le meunier, la tanche, etc., etc., se contentent d'eaux moins pures, moins fraîches, et ne redoutent aucunement les effets d'une température inégale. On a essayé d'abord de placer les salmonidés adultes dans cette pièce d'eau; mais pendant l'été, lorsque le thermomètre s'élevait dans ces contrées à 25 ou

30 degrés, ces animaux ne pouvaient résister à l'excès de la chaleur, et l'on dut, en présence des pertes qui en résultaient, renoncer à les y laisser plus longtemps. C'est à partir de cette époque que l'on résolut de s'occuper de l'élevage des espèces moins précieuses que le saumon et ses congénères.

Enfin un bassin circulaire, assez semblable aux pièces d'eau que l'on voit communément dans les jardins, de 4 à 5 mètres de diamètre, sert à la reproduction des poissons d'aquariums. La multiplication des espèces, dans ces deux derniers réservoirs, est si grande, notamment pour les poissons d'aquariums, que si l'établissement trouvait à écouler tous les individus qui y naissent, au prix où il les vend ordinairement, ses bénéfices se chiffreraient par des sommes importantes.

Il faut du reste convenir qu'ils sont admirablement disposés. Des touffes d'herbes aquatiques, habilement arrangées pour recevoir les produits de la génération, en recouvrent les bords et simulent des frayères naturelles. Les insectes que les poissons rencontrent, et quelque peu de nourriture que de temps à autre on leur distribue, surtout pendant l'hiver, favorisent leur prompt développement.

Tous les viviers sont creusés dans le sol; ceux

de l'alevinage sont les seuls dont les parois soient tapissés de planches.

Revenons maintenant au laboratoire des incubations et des éclosions, qui mérite d'être signalé. Les appareils, par leur disposition et leur construction, se rapprochent beaucoup de ceux du Collége de France ; mais les cuvettes, également en terre cuite, et beaucoup plus grandes, sont plutôt carrées qu'oblongues. La claie en verre sur laquelle on étale les œufs, au lieu de s'encadrer entièrement dans la petite augette, n'occupe que la moitié environ de sa largeur. Cette modification a sa raison d'être, et voici l'explication qu'on nous en a donnée. Bien souvent tous les alevins d'une même fécondation n'éclosent pas en même temps ; parfois certains embryons arrivent prématurément à terme, tandis que d'autres se trouvent retardés. Il peut également arriver que des œufs fécondés à des époques différentes soient réunis sur une même claie ; les éclosions par conséquent ne pourront donc se faire simultanément.

Or, avec l'appareil à claie pleine, les jeunes ale-vins qui se rassemblent au fond de la cuvette pour y rester plusieurs jours dans une apparente immobilité ne peuvent, si le besoin s'en fait sentir, parvenir jusqu'à la surface de l'eau pour y aspirer l'air dont ils ont besoin ; ils sont contraints d'attendre que la claie qui leur oppose un obstacle ait été enlevée, et pour cela il faut que la totalité des œufs soit éclose. En attendant ils s'épuisent en vains efforts qui affaiblissent leurs forces naissantes, et qui finissent par entraîner la mort d'un grand nombre d'entre eux. L'appareil perfectionné de Salzbourg évite ce danger. Si pour notre compte nous ne partageons pas entièrement cette appréciation, parce que, à notre avis, les faits indiqués ne se produisent que très-rarement, nous estimons cependant qu'il y a là une amélioration.

Les appareils d'éclosion dans le laboratoire de Salzbourg sont divisés par rangées parallèles, et sont, comme à l'établissement d'Huningue, superposés les uns aux autres. Un bassin recevant les eaux de la source, placé en tête des rangées, les leur distribue régulièrement et en quantité suffisante. Comme au Collége de France, les cuvettes sont recouvertes par des ardoises, ou des briques, ou des planchettes, qui préservent les œufs du contact de la lumière. La grandeur des cuvettes est de 60 cent. de long sur 40 de large et 30 cent. de profondeur.

Une partie des œufs embryonnés par l'établissement provient des reproducteurs nés à la pisciculture. Ces reproducteurs, que nous avons pu

voir dans le compartiment qui entoure la maison,
ont atteint dans ces mêmes eaux un poids de 10
et 12 kilogrammes. On compte parmi eux quelques hybrides de salmonidés et quelques saumons
du Danube.

Les alevins sont transportés dans les bassins
qui leur sont affectés, à l'époque de la résorption
de la vésicule ombilicale. Il faut dire qu'à cette
époque il ne reste plus qu'environ vingt mille
truites, toutes destinées à l'élevage pour la consommation, la plus grande partie des œufs
embryonnés ayant été expédiée dans les pays
étrangers et dans les districts de l'Autriche dès les
mois de décembre et janvier. Mais nous avons
remarqué que, pour un si grand nombre d'alevins,
l'espace qu'ils occupent dans les bassins est considérablement restreint. Cependant les jeunes nous
ont paru vigoureux et bien portants; ils ont le
privilége, dans ce pays, sans doute à cause de la
limpidité des eaux, de leur pureté, et aussi par les
soins hygiéniques qu'on apporte à leur entretien,
ils ont le privilége d'échapper aux maladies ordinaires des salmonidés de cet âge. Il en est de
même pour les truites de deux, trois et quatre ans
que l'on agglomère dans des bassins très-étroits,
et qui semblent ne pas trop souffrir de ce manque
d'espace. Ainsi, à l'époque où nous nous sommes

rendu à Neubau, nous avons vu quatre mille
truites de deux ans réunies dans deux bassins qui
n'avaient pas plus de 16 mètres de superficie.

Les poissons que l'on élève le plus ordinairement à Salzbourg sont le saumon du Danube, la
truite, les métis de saumon et de truite. On a tenté
en vain l'acclimatation du saumon commun dans
les eaux de l'établissement, mais on a dû y renoncer, en présence d'insuccès répétés. Il y a aussi,
outre les poissons blancs dont nous avons parlé,
quelques ombres-chevaliers ; mais, bien que l'on
trouve ce poisson qui tend à disparaître de plus en
plus des eaux de la France, en Autriche, dans tous
les affluents du Danube et le Danube lui-même,
et qu'on puisse par conséquent en obtenir la propagation facile, il semblerait que l'établissement
de pisciculture de Salzbourg en a négligé l'élevage.

Le nombre des bassins utilisés est de dix à
quinze ; jamais pendant l'hiver, même quand rè-
gnent les plus grands froids, ceux réservés aux
salmonidés ne se recouvrent de glace, la température des eaux lorsqu'elles jaillissent du sol étant
de huit degrés dans toutes les saisons.

La nourriture des salmonidés se compose, pour
les adultes, de la chair des poissons blancs qui se
reproduisent dans le grand bassin et de viande de

cheval, broyée dans une machine spéciale, que l'on peut se procurer tous les jours à l'abattoir de Salzbourg ; mais on se borne à faire trois ou quatre distributions par semaine, seulement, afin d'entretenir constamment leur appétit, pour que, comme à Meilen, ils ne laissent aucune partie des aliments au fond des bassins. Moyennant un florin par jour (2 fr. 50), on nourrit tous les poissons de l'établissement, dont le nombre peut être évalué à trente mille en moyenne, petits ou grands.

Les alevins sont traités d'une manière différente. Plusieurs fois par jour on répand dans les réservoirs de la cervelle crue, bien broyée, bien réduite en pâte ; on y ajoute comme proies vivantes, de temps à autre, des insectes et des moucherons qui, restant pendant longtemps à la surface de l'eau, satisfont le besoin naturel qu'ont les jeunes poissons de rechercher sans cesse leur nourriture. A mesure qu'ils grandissent, les distributions quotidiennes deviennent plus rares, puis on les soumet progressivement au même régime alimentaire que les adultes. Ce genre de nutrition est celui qui paraît le mieux réussir, et c'est à son influence qu'on attribue d'avoir évité les maladies du premier âge.

Nous ne devons pas quitter cet établissement sans parler de son annexe dans le parc du château :

Toutes les personnes qui ont visité cette propriété impériale, si curieuse, si intéressante au
point de vue historique et artistique, ont pu remarquer que dans une de ses dépendances, à droite au
fond de la cour, est établi un restaurateur où se
réunissent d'ordinaire les personnes qui vont visiter
Neubau. Ce restaurateur jouit du privilége de pouvoir servir aux voyageurs les truites qu'il élève dans
l'un des ruisseaux qui sillonnent le parc et qui lui
sont fournies à l'état d'alevins par l'établissement
de pisciculture. Il n'y a assurément dans ce fait rien
d'extraordinaire pour le pisciculteur; mais nous
tenons à faire ressortir combien en Autriche l'on
cherche, par tous les moyens et dans toutes les
circonstances, à inspirer le goût de la pisciculture.
Dans les ruisseaux du parc, par exemple, il en est
autrement : ces ruisseaux sont chaque année peuplés par l'établissement de Salzbourg, qui y verse
régulièrement de mille à quinze cents alevins de
truites. Les eaux qui les alimentent sont non-seulement pures, froides, particulièrement avantageuses à l'élève des salmonidés, mais de plus
elles sont très-abondantes. Les sources nombreuses qui forment une petite rivière de deux à trois
mètres de largeur, ont leur origine dans les bois
qui couronnent le parc; elles arrivent donc dans
les canaux avec leur propreté et leur limpidité

naturelles. Le poisson qui vit dans ces eaux ne reçoit, pour ainsi dire, aucune autre nourriture que
celle qu'il rencontre ; elle se compose des sauterelles qui naissent dans le gazon et des insectes
produits par les arbres ; elle suffit néanmoins à son
développement, car nous avons remarqué de fort
belles truites de deux et trois ans, qui paraissaient,
tant elles étaient fortes, n'avoir nullement souffert
de la faim à laquelle elles semblent condamnées.

De vastes bassins carrés, entretenus par les mêmes eaux, renferment encore des salmonidés
plus âgés, et des carpes aussi bien élevées et ap-
privoisées que celles de Fontainebleau. Les soins
les plus intelligents sont donnés à cette catégorie
de poissons.

Nous retiendrons de ce que nous venons de dire
sur l'annexe de l'établissement de pisciculture de
Salzbourg, ceci surtout : des eaux (celles du parc),
où l'on n'avait jamais vu de poisson, ont été peuplées avec facilité et profit ; enfin le gouvernement
a compris admirablement que l'on ne parviendra
à introduire dans les populations le goût de la
culture des eaux, au même titre que l'agriculture
et autres arts agricoles indispensables à nos
premiers besoins, qu'en donnant ostensiblement
l'exemple et en mettant constamment en évidence
les résultats qu'elle produit.

## *Wildon.*

Établissement de M. le baron de Washington.

Peu de temps après la création de l'établissement piscicole de Salzbourg, M. le baron de Washington, vice-président de la Société d'agriculture, et le plus grand éleveur peut-être de l'Autriche, entreprit d'organiser dans les immenses propriétés qu'il possède aux environs de la station de Wildon, un laboratoire de fécondation et d'éclosion, à l'effet d'appliquer la pisciculture artificielle dans les cours d'eau qui traversent ses domaines. Tout semblait, du reste, devoir favoriser l'entreprise de l'honorable baron. La situation de l'établissement est bien choisie ; à quatre kilomètres de Wildon seulement, avec une belle route pour faciliter le transport des œufs et des poissons, il est à proximité de la propriété principale qu'habite M. de Washington. Le laboratoire, établi dans le fond d'une prairie et à quelques centaines de pas de la maison occupée par le gardien, est entouré des sources les plus fraîches et les plus abondantes. Le ruisseau qu'elles forment ne sort de la propriété qu'après l'avoir sillonnée sur un parcours considérable, et la surveillance en est facile. Ni

brochets ni perches n'ont jamais habité ces eaux
vierges, et les jeunes salmonidés qui y sont répandu n'ont rien à redouter de ces dangereux ennemis. Nous ne saurions trop dire, cependant, si
M. le baron de Washington a tiré jusqu'à présent
beaucoup de profits de son entreprise, car lorsque
nous nous sommes rendu, pour accomplir notre
mission, dans cette partie de l'Autriche, nous avons
eu le regret de ne l'y point rencontrer, et nous
avons dû prendre *de visu,* en quelque sorte, les renseignements sans doute incomplets que nous allons
donner sur la pisciculture de Wildon. Il était
facile, toutefois, de constater l'excellente tenue et
le bon état de cet établissement, confié à la surveillance d'une famille de pisciculteurs, et il est
assez naturel d'en déduire que si l'honorable baron ne trouvait aucun avantage, soit moral, soit
pécuniaire, à continuer ce genre d'exploitation, il
aurait cessé depuis longtemps de s'imposer des
sacrifices sans compensation.

Examinons à présent les dispositions prises à
Wildon pour la pisciculture.

Le laboratoire où se font l'incubation des œufs
et les éclosions est alimenté par les eaux de la
source principale dont l'origine est seulement à
quelques mètres de cet endroit. Des bassins profonds sont creusés dans le sol, et l'on a placé dans

la direction de la source les appareils à éclosion, absolument semblables à ceux dont on fait usage à Salzbourg, mais beaucoup moins nombreux. La petite construction, faiblement éclairée par quelques vitrines, est très-bien close pour préserver les œufs des froids rigoureux de l'hiver. Au-dessus du laboratoire, toujours en remontant vers la source, et sur le cours même de l'eau, d'autres petites rigoles naturelles ont été disposées pour les éclosions des œufs du printemps, principalement pour ceux de saumon huchen. Ce sont de simples compartiments superposés, au fond desquels on a étalé une couche de gravier, propre à recevoir les œufs. L'eau arrive dans ces compartiments en se répandant par petites cascades de l'un dans l'autre. Les alevins éclos dans ces étroits canaux ont, dès leur naissance, la liberté la plus absolue; ils peuvent se rendre dans le ruisseau dès que leurs forces le leur permettent.

Les alevins des salmonidés, au contraire, sont élevés et nourris artificiellement, et ne quittent jamais un bassin que pour passer dans un autre. Les éclosions des poissons d'hiver se font sur des claies à baguettes de verre, et dans des auges en terre cuite; quelquefois cependant on se contente de suspendre la claie dans un compartiment plus ou moins spacieux, ainsi que cela se pratique

en Auvergne. Après l'éclosion, les alevins sont
transférés dans un des réservoirs intérieurs, en
attendant qu'ils aient acquis assez de vigueur
pour habiter les bassins du dehors. Les compartiments qu'ils occupent sont alimentés par les
mêmes eaux que celles qui desservent les appareils
à éclosion, et disposés de façon que l'on puisse aisément faire passer les jeunes poissons dans
d'autres réservoirs, sans que l'on soit obligé de
les prendre, soit avec un filet, soit avec tout autre
instrument de pêche. Au-dessous du laboratoire,
une autre pièce d'eau de forme circulaire et d'environ quatre mètres de diamètre, contient les
ombres-chevaliers. Notons bien que ce poisson est
peut-être celui dont l'élevage réussit le mieux à
Wildon; les eaux de l'Autriche lui sont en général
favorables. Le bassin n'est recouvert dans aucune
de ses parties, mais il a au milieu une profondeur
de plus d'un mètre. Nous y avons vu des spécimens de ce salmonidé très-remarquables par
leur développement; cependant ils sont exposés
pendant l'été à l'action de la plus vive chaleur. Il
est vrai que la température des eaux de l'établissement est assez basse, et ne mesure guère plus
de 7 degrés au-dessus de zéro. D'autres bassins, de
formes différentes, sont creusés en amont et en
aval du laboratoire, généralement à l'endroit même

où la source jaillit de terre; ils sont également très-profonds.

Les opérations portent particulièrement sur l'élève de la truite, de l'ombre-chevalier et du saumon du Danube; le laboratoire tire la plus grande partie de ses œufs des autres établissements de l'Autriche; on est parvenu avec succès à acclimater le *salmo-hucho*. En outre de ces espèces, il naît aussi une assez grande quantité de petits poissons blancs que l'on destine surtout aux salmonidés, et c'est du reste ce qui constitue leur alimentation ordinaire.

A Wildon aussi, on a reconnu la supériorité des proies vivantes pour la nourriture des truites, des ombres-chevaliers et des huchens, et l'on aime infiniment mieux recourir à ce procédé, essentiellement économique, qu'à toute substance animale susceptible d'entrer en décomposition, d'autant plus que le poisson la dédaigne dès qu'elle a seulement séjourné quelques heures dans l'eau qui lui enlève une partie de ses principes nutritifs. Dans presque tous les bassins de la pisciculture de Wildon, et au milieu des salmonidés, vivent les poissons blancs qui doivent leur servir de pâture.

C'est là tout ce que nous avons vu dans cet établissement; mais nous avons appris que d'autres grandes pièces d'eau, avoisinant le château habité par M. le baron de Washington, étaient encore affectées, non à la culture des salmonidés, mais à celle de la carpe, de la tanche et des poissons d'aquariums. La personne qui nous a donné ce dernier renseignement nous a assuré que M. le baron de Washington n'avait qu'à se féliciter d'avoir, sans hésitation, accueilli le principe de la pisciculture artificielle. Mais l'honorable vice-président de la Société d'agriculture a surtout voulu donner un exemple, exemple inspiré par le plus complet désintéressement.

Voici maintenant un tableau qui indiquera quel était l'état de la pisciculture en Autriche en 1873.

Dans l'Autriche supérieure, deux sociétés se sont constituées, l'une à Lintz (1870) et l'autre à Ischl (1866); la première compte 93 membres et la seconde 29.

Dans la province de Salzbourg, la société a pour titre : Institut central de la pisciculture artificielle; elle compte 96 membres.

Dans le Tyrol, à Inspruck (1869), le club se compose de 9 membres; à Torbole (1873), une compagnie anonyme vient de se former, et compte déjà 42 membres.

Dans la Bohême, à Nachod, le nombre des sociétaires est de 43.

Dans la province de Bukovine, une réunion s'organise sous la direction de M. L. Lindes, et le ministre de l'agriculture vient de lui accorder une subvention de 800 florins. A ce propos, citons un fait :

Les eaux de cette contrée, quoique très-belles et autrefois très-poissonneuses, ne contiennent plus actuellement aucun poisson. Cependant le poisson, pour une secte dominante de la Bukovine qui observe le rit grec oriental, est une chose de première nécessité ; les adeptes de cette secte doivent pendant 194 jours de l'année faire abstinence, et ne manger d'autre aliment que la chair de poisson. Chaque année on en fait venir de l'étranger pour une somme qui n'est pas inférieure à 112 mille florins.

Puis vient la pisciculture des princes Schwarzenberg ; l'établissement du baron Washington ; celui de M. Pammer à Gratz, qui empoissonne le lac et la Murr ; enfin celui de M. Gibner à Troppau, province de Silésie.

En Hongrie, divers autres laboratoires de pisciculture fonctionnent déjà depuis plusieurs années, notamment celui du jardin zoologique de Pesth, qui est le plus important.

Pour compléter nos informations, nous dirons que l'application des lois et règlements sur la pêche, en Autriche, est laissée aux autorités locales qui y procèdent en temps opportun. Nous croyons voir dans cette mesure un progrès sur les institutions qui régissent chez nous pareille matière : nous en prenons note pour y revenir dans nos conclusions. Disons aussi que des règlements fort sagement conçus préviennent les cas d'empoisonnement des eaux par les déjections des établissements industriels. C'est un point dont l'administration autrichienne s'est beaucoup préoccupée, et satisfaction a été donnée aux pisciculteurs, qui ont désormais peu à redouter du voisinage des usines qui viendraient s'établir sur le cours d'eau dont ils tirent parti.

Maintenant l'Autriche a-t-elle déjà beaucoup profité de l'application de la pisciculture artificielle? Les résultats obtenus sont bons et même excellents sur les points où des établissements fonctionnent depuis plusieurs années, et nous croyons que c'est à la pisciculture qu'il faut peut-être attribuer le surcroît de poisson que l'on a constaté, ces derniers temps, dans certaines parties du Danube. Mais, en tous cas, lorsque les établissements en voie de formation seront achevés et en pleine activité, il n'est douteux pour personne que l'Autriche ne tire de ses belles et abondantes eaux un produit en rapport avec les sacrifices que se sont imposés le Gouvernement, les administrations provinciales et les particuliers.

## BAVIÈRE.

Nous avons retrouvé en Bavière le même enthousiasme pour la pisciculture qu'en Autriche; comme en Autriche aussi, les eaux de ce pays sont très-favorables à l'application de la méthode de la fécondation artificielle. Nous avons également constaté que la science nouvelle y avait fait des progrès sensibles et que le nombre de ses adeptes, déjà grand, tend à s'accroître chaque jour. Le champ des expériences est, comme nous l'avons dit, très-bien choisi; le Danube, ses affluents, de nombreux lacs et étangs alimentés par les eaux les plus vives et les plus pures, dont la plupart sont produites par les neiges et les glaciers, comme en Suisse, rendent facile l'exercice de la pisciculture; et la collection ichthyologique des eaux de la Bavière, qui est très-remarquable, permet de varier beaucoup la culture du poisson.

La Bavière ne tarda pas, après que la France en eut pris l'initiative, à s'occuper d'aquiculture; le docteur Kranz, un des savants les plus estimés de ce pays, donna par ses publications et par des ouvrages spéciaux une heureuse impulsion à la science piscicole; d'après ses conseils, sous son inspiration, elle passa dans les mains de praticiens habiles « du domaine de la théorie dans celui de l'application », et produisit même au début des résultats qui furent à la fois une récompense pour les initiateurs et un encouragement à des tentatives ultérieures.

## Munich.

### Établissement de M. Küffer.

Il y a en Bavière un certain nombre d'établissements de pisciculture fonctionnant depuis plusieurs années; mais nous parlerons seulement de celui de M. Küffer, parmi ceux qui sont établis à Munich. Cet établissement est remarquable surtout par la simplicité de son installation, par le peu d'espace qu'il occupe et par les réels progrès qu'il a accomplis. Situé dans un des faubourgs de Munich, il reçoit les eaux de l'Isar et celles d'une source assez abondante jaillissant des flancs d'une des montagnes qui s'élèvent sur la rive droite de la rivière; elle a son origine dans l'établissement même. Comme toutes les eaux de source, sa température presque invariable est d'environ 8 de-

grés. Les eaux de l'Isar, conduites par un canal,
sont impressionnées par l'action de la température extérieure et subissent de nombreuses variations. Depuis le mois de septembre jusqu'au printemps, elles sont troubles et épaisses; elles deviennent aussi, à partir de ce moment, plus froides
que les eaux de source, sous les effets d'un vent
glacial venant des montagnes voisines, toujours
couvertes de neige dans cette saison. Ces eaux
alimentent les bassins inférieurs de la pisciculture,
qui comprennent ceux où sont parquées les écrevisses mises en réserve, et d'autres bassins longi-
tudinaux où l'on élève des carpes et des ombres-
chevaliers.

L'établissement est placé sur un terrain légèrement en pente et occupe un espace ne dépassant
pas 150 mètres de superficie. Dans le haut, et au-
dessous de la source, l'on a disposé pour les salmonidés de différents âges et pour les petits poissons blancs destinés à leur nourriture, une rangée de bacs en pierre, adossés à la muraille et
recouverts d'une trappe mobile pour empêcher la
lumière de pénétrer à l'intérieur, et protéger les
élèves contre les voleurs et les animaux avides de
poisson. Un peu plus bas, divers bassins creusés
dans le sol servent de demeure à d'autres salmonidés âgés de deux à quatre ans, à l'exception

d'un, toutefois, que l'on a réservé pour l'alevinage. Ces pièces d'eau sont on ne peut plus simplement établies; les murs d'entourage sont remplacés par des planches maintenues contre les parois pour empêcher l'éboulement des terres; une grille, placée au trop plein, doit retenir les poissons dans leur demeure; enfin des trous de refuge ménagés dans le fond composent l'aménagement intérieur. Quelques planches pour les recouvrir partiellement et produire un peu d'ombrage et d'obscurité complètent l'ensemble des dispositions. Ces bassins ont une superficie moyenne de 18 à 20 mètres carrés et une profondeur de 45 à 50 centimètres. La hauteur de l'eau varie entre 30 et 40 centimètres. Immédiatement au-dessus du bassin d'alevinage, placé à gauche en entrant, se trouve une autre pièce d'eau, un peu plus spacieuse, creusée également dans le sol, où l'on place la variété de salmonidés propre aux eaux de la Bavière, le huchen, que nous désignons sous le nom de *salmo-hucho*. Cette pièce d'eau est disposée de manière que la moitié à peu près ressorte à l'extérieur et que l'autre moitié se prolonge jusque sous une petite maisonnette. Cette partie intérieure est recouverte par le plancher que l'on soulève à volonté, soit pour surveiller le poisson, soit pour le pêcher, soit pour lui distri-

buer la nourriture. Dans ce bassin se trouvent
réunis seulement les sujets d'un à trois ans.

Le compartiment des alevins que nous avons
déjà mentionné ne se distingue des autres réservoirs que par une végétation aquatique qu'on laisse
subsister afin que les jeunes poissons puissent s'y
abriter. Le fond de tous les autres réservoirs est
tapissé d'une couche de gros cailloux, et l'on a
soin d'enlever les herbes aquatiques à mesure
qu'elles se forment.

Tous ces bacs et ces bassins sont alimentés par
les eaux de la source; les bacs les reçoivent en
premier lieu et les déversent ensuite dans les viviers établis plus bas. Le bassin des alevins n'est
entretenu que par de l'eau parfaitement pure et
n'ayant servi à aucun autre usage.

Les compartiments réservés aux écrevisses sont
absolument recouverts comme les bacs en pierre,
et reçoivent tantôt l'eau de source et tantôt l'eau
de l'Isar. Nous avons été réellement étonné de
l'énorme quantité de ces crustacés que M. Küffer a
accumulés dans des endroits si peu spacieux. Ainsi,
dans un compartiment qui n'a pas plus de 2 m. 50
de long sur 1 m. 50 de large, se trouvaient en-
tassées peut-être plus de six mille écrevisses; elles
étaient, lorsque nous les vîmes, si pressées dans
cet espace, qu'elles formaient plusieurs couches

superposées. Ces écrevisses nous ont paru vraiment
extraordinaires par leur taille et le poids qu'elles atteignent; il en est qui pèsent 250 grammes et plus.
Les mâles sont toujours séparés d'avec les femelles
et vivent dans un compartiment à part. Malgré
le peu de place affecté à la conservation de ces
animaux, et le peu de soins, dirons-nous, dont
ils sont l'objet, il en succombe un bien petit
nombre. Cela tient-il à la nature même de cette
variété d'écrevisses ou à la qualité des eaux de la
Bavière? C'est ce que nous ne saurions décider;
mais nous pensons qu'il serait utile d'en essayer
l'acclimatation pour arriver à propager chez nous
une espèce aussi précieuse. Le manque d'espace a
fourni à M. Küffer l'occasion d'étudier la pisciculture au point de vue de la stabulation; les salmonidés même sont soumis dans son établissement à
une aussi étroite captivité que les écrevisses. Pour
le démontrer, il nous suffira de dire que nous avons
vu dans un des bacs en pierre, de 1 m. 50 de longueur sur 75 cent. de largeur et 60 cent. de profondeur, des huchens et des saumons, au nombre
de six, et pesant chacun, en moyenne, de 10 à
12 kilogrammes. Un des huchens mesurait 1 m. 20
dans sa plus grande longueur. Né dans l'établissement, il avait été placé dès l'âge d'un an dans
cette petite cuve et en huit années avait atteint ce

développement extraordinaire. La taille de ses semblables variait entre 85 cent. et 1 m. 10 ; ils étaient
également venus au monde dans les bassins de
M. Küffer. Ces poissons étaient tellement à l'étroit
dans cette cuve, que depuis plusieurs années il
leur avait été impossible de se retourner sur eux-
mêmes, ni de se déplacer. La longue durée de
leur emprisonnement en avait fait comme des animaux domestiques apprivoisés, ne s'effarouchant
pas de la présence de l'homme et attendant au
contraire que sa main leur distribuât la nourriture
quotidienne. Chacune des femelles de cet âge et
de cette taille pond annuellement de seize à dix-
huit mille œufs.

Ce n'est pas le seul exemple de stabulation et
d'agglomération que nous ayons à citer. A ce laboratoire M. Küffer a joint une annexe dans les
magasins mêmes où il exerce son commerce de
poisson. Dans des cuves en pierre ou en bois doublées de zinc sont conservés vivants les poissons
que chaque jour M. Küffer livre à la consommation. Nous ajouterons par parenthèse que la truite,
l'ombre-chevalier, etc., ne sont pas en Bavière,
comme chez nous, des poissons de luxe hors de
prix ; il n'y a jamais disette de ces salmonidés ni
dans les piscines de M. Küffer, ni sur le marché
aux poissons de Munich. Dans cette piscine, les

bassins sont alimentés par les eaux de la ville ; elles ne sont point les mêmes que celles dont on se sert dans l'autre partie de l'établissement de pisciculture, mais elles conviennent néanmoins parfaitement à cet usage.

Pour en revenir à notre sujet, nous signalerons ce fait, que dans un seul bac en pierre, de même dimension que ceux où sont enfermés les huchens, nous avons constaté la présence de plus de deux cents truites, d'un poids moyen de 350 à 450 gr. Tous ces animaux étaient vifs, alertes, doués d'un bon appétit et d'une santé merveilleuse. Nous ne voulons pas conclure de ce fait qu'il est avantageux d'accumuler beaucoup de poissons dans un petit espace ; nous croyons au contraire, et très-fermement, que cela présente de grands inconvénients et beaucoup de dangers ; mais nous sommes très-heureux de pouvoir mettre ces exemples sous les yeux des personnes qui doutent encore de l'efficacité de l'élevage artificiel et même de sa possibilité.

Nous examinerons encore quelques points sur lesquels l'établissement de Munich a attiré notre attention.

Commençons par dire que tous les œufs fécondés artificiellement par M. Küffer proviennent en partie des reproducteurs que l'on conserve à ce

effet dans les réservoirs. Cependant, peu de jours
avant que le moment de frayer soit arrivé pour le
huchen, des pêches sont pratiquées dans les affluents du Danube, afin de prendre, sur les frayères
mêmes, les sujets sur lesquels on doit opérer. Il
faut choisir juste ce moment, c'est-à-dire l'époque
à laquelle les femelles de ces poissons sont susceptibles d'être délivrées, si l'on veut réussir dans les
fécondations, car, selon l'observation qui nous a été
faite par M. le docteur Kranz et M. Küffer, les huchens ne peuvent subir la captivité qu'autant qu'ils
sont nés dans les lieux où ils doivent être élevés ;
ils succombent presque aussitôt, si on les transporte des grandes eaux dans d'étroits bassins.

L'ombre-chevalier, comme la truite ordinaire et
la truite des lacs, sont également des poissons que
l'on propage avantageusement à l'établissement
de Munich ; aussi en conserve-t-on un certain
nombre pour les faire reproduire. Les ombres, qui
atteignent dans les eaux de la Bavière un développement même plus considérable que dans les
eaux de la Suisse, sont ceux que l'on élève avec le
plus de succès ; les étalons, au lieu d'être réunis
comme ceux des truites dans les réservoirs d'eau
de source, sont placés dans le bassin que remplissent les eaux de l'Isar. Nous en avons demandé
la raison à M. le docteur Kranz et à M. Küffer, et

voici la réponse qui nous a été faite : M. le docteur Kranz croit, après l'avoir, dit-il, expérimenté, que les ombres-chevaliers des eaux froides sont aptes à la fécondation longtemps avant ceux des eaux plus chaudes, et c'est en vertu de ce principe qu'à la pisciculture de Munich ces salmonidés reproducteurs vivent dans le bassin alimenté par les eaux de l'Isar. Or le moment où ces eaux sont le plus froides coïncide avec l'époque du frai des ombres-chevaliers.

Règle générale : tous les salmonidés sont classés par sexe et par âge, afin d'éviter qu'ils ne s'entre-dévorent. Ils sont nourris avec les intestins provenant des poissons vidés dans les magasins de M. Küffer; et, pour qu'ils ne soient jamais exposés à souffrir de la faim, ce mode d'alimentation est complété par des poissons blancs que l'on place avec eux dans les viviers. M. Küffer, contrairement à ce que l'on fait à Meilen, est d'avis qu'il faut gorger les élèves, si on veut les voir se développer et engraisser; aussi deux fois par jour au moins, matin et soir, il procède à la distribution de la nourriture.

Les écrevisses sont soumises, moins les proies vivantes, au même régime alimentaire. Quant aux petits poissons blancs, qui se reproduisent dans un réservoir disposé à cet effet, ils ne reçoivent pour

ainsi dire aucune nourriture et subsistent de ce
qu'ils rencontrent dans les eaux ; ceux de leur espèce qui vivent en compagnie des poissons dont
ils sont destinés à devenir la proie, se contentent
des déjections répandues par les grands sujets.

Chaque année M. Küffer fait embryonner plusieurs millions d'œufs, autant pour entretenir son
laboratoire de pisciculture et pour empoissonner
les eaux qu'il possède dans les environs de Munich, que pour les expédier dans certaines parties
de la Bavière et dans les autres États de l'Europe.
C'est lui qui a fourni et fournit encore à Huningue
les œufs du saumon Heuch.

M. Küffer pratique la fécondation artificielle,
qui réussit toujours très-bien, selon la méthode de
M. Coste. Les appareils à éclosion dont il fait usage
sont semblables à ceux de M. Massard, à ceux de
l'établissement de Zurich, que nous avons décrits;
mais ils sont totalement recouverts, afin que la
lumière ne pénètre pas à l'intérieur. Quelquefois
il se contente de répandre des œufs, en les disper-
sant dans les réservoirs de l'alevinage. Dans tous
les cas les éclosions se font parfaitement, et les
pertes éprouvées pendant la durée de l'incubation
sont aussi faibles pour les œufs abandonnés dans
un bassin que pour ceux placés dans les appareils
spéciaux. Il est bon d'ajouter que ce pisciculteur

n'a recours à ce second moyen que lorsque les boîtes à éclosion sont insuffisantes pour recevoir toute
la quantité des œufs soumis à l'incubation. Les
appareils d'éclosion sont placés extérieurement;
mais on n'a rien à redouter du côté du froid, car
l'eau de source dont on fait usage ne gèle jamais.

Peu de temps après l'éclosion, bien avant que
la vésicule ombilicale soit résorbée, les alevins de
truites sont transférés dans le bassin qui leur est
assigné et y rencontrent bientôt, en raison de cette
végétation aquatique qui s'y entretient, une certaine quantité d'insectes qui suffisent à leurs premiers besoins. A cette nourriture on ajoute plus
tard de la cervelle de bœuf crue, que l'on écrase
bien avec les doigts, afin de la réduire en très-pe-
tites parcelles. A l'âge de quelques mois on leur
donne en pâture, comme aux autres salmonidés,
des entrailles de poissons et des proies vivantes,
qui consistent en de tout petits poissons blancs.

Les expériences de M. Küffer ont surtout porté
sur l'acclimatation du huchen que l'on trouve
abondamment dans le Danube, surtout dans sa
partie que traverse la Bavière, et dans ses affluents. Nous connaissons ce poisson en France
depuis que l'établissement d'Huningue a cherché
à le propager, et il résulte des expériences entreprises et conduites à bonne fin dans le laboratoire

de pisciculture du Collége de France, qu'il est parfaitement susceptible de s'acclimater dans nos eaux et d'y atteindre un très-grand développement. Nous trouvons la confirmation de ce fait dans des expériences analogues faites en Bavière; M. Küffer lui-même partage absolument cette manière de voir. Nous n'avons pas à faire ici l'histoire naturelle de ce salmonidé; tout le monde connaît le saumon du Danube ou en a entendu parler; il se distingue du saumon ordinaire par des habitudes sédentaires qui le dispensent d'émigrer vers la mer. Il est vrai que sa chair est blanche au lieu d'être rougeâtre, et qu'elle est en général moins estimée par les gourmets que celle du saumon commun; mais elle est plus appréciée que celle de la truite, et bien des Bavarois préfèrent leur saumon du Danube à la grande truite des lacs.

Le saumon heuch est un très-bon poisson d'élevage; il croît promptement, et la nature des eaux lui est pour ainsi dire indifférente et ne porte nullement atteinte à la rapidité de son développement. Il supporte sans fatigue les variations de la température, et n'est nullement sujet aux maladies auxquelles sont exposés les poissons que l'on élève artificiellement.

Les œufs que la femelle dépose au printemps

éclosent une quinzaine de jours après qu'ils ont été
fécondés; les alevins sont grands, vigoureux et
gardent fort peu de temps la vésicule ombilicale.
Ils se nourissent au début des insectes qu'ils recherchent dans les eaux, puis on leur distribue
de la cervelle crue, comme aux alevins de truites.
Ils ne sont guère susceptibles de se reproduire
avant l'âge de trois ans; à cette époque ils ont
quelquefois acquis le poids de 2 kilogrammes.
Nous avons vu dans le bassin à moitié couvert qui
leur est affecté plus de cent de ces individus pesant en moyenne, à l'âge de deux ans, au moins
1 kilog. 1/2. On a dû remarquer plus haut qu'à
huit ans ils peuvent atteindre le poids énorme de
12 kilogrammes et même plus.

M. Küffer nourrit les saumons heuchs de préférence avec des poissons blancs; il a reconnu que
c'était le genre d'alimentation qui favorisait le
plus leur croissance. Mais quelques autres pisciculteurs ont essayé sur eux la viande de cheval
mise en salaison, et estiment que cette méthode
est également fort bonne. Après avoir énuméré
les qualités de ce poisson, nous manquerions à
notre devoir si nous négligions de dire que sa trop
grande propagation dans nos rivières présenterait de grands dangers; il est pour le moins aussi
carnassier que le saumon et la truite; mais en

outre, à cause de sa présence non interrompue
dans les eaux douces, il fait plus de mal que le
premier qui abandonne les fleuves une partie de
l'année, et plus de mal aussi que la truite, car il
devient plus grand, plus fort, et par conséquent
plus vorace. Ces faits nous ont été signalés par des
personnes dignes de foi, et nous avons nous-même
remarqué que les établissements de pisciculture
qui élèvent ce salmonidé se gardent avec le plus
grand soin de le mêler aux autres variétés du
saumon : ce serait introduire le loup dans la
bergerie.

Ces considérations ne peuvent néanmoins empêcher l'introduction en France de cette espèce
alimentaire ; mais il faudra rechercher les moyens
qu'il conviendra de prendre pour ne pas augmenter avec lui le nombre déjà trop grand des poissons carnassiers.

Il est encore un poisson qui a donné lieu en
Bavière à de nombreuses expériences ayant pour
objet son amélioration : nous voulons parler du
cyprin. Nous ne quitterons pas l'établissement de
M. Küffer sans dire comment il traite les carpes
qu'il élève dans ses bassins. Contrairement à l'u-
sage consacré, qui consiste à rechercher, pour les
faire plus vite profiter, les eaux chaudes et stagnantes, M. Küffer les place dans les eaux les plus

froides, et c'est dans des bassins alimentés par les eaux de l'Isar qu'elles sont condamnées à vivre. Empressons-nous d'ajouter qu'il leur distribue en abondance les aliments propres à les faire rapidement se développer; mais il n'en est pas moins vrai que la chair des cyprins élevés dans ces conditions offre de réels avantages, comme finesse de goût, et a une supériorité marquée comme qualité sur ceux qui s'élèvent dans des mares ou dans des étangs vaseux.

Nous avons fait en Bavière des remarques qui méritent quelque considération. L'ombre-chevalier, si rare en France et en Suisse, abonde dans les lacs et les rivières de ce pays. La féra, que nous considérons comme un poisson de luxe, y est très-commune; un autre salmonidé, que l'on désigne communément en Suisse sous le nom de bondel, et que l'on retrouve surtout dans le lac de Neuchâtel, est, avec l'ombre-chevalier, la féra, un des poissons les plus ordinaires qui servent à l'alimentation. Des poissons plus communs, la carpe, la perche, la tanche, le brochet et les autres espèces vivant dans les étangs, se vendent à très-bas prix au marché de Munich. Un des lacs qui avoisinent la capitale de la Bavière produit particulièrement une quantité très-grande d'ombres-chevaliers; certaines rivières, certains ruisseaux

très-poissonneux dirigent en même temps leurs
produits et vers Munich et vers les autres lieux
de vente du royaume. En somme, le poisson, en
Bavière, entre pour une grande part dans l'alimentation publique. La pisciculture, assurément,
n'est pas étrangère à cet état de choses, car, comme
nous l'avons dit au début, il y a déjà longtemps
que l'on y a eu recours, et l'on n'a cessé depuis de
l'appliquer au peuplement des eaux de cet État,
ou du moins à leur entretien. A ce sujet, nous devons constater que les moyens de destruction y
sont, ainsi qu'en Autriche, moins usités qu'en
France, et les eaux n'ont pu par conséquent arriver à ce degré d'appauvrissement que bien des
nations déplorent maintenant avec nous. D'autre
part, l'empoissonnement de ces mêmes cours d'eau
ayant été continué et poursuivi d'une manière régulière, il en est résulté que cette source de produits alimentaires non-seulement ne s'est pas
affaiblie graduellement, mais s'est, au contraire, augmentée ; de là un surcroît de production et par conséquent de bien-être pour la population.

Nous avons dit ailleurs que le marché aux poissons de Munich était peut-être le plus largement
approvisionné des marchés de l'Europe ; nous n'a-
vons voulu, bien entendu, faire allusion qu'aux

espèces des eaux douces ; mais, en vérité, ces espèces y sont si variées, certains spécimens en sont
si beaux, que l'on ne peut s'empêcher d'envier
une telle richesse.

Pour ne rien omettre de ce que nous avons vu,
nous ajouterons que la pisciculture est en Bavière
l'objet des faveurs de l'administration ; tout est
fait pour encourager ses progrès, et depuis quelques années l'on voit se fonder un nombre considérable d'établissements qui assureront aux eaux
de ce royaume une richesse intarissable. Il est un
point dans cet ordre de considérations sur lequel
nous tenons encore à nous arrêter, avant de terminer.

Nous avons désigné le brochet et la perche
parmi les poissons qui servent le plus ordinairement à l'alimentation publique ; mais nous n'avons
pas encore expliqué pourquoi les Bavarois, qui
s'occupent tant de pisciculture, n'ont pas cherché,
comme les Anglais, à détruire ces espèces qui sont
les requins de nos eaux douces. Voici ce que nous
avons appris à ce sujet : les brochets et les perches
vivent ordinairement dans des eaux où il n'y a
pas de salmonidés, mais seulement d'autres poissons inoffensifs ; et réciproquement les salmonidés
vivent dans d'autres cours d'eau où il n'y a ni
brochets ni perches, mais des poissons blancs

dont ils se nourrissent. Ainsi chaque espèce a son domaine.

D'autre part, en Bavière, les rares étangs où l'on élève spécialement les espèces carnassières, sont généralement isolés, et les poissons qui y sont cantonnés ne peuvent que très-difficilement se répandre ailleurs.

Chez nous, il en est tout autrement; un grand nombre d'étangs sont alimentés par des cours d'eau poissonneux qui les traversent entièrement, et les espèces carnassières peuvent, avec la plus grande facilité, soit à l'état d'embryons, soit à l'état d'alevins, être entraînées par les eaux ou en remonter le cours. Cela explique la quantité innombrable de ces dévastateurs qui apportent la désolation et la mort.

Enfin les lois sur la pêche sont, en Bavière, très-rigoureuses.

Les marchés publics sont très-surveillés, et l'on poursuit avec la dernière rigueur les individus qui se rendent coupables de délits de pêche; de fortes amendes sont infligées aux récidivistes.

L'écrevisse compte au nombre des espèces dont la pêche est prohibée au moment du frai. Il n'est pas permis de la pêcher avant qu'elle ne soit adulte et qu'elle n'ait atteint la taille réglementaire. Les femelles portant des œufs doivent être rejetées à

l'eau. Cette disposition de la loi est très-efficace ;
grâce à elle, et il ne faut pas l'ignorer, la Bavière
peut nous envoyer les écrevisses qui nous font défaut et qui sont devenues l'objet d'un grand commerce.

## ITALIE.

Le besoin de repeupler les rivières ne s'est pas
encore fait sentir en Italie comme dans les autres
États de l'Europe. Ce pays, par sa situation géo-
graphique, se trouve dans des conditions excep-
tionnellement favorables à la pêche maritime, et
les mers dont il est entouré dans sa plus grande
partie peuvent fournir assez de poissons pour les
besoins de la population. Comme en Suisse, il y
a cependant en Italie de nombreux lacs d'eaux
vives contenant les excellentes espèces des eaux
douces, en petite quantité, il est vrai ; mais tôt
ou tard, et sans aucun doute, l'industrie piscicole
ira s'y établir.

En attendant, le gouvernement, qui ne pouvait
rester indifférent aux progrès de la pisciculture
dans les autres pays de l'Europe, aujourd'hui que
l'unité italienne est un fait accompli, a chargé
M. Targioni Tozzetti de recueillir tous les règlements particuliers en vigueur dans chacun des

Élats qui se partageaient autrefois la péninsule, et d'en former un ensemble qui a servi de base à l'élaboration du projet de loi soumis aux délibérations de la chambre des députés.

Le besoin de cette réforme se faisait impérieusement sentir, car les lois étaient devenues insuffisantes pour la protection des pêches, et les dilapidations qui se commettaient dans les eaux, en même temps que l'abus des engins prohibés et de destruction, nécessitaient des mesures protectrices et répressives.

Dans son livre intitulé *Annali del ministero di agricoltura, industria e commercio, la pesca in Italia,* M. Ad. Targioni Tozzetti passe en revue les diverses circonscriptions maritimes (compartimenti) du royaume : Gênes, la Spezzia, Livourne, Porto-Ferrajo, Maddalena, Cagliari, Civita-Vecchia, Gaëte, Naples, Castellamare, Palerme, Messine, Catane, Porto-Compedocle et les villes de l'Adriatique. Des sous-commissions ont été formées en vertu d'une lettre ministérielle en date du 26 février 1869, elles ont fourni de précieuses notions sur les dispositions économiques et financières, relatives au commerce du poisson, et ont signalé les points où la pisciculture fluviale et maritime aurait des chances de réussite.

Déjà une société en commandite s'est formée

en 1870 pour l'établissement de la pisciculture nationale italienne dans l'île de Cajola; ses statuts, déposés à la chambre du commerce de Naples, montrent toute l'importance qu'on attache à cette question économique. D'autre part, nous avons appris que le gouvernement italien avait concédé la ferme de deux rivières à des pisciculteurs qui se sont chargés de les empoissonner, et qui sont venus en France étudier dans les établissements de l'Auvergne les procédés qu'il convient de suivre. Leurs efforts ont été couronnés de succès.

Sur divers points de l'Italie on fait encore aujourd'hui ce qu'on a fait il y a des siècles : à Venise comme à Naples rien n'est changé. M. Coste, en nous faisant connaître l'industrie du lac Fusaro, l'Achéron de Virgile, dont il nous donne le plan, nous a montré le parti que l'on a su tirer de tout temps de l'élève des huîtres. Cette industrie, qui produisait encore à la liste civile, en 1861, trente-deux mille francs de revenu, pourrait devenir beaucoup plus lucrative. Le succès est encore plus complet à Comacchio, où l'industrie de la lagune a pour objet principal les anguilles. M. Coste est entré dans les développements les plus complets sur ce sujet, et les planches jointes à son livre donnent une grande clarté à ses explications. L'ouvrage de M. Targioni Tozzetti, que le gouvernement italien a bien voulu nous accorder, lors de notre passage à Rome, par l'entremise de notre représentant, confirme tout ce que M. Coste nous dit des *Valli* et des laboratoires ou *Lavorieri,* et de l'industrie florissante de Comacchio.

Antérieurement à notre mission en Italie, bien des essais sur la pisciculture artificielle dans les eaux douces avaient été entrepris en Lombardie et en Vénétie ; l'intéressant ouvrage de MM. Dabry de Thiersant et Soubeiran (1) en fait mention. Ainsi M. le professeur de Filippi avait commencé des expériences dans le lac d'Avegliana, près du mont Cenis, entre Turin et Pise ; M. Henpy avait formé une société de pisciculture avec S. E. sir James Hudson, établi des appareils d'incubation sur le modèle de ceux de M. Coste, mais les résultats n'avaient pas répondu aux espérances qu'on avait conçues.

MM. Conti frères, à Milan, ne devaient pas être plus heureux.

Mais M. le chevalier Comba a peuplé par les ordres du roi Victor-Emmanuel les lacs de la royale Mandria, près de Turin, de truites, de saumons et de féras, qui s'y sont bien mieux développés que les ombres-chevaliers.

(1) *La Pêche et la Pisciculture en Chine,* par M. Dabry de Thiersant. Paris, 1872, librairie Masson.

Dans les provinces lombardo-vénitiennes, qui comptent quatre-vingt-seize fleuves, deux cent quarante-trois canaux, dix-sept lacs et de nombreux cours d'eau secondaires, on a rencontré les mêmes obstacles que nous avons déjà signalés pour d'autres pays : le desséchement des terrains qu'on affecte à l'agriculture, la corruption des eaux par les résidus des fabriques et les immondices, l'envasement des embouchures, la destruction des plantes aquatiques nécessaires au frai des poissons, le trouble causé par les bâtiments à vapeur, l'emploi pour la pêche d'engins destructeurs. Ajoutons à cela que le paysan qui se nourrit, en grande partie, de *polenta,* de lait et de fromage, préfère le poisson salé au poisson d'eau douce, et l'on sait que dans ces derniers temps un consul italien a organisé avec le Japon un commerce de saumons salés qu'on prépare en quantités innombrables dans ces îles lointaines.

M. le chevalier de Betta, dans un mémoire publié à Vérone sur la pisciculture, a obtenu de l'Académie de cette ville qu'on s'occuperait sérieusement des questions relatives à l'aquiculture dans la province de Como, où l'on compte dix-neuf lacs et plusieurs rivières très-favorables à l'application de la pisciculture artificielle. Les essais qui ont été faits par le docteur Carganico et

M. Ragazzoni dans le lac de Montorfano; par MM. Gavazzi frères dans celui de Valmadrera, près de Lecco; par MM. Brebbia dans les petits lacs de Varèse, ont démontré qu'on pouvait obtenir de bons résultats en ce qui concerne non-seulement les salmonidés, mais la perche, la tanche et la carpe.

Enfin le remarquable ouvrage de M. le professeur Nardo, qui a eu la première idée des piscines communales, et qui traite dans trois chapitres : 1° de la pêche et de la pisciculture d'eau douce; 2° de la pêche et de la pisciculture maritimes; 3° de la propagation et de la culture des poissons d'eau douce et de mer, contribuera à donner une heureuse impulsion à de nouvelles et fructueuses tentatives.

## HOLLANDE.

S'il est un champ vaste où la pisciculture puisse s'exercer avec succès, c'est assurément dans les Pays-Bas qu'on le rencontrera; s'il est un peuple laborieux, industrieux, intelligent, capable de comprendre ses intérêts, le profit qu'il peut tirer de tel ou tel genre de culture, c'est encore ce noble pays de la Hollande où toute découverte utile trouve un écho, dans ce pays, fondé par le travail, et conquis sur la mer. Toute idée nouvelle et pratique fait son chemin en Hollande ; et au mouvement qui venait de se produire en France, après les découvertes évidentes que nos savants avaient faites sur la propagation artificielle du poisson, la Hollande répondit aussitôt par des essais qui ont déjà trouvé leur récompense dans les résultats obtenus.

C'est sur l'initiative du roi Guillaume III lui-même, et non à la Société industrielle néerlandaise, comme nous l'avions dit dans notre premier rapport, que la pisciculture fut introduite en Hollande. Nous sommes d'autant plus heureux de faire cette rectification, et d'en attribuer le mérite au chef de la nation hollandaise, que ce souverain, qui nous est sympathique à tous égards, s'empressa, comme l'empereur d'Autriche, de prendre les mesures nécessaires au développement de la pisciculture artificielle dans son royaume ; il nomma une commission chargée d'aller étudier chez nous, à Huningue, les dispositions essentielles de notre établissement national, pour les appliquer dans son domaine du Loo, en Gueldre, et dans les eaux du Huisten Bosch. Ces essais réussirent assez bien pour encourager les bonnes intentions des personnes disposées à s'occuper de piscicul-

ture, et l'on pêche encore chaque jour, dans les
eaux du parc du château, des truites pesant cinq,
six et même sept kilogrammes. Au début les expériences portèrent sur des espèces moins précieuses,
telles que la perche, l'ablette, le gardon, etc., etc.,
car le roi désirait que toutes les classes de la société fussent appelées à profiter du bien-être qui
pouvait résulter de l'empoissonnement des eaux
de la Hollande.

Pendant ce temps, M. Martin-Jean de Bont, un
des membres les plus éminents de la Société industrielle néerlandaise, faisant également partie
de la Société du jardin zoologique d'Amsterdam,
qui a pour exergue : *Natura Artis Magistra,* entre-
prenait à ses propres frais, sur les avis de M. Coste,
une série d'expériences qui intéressèrent à la fois
et le gouvernement et la Société zoologique.

Il fit, vers la fin de 1863, dans une des séances
de la Société néerlandaise, tenue à Amsterdam,
une proposition ayant pour objet l'étude de la
question de la réglementation internationale de la
pêche du saumon dans le Rhin et ses affluents. La
proposition fut adoptée à l'unanimité ; mais elle
rencontra divers obstacles qui en suspendirent
l'exécution pendant quelques années seulement,
car, en 1873 et 1874, les États riverains du Rhin,
comme on a pu le voir dans nos considérations

générales, ont adopté en principe et mettront bientôt en vigueur la proposition que M. de Bont avait formulée.

### La pisciculture au jardin zoologique d'Amsterdam.

Les essais que fit M. de Bont furent si concluants qu'il put présenter le fruit de ses recherches dans une exposition de la Société d'agriculture. Ce fut alors que M. le docteur Westerman, le fondateur et l'infatigable directeur, depuis plus de trente-cinq ans, de la Société zoologique, proposa à M. de Bont de l'aider dans ses expériences et d'y faire participer la Société. L'opinion publique était favorable à ces tentatives; on appela l'attention du gouvernement sur cette question, en faisant ressortir les immenses avantages qu'il y aurait pour le pays à s'occuper sérieusement de la culture des eaux. Sur la demande du gouvernement, une subvention fut accordée par la chambre et les états généraux, à l'effet de faciliter le fonctionnement régulier de la pisciculture artificielle dans les Pays-Bas. On avait fondé au jardin zoologique un établissement de pisciculture qui dès la première année (1860-1861) répandit dans les eaux de la Hollande les jeunes alevins éclos dans ses bassins ; l'établissement d'Huningue,

alors français, lui fournissait les œufs nécessaires
à ses opérations, parce qu'au moment où les
saumons traversent les eaux des Pays-Bas pour
aller aux sources déposer leur frai, ils ne sont pas
encore aptes à la reproduction.

Un peu plus tard les bassins du jardin zoologique furent agrandis ; nous allons tâcher d'en
donner une juste idée.

Le savant directeur de la Société zoologique
d'Amsterdam et M. de Bont ont bien voulu nous
autoriser à emprunter à une brochure détaillée et
intéressante (1) des notes qui nous aideront à compléter la description de cet établissement ; par une
faveur spéciale dont nous les remercions, ils nous
ont envoyé les bois qui ont servi à imprimer les
gravures représentant les appareils inventés ou
perfectionnés par M. de Bont, pour que nous
puissions les reproduire à notre tour.

Les bassins d'incubation sont placés de chaque
côté de la salle des reptiles, qui a une longueur
de 18 mètres, et sont disposés en gradins ; ils se
composent de compartiments en bois, doublés de
zinc, d'une longueur moyenne de 3 mètres, sur
une largeur de 40 centimètres et une profondeur

(1) *La Culture du saumon et de ses congénères et la Pisciculture*
*au jardin zoologique d'Amsterdam*, par M. de Bont. Amsterdam,
1872.

de 20 centimètres. Le fond de ces compartiments
est fait d'une plaque de marbre blanc, permettant
de découvrir les moindres ordures qui peuvent
se glisser avec l'eau s'écoulant par petites cascades de l'un dans l'autre. Chaque chute de 17 centimètres de largeur et 5 centimètres de hauteur,
est pourvue d'une toile métallique empêchant les
alevins de se répandre d'un compartiment à l'autre ; cette toile, bien soudée à l'ouverture, ne laisse
point d'interstices où les jeunes pourraient s'engager et périr.

La division des bassins en compartiments est
encore faite en vue d'empêcher que telle ou telle
variété de salmonidés se mêle à telle ou telle autre,
qu'il y ait agglomération d'un trop grand nombre d'individus, et enfin d'avoir toujours réunis
ensemble les poissons d'une même éclosion.

Ces rigoles ont le double avantage de pouvoir
servir en premier lieu comme appareils à éclosion,
et ensuite comme bassins d'alevinage. Il suffit
d'enlever les claies sur lesquelles les œufs ont
été placés, pour avoir un compartiment assez
spacieux dans lequel les alevins peuvent rester
sans souffrir jusqu'au moment où ils sont transférés dans les bassins extérieurs beaucoup plus
grands.

Pour que l'air de la salle d'incubation soit tou-

jours bien renouvelé, M. de Bont a fait établir un
système de ventilation, dit système Noualhier, qui
entretient sans cesse une aération convenable.
Mais, suivant les indications de M. Coste, le laboratoire n'est pas trop vivement éclairé; une douce
lumière bien tamisée y règne constamment.

Les eaux potables qui alimentent le jardin zoologique et les bassins, sont les mêmes que celles
qui desservent la ville d'Amsterdam; elles arrivent
par un aqueduc qui va les prendre aux dunes si-
tuées à 8 lieues de là; leur température en hiver
n'est quelquefois que de 3 degrés centigrades,
tandis qu'en été elle s'élève à 16, 18 et même
20 degrés; au mois de septembre, époque à laquelle nous nous y trouvions, elles en mesuraient
16. En hiver, lorsqu'elles descendent à 3 degrés,
on les fait passer entre les parois d'un poêle en
fonte, pourvu d'un thermo-syphon, et semblable
à ceux dont on se sert dans le chauffage des
serres, pour en élever la température jusqu'à 5
et 6 degrés seulement; car, si l'on redoute les
incubations trop lentes, d'un autre côté cependant
on tient à éviter les éclosions prématurées; M. de
Bont a souvent constaté qu'elles produisaient des
alevins moins vigoureux, voués pour la plupart
à une mort prochaine.

Pendant l'été la distribution de l'eau est plus

considérable, afin d'augmenter par cette abondance la quantité d'oxygène nécessaire à l'existence des alevins.

Les eaux affectées au service des piscines passent, avant de se répandre dans les bassins, sur du sable un peu gros, et traversent des éponges qui les épurent convenablement, en les dépouillant des débris d'algues qu'elles entraînent et de toutes les autres impuretés pouvant nuire soit au succès des incubations, soit aux poissons nouvellement éclos.

Les claies des appareils à éclosion (fig. 1), perfectionnées par M. de Bont, méritent une description spéciale, car elles sont réellement supérieures à toutes celles dont on s'est servi jusqu'à présent. Plus grandes que celles du Collége de France, auxquelles elles ressemblent, elles se composent également de baguettes de verre enchâssées dans

*Fig.* 1.

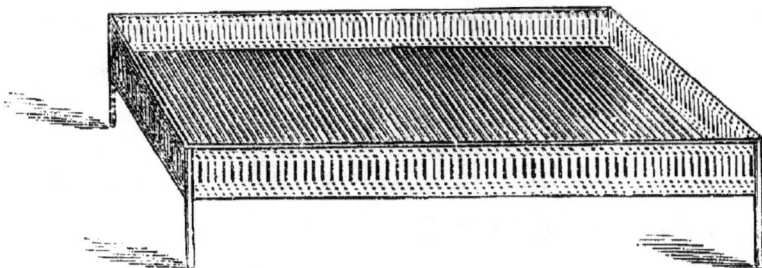

un cadre en zinc, soutenu par quatre supports dont la hauteur correspond à la profondeur d'eau

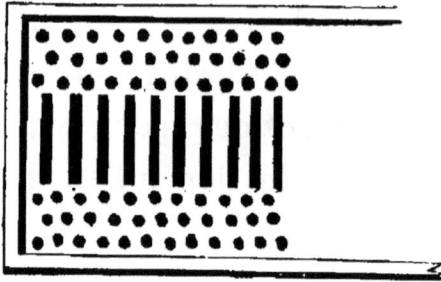

où l'on veut que les œufs soient immergés. Le
cadre de la claie,
d'une longueur de
43 cent. sur 17 cent.
de largeur et dont les
parois sont de 4 cent.
de hauteur, est per-
foré de trous laissant
pénétrer librement
l'eau dans l'intérieur du châssis (fig. 2), pour
qu'elle entraîne, par son courant, les dépôts et les
molécules qui pourraient se fixer sur les œufs et
les altérer.

Les bassins reçoivent seulement 4 litres d'eau
par minute, mais ce débit suffit à tous les besoins.

Dès que l'alevin se détache de l'œuf, il traverse
les tubes de verre et tombe dans un compartiment
spacieux, où il peut se mouvoir plus à l'aise; il y
trouve en outre beaucoup plus d'eau que n'en contiennent en général les petites augettes de l'appareil Coste et autres appareils du même genre. De
plus, si quelques-uns des jeunes viennent à succomber avant que la totalité des éclosions soit
accomplie, il est très-facile de les retirer, en se
servant de la pipette (fig. 3 et 4), sans être obligé
d'enlever la claie, ainsi que l'exige la disposition
des appareils reposant sur des cuvettes étroites.

*Fig.* 2.

Avant que M. de Bont eût apporté ces divers
perfectionnements, il avait imaginé un autre ap-

*Fig.* 3.

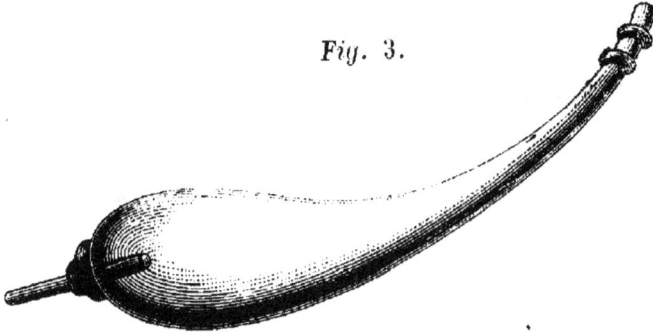

*Fig.* 4.

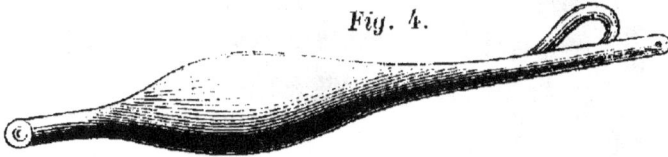

pareil d'incubation et d'alevinage, qui ne man-
quait ni de commodité ni d'élégance. Cet appareil
(fig. 5) consistait en une cuve en verre de 40 cent.
de diamètre et de 24 cent. de profondeur, dont la
transparence permettait de suivre facilement le
développement des œufs et des alevins. La claie
où l'on étalait les œufs, semblable à celle que nous
avons décrite, était suspendue dans le récipient au
moyen de crochets en fil de fer, s'attachant aux
rebords du vase.

Au fond de cette cuve laissant s'échapper par
une ouverture munie d'un robinet l'eau qu'elle
recevait, on disposait une couche de gravier sur

laquelle les poissons nouvellement éclos allaient se
réfugier.

C'est dans une série de douze de ces appareils
superposés que M. de Bont a fait ses premières
opérations, et qu'il les a continuées jusqu'à la nou-

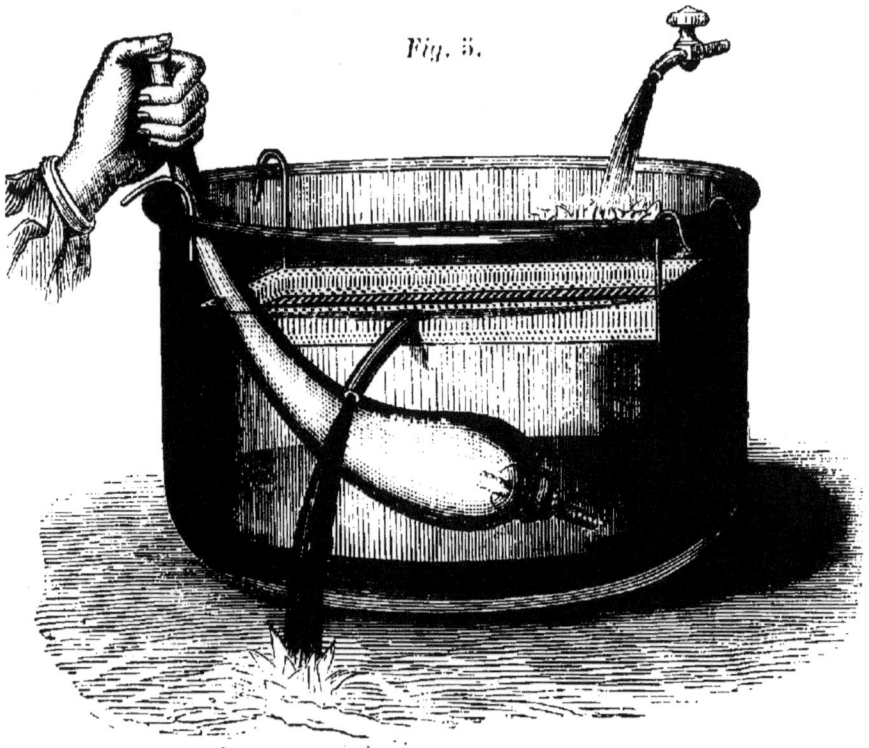

Fig. 5.

velle organisation du laboratoire du jardin zoologique.

Cet appareil peut être d'une grande utilité pour
les personnes qui n'ont à traiter qu'une petite
quantité d'œufs, car il est, en même temps que
commode, peu coûteux à établir.

Signalons à propos des œufs une précaution utile que l'on prend à l'établissement d'Amsterdam : Quand on les reçoit fraîchement fécondés, ou déjà embryonnés, au lieu de les placer immédiatement sur les claies des appareils à éclosion, on s'empresse, aussitôt reçus, de les verser dans un vase quelconque à fond plat, et pour les nettoyer, en renouvelant plusieurs fois l'eau que le vase contient, et pour éliminer ceux qui sont altérés.

Après la résorption de la vésicule ombilicale et dès que le besoin de prendre de la nourriture commence à se manifester, on donne aux jeunes sujets de la cervelle de veau passée dans un linge de mousseline; cette alimentation paraît leur convenir, et M. de Bont a constaté que, depuis qu'il a adopté cette manière de les nourrir, il en perd infiniment moins pendant les deux ou trois mois qui suivent la résorption de la vésicule. Plus âgés, on leur distribue des vers de terre hachés menu ou des poissons blancs dont la chair est pilée par une machine *ad hoc.*

Disons aussi un mot d'un appareil (fig. 6) placé à l'endroit où l'eau s'écoule d'un bassin dans l'autre : il consiste en une petite boîte de zinc de 15 cent. de longueur, de 7 de largeur et de 10 de profondeur, garnie au fond de baguettes de verre très-peu espacées les unes des autres. Sur ces baguettes

on place la nourriture qui, se pulvérisant sous la
chute de l'eau, offre sans cesse aux alevins un
aliment que, la plupart du temps, ils n'ont pas
l'instinct d'aller chercher au fond du bassin.

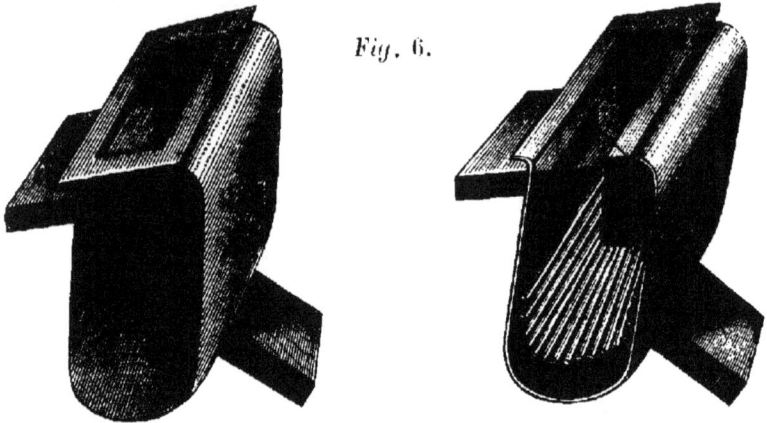

Fig. 6.

Au mois de mai de chaque année, les jeunes
poissons sont transportés dans d'autres réservoirs, exposés en plein air, abrités du soleil par
des arbres, situés près du grand lac du jardin
zoologique et présentant la même disposition
que ceux où se font les éclosions ; seulement,
au lieu d'être en bois doublé de zinc, ils sont en
tôle de fer, avec application à l'intérieur d'une
couche de ciment. Les premiers qui reçoivent
l'eau, dont le débit est à ce moment de 30 litres
par minute, tandis qu'il n'est que de 4 pour ceux
de l'intérieur, sont recouverts à moitié par des
planches sous lesquelles les alevins vont se réfugier ; une couche de gravier en garnit le fond.

Les diverses espèces et les diverses éclosions sont

Fig. 7.

Fig. 8.

mises à part dans chacun de ces réservoirs où sont
disposés des abris à couvercle mobile (fig. 7 et 8).

15

Le dernier, de 4<sup>m</sup>,20 de longueur, de 1 mètre de
largeur et de 75 cent. de profondeur, contient
les grandes truites des lacs, nées à l'établissement,
et dont on peut voir la seconde génération au
jardin zoologique. Rarement les salmonidés élevés
par les procédés artificiels sont aussi vigoureux,
aussi bien venus que les spécimens exposés dans
les bassins d'Amsterdam. Les personnes qui fréquentent le jardin zoologique suivent avec intérêt
les progrès de ces animaux, qu'un gardien particulier entoure des soins les plus assidus. La distribution quotidienne de la nourriture excite
surtout la curiosité du public.

La nourriture se compose de moules fraîches,
ouvertes au moment même où elles sont données
en pâture, que l'on se procure facilement et à bon
marché dans la ville d'Amsterdam. Il est en effet
curieux de voir avec quelle précipitation, quelle
avidité les truites sortent de leurs cachettes pour
engloutir, avec une adresse incroyable, les aliments, à mesure que le gardien les jette dans
l'eau. Cette nutrition est excellente sous tous
les rapports, et M. de Bont n'a qu'à se louer de
l'avoir employée, car, assurément, elle n'est pas
étrangère au grand développement qu'ont pris les
poissons d'élevage en si peu de temps. C'est avec
ces individus que M. de Bont pratique la féconda-

tion artificielle dont la figure ci-jointe explique le
mécanisme (fig. 9). Enfin, outre ces divers bassins, parmi lesquels il en est un destiné aux jeunes
saumons d'une année, un **appareil flottant**, établi
sur le lac même du jardin, où arrivent toutes

*Fig. 9.*

les eaux pures dont on a fait usage, est réservé à quelques milliers d'alevins. Nous avons
pu constater que ces poissons, âgés de sept à
huit mois, avaient dépassé en grandeur ceux des
réservoirs. Cela s'explique assez facilement. Dans
le lac se développent beaucoup d'infusoires dont
le poisson est très-friand, et cette nourriture abon-

dante, jointe au renouvellement plus considérable
de l'eau, ne peut leur être que très-profitable.
Autrefois les eaux de ce grand bassin étaient
salées, et ce n'est que depuis peu que M. de Bont
en a essayé l'influence sur le développement des
salmonidés.

*Fig.* 10.

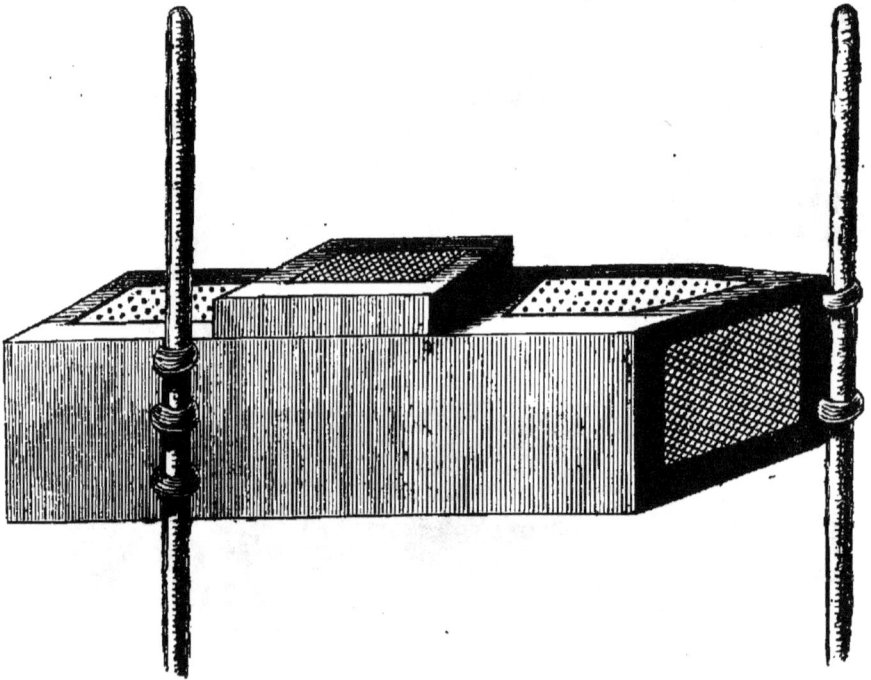

Les appareils flottants, construits en bois, ont
une longueur de $4^m,50$, une largeur de $1^m,50$ et
une profondeur de 1 mètre (fig. 10). La partie angu-
leuse, qui doit faire face au courant, et affecte cette
forme pour empêcher les ordures entraînées par
les eaux de pénétrer à l'intérieur ou d'obstruer

les mailles des grillages, se compose de deux
châssis recouverts de toile métallique en cuivre
jaune. Le côté opposé n'a qu'un seul châssis auquel est ajustée une toile semblable, comprenant
9 mailles par centimètre carré. A l'intérieur, des
planches percées de trous et clouées contre le
fond et les parois forment un abri où le poisson
peut se reposer. L'appareil est abaissé ou élevé à
volonté.

A l'âge d'un an, et souvent avant, les alevins, au
moyen d'appareils de transport très-ingénieuse-
ment compris, sont dirigés vers les cours d'eau
où ils doivent vivre désormais. Néanmoins on
retarde le plus possible l'époque de cette mise en
liberté, car la plupart des rivières et des ruisseaux de la Hollande sont peuplés d'une quantité
innombrable d'épinoches dont ils deviendraient la
proie, s'ils n'avaient déjà acquis l'instinct et la
force nécessaires pour se préserver de ces dangereux ennemis. M. de Bont émet encore cette opinion que le peuplement d'une rivière se fera avec
plus de fruit en y mettant seulement dix mille
alevins de l'âge d'un an, que si on y en répandait
cent mille au moment de la résorption de la vésicule ombilicale; car non-seulement il craint que
ces petits poissons ne soient dévorés par les carnassiers à cette période de leur existence, mais il

redoute aussi les larves, les insectes de toute
nature que l'on rencontre dans les eaux et qui ne
sont pas moins malfaisants. M. de Bont, du reste,
n'est pas partisan de l'emploi des larves ou de
certains insectes pour la nourriture des jeunes
salmonidés, et il s'éloigne complétement de l'avis
de plusieurs pisciculteurs qui les ont recommandés
comme une alimentation précieuse. L'insecte, ou
du moins le crustacé dont il est question, est le
*Cyclops vulgaris,* que l'on trouve par myriades, au
printemps, dans toutes les eaux stagnantes. Le
laboratoire du jardin zoologique voulut essayer
une fois de ce système d'alimentation, mais il dut y
renoncer d'une manière définitive en présence de
son complet insuccès et des suites déplorables
qui en résultèrent.

Il y a ici une observation intéressante à faire.
Ainsi, à Amsterdam, les petits crustacés n'ont
pas donné de bons résultats, et M. de Bont en a
même trouvé la raison, tandis qu'à Paris, chez
M. Carbonnier, les mêmes crustacés ont très-bien
réussi sur des truites américaines que la Société
d'acclimatation avait confiées à ses soins. M. de
Bont s'appuie sur ce fait, que les insectes dont il
s'agit n'étant susceptibles de vivre que dans les
eaux peu renouvelées, plutôt chaudes que froides,
plutôt troublées que claires, si on les transporte

dans les eaux vives où l'on place d'ordinaire les salmonidés, ils ne peuvent tarder à périr, et leur cadavre à altérer l'eau. Notre avis est que ce qui est applicable dans certains établissements ne peut l'être dans d'autres, cela dépend de l'importance des opérations; d'autre part, et on l'a vu souvent, la question de l'alimentation artificielle peut être résolue d'une manière différente par les pisciculteurs, selon le milieu dans lequel ils se trouvent, suivant la nature des eaux; presque toujours il est nécessaire de faire plusieurs expériences pour déterminer la nourriture qui convient le mieux.

L'appareil imaginé par M. de Bont pour transporter les alevins aux rivières qu'ils doivent peupler, offre de précieux avantages. Voici, en quelques mots, en quoi il consiste : Le réservoir en zinc a une hauteur de $0^m,42$; son diamètre est de $0^m,38$. Le goulot-entonnoir mesure 12 cent. de hauteur sur un diamètre de 14 cent. Autour de ce goulot, une galerie, destinée à recevoir de la glace, embrasse presque toute la superficie de l'appareil; des trous y ont été pratiqués pour que l'eau provenant du dégel tombe goutte à goutte et maintienne à l'intérieur la fraîcheur de l'eau du réservoir. C'est à une hauteur de $0^m,28$ du bas de l'appareil, que l'on a fixé un robinet en cuivre se prolongeant dans le bassin (fig. 11); une toile

Fig. 11.

métallique, placée à l'ouverture par laquelle l'eau
s'échappe, empêche les alevins de l'obstruer. Deux

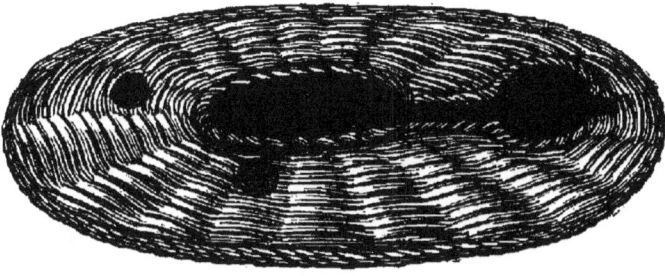

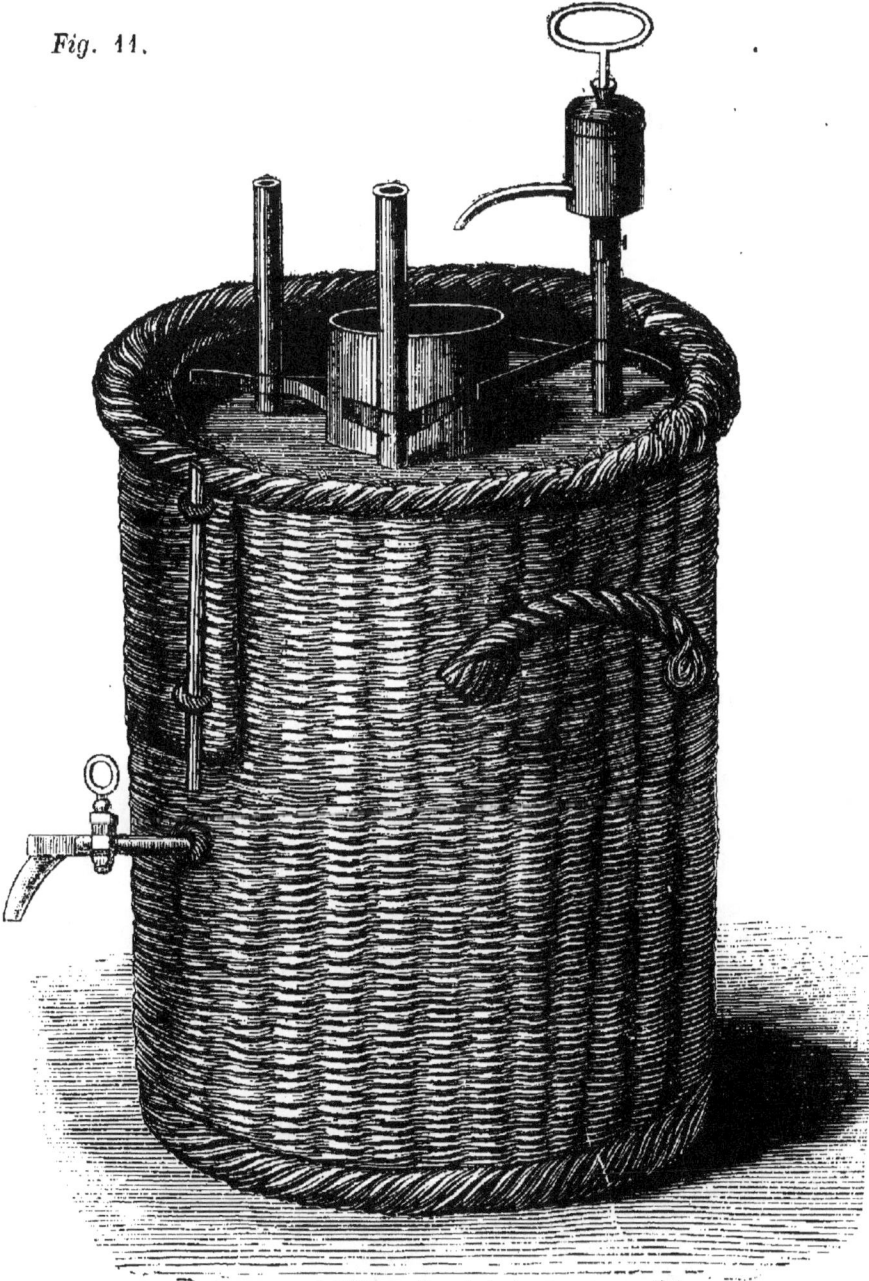

Fig. 11.

tubes de 3 cent. de diamètre donnent à l'air un
accès facile dans l'intérieur du réservoir. La petite
pompe, qu'on peut adapter à volonté, sert à faire·
monter l'eau de l'appareil dans l'entonnoir qui
la déverse ensuite en très-minces filets ; cette eau
se charge d'oxygène en tombant, et établit, par
sa chute, une utile agitation dans le bassin. L'extrémité de la pompe est munie d'une autre toile
métallique, pour empêcher que les alevins ne
soient attirés vers le piston, lorsqu'on le fait fonctionner. Enfin l'appareil est placé dans un panier
un peu plus grand ; une couche de zostère
remplit le vide laissé entre le panier et le bassin et
isole le réservoir du contact de l'air extérieur.

Lorsque l'on veut faire usage de cet appareil,
on y verse de l'eau jusqu'à une hauteur de 2 ou
3 cent. au-dessus du robinet ; on met quelques
fragments de glace dans la galerie et dans l'entonnoir, que l'on recouvre d'une étoffe de laine,
puis, après avoir introduit les alevins, on ferme le
panier avec le couvercle en osier. Pour des
voyages de cinq heures en chemin de fer, la
pompe devient inutile et l'on peut expédier sans
convoyeur. Les cahots de la voiture produisent
des clapotements dans l'eau et y entretiennent,
avec les deux tubes venant de l'extérieur, une
aération suffisante. Si la distance à parcourir doit

excéder cette durée, il faut que l'appareil soit accompagné et que la pompe fonctionne.

Pour donner une idée de l'importance de l'établissement de pisciculture du jardin zoologique d'Amsterdam et des services qu'il peut rendre, nous dirons que sur les 250,000 œufs qu'il a reçus en 1873-74, dont 238,214 sont arrivés à éclosion parfaite, 225,100 alevins ont été livrés à l'Yssel et au Vecht pendant les mois d'avril, de mai et de juin 1874. Il faut ajouter à cela 10,000 saumons croisés, éclos la même année, et que la société se propose d'élever. Nous avons appris qu'ils avaient atteint en juin 1875 la taille d'un hareng.

Il n'est pas moins intéressant de savoir si la pisciculture artificielle a déjà amélioré les eaux de la Hollande. On peut répondre : oui, assurément, puisqu'on trouve maintenant dans l'Yssel des saumons et des truites, et depuis longtemps cette rivière, quoique fort belle, était dépourvue de salmonidés. A l'appui de cette assertion, on peut encore citer les 38 pêcheries des Pays-Bas, louées par l'État, et dont le produit a subi, aux enchères qui ont eu lieu en 1873 à Rotterdam, une augmentation très-considérable. Ainsi le lot n° 2, qui s'était affermé jusqu'à ce jour 10,000 florins par an, s'est loué 35,600 florins, et le lot n° 12, qui produisait 8,000 florins, est monté à 47,650 florins. Ces chif-

fres nous dispensent de toute réflexion. Nous ajouterons que depuis bien longtemps déjà on n'avait
vu autant de saumons dans la Meuse, et tout le
monde s'accorde à reconnaître que c'est à la
pisciculture artificielle qu'il faut l'attribuer.

L'exemple si désintéressé donné par M. de Bont
et par M. le Dr Vesterman, directeur-fondateur du
Jardin zoologique, rappelle les utiles travaux de
M. Loës, d'Aigle, qui vulgarise en Suisse la connaissance de la pisciculture et son application ;
c'est par leurs soins que cette science économique
a acquis en Suisse et en Hollande une importance
si grande et que ces pays sont dès à présent dotés
d'une industrie nouvelle.

### Établissement de Velp, près d'Arnheim.

Nous terminerons notre revue de la Hollande
par quelques indications sur l'établissement de
pisciculture de Velp, près d'Arnheim, fondé
en 1871-1872. Il est sans aucun doute un des plus
grandement installés qu'on puisse voir. M. Opten-
Max, qui en est le directeur et le fondateur, n'a
rien négligé pour en faire un établissement industriel modèle ; toutes les mesures ont été prises
pour éviter les accidents, tout a été prévu et
soigneusement étudié. Il est vrai que la société

qui a placé M. Opten à sa tête, et qui s'est constituée avec un capital de 200,000 florins, ne lui a
pas ménagé l'argent pour faire les choses largement. L'établissement d'Amsterdam, d'autre part,
était un excellent modèle à copier, et les fondateurs de la pisciculture de Velp ont eu la sagesse
de s'en inspirer.

Le sous-sol de la maison, construite sur une
pente douce et habitée par le directeur, comprend
la salle d'incubation, d'éclosion et d'alevinage.

Dans cette salle, qui a environ 20 mètres de
longueur et 12 de largeur, sont alignées quatre
rangées chacune de douze bassins fabriqués en
ciment, placés de deux à deux et en gradins ; un
passage de 1 mètre de largeur permet de circuler
autour ; ceux d'une même rangée communiquent
entre eux par quatre tuyaux qui déversent l'eau
de l'un dans l'autre. La source qui dessert l'établissement a son origine au pied d'une montagne
distante de 5 kilomètres environ ; ses eaux sont
conduites souterrainement jusqu'à un réservoir
situé à l'entrée de la pisciculture. Arrivées là, elles
se divisent pour alimenter trois pièces d'eau affectées aux truites des lacs, ombres-chevaliers, truites
ordinaires, âgés de six à dix-huit mois, et les
bassins où l'on élève 650 truites des lacs, adultes,
nées à Velp même, et qui pourront, dès l'année

prochaine, fournir de 150 à 200,000 œufs. Quant
aux jeunes saumons, dès qu'ils sont en état de
pourvoir eux-mêmes à leur nourriture, ils sont
dirigés, au moyen de canaux, jusqu'à l'Yssel, qui
coule à un kilomètre de là.

Le trop-plein des pièces d'eau se déverse dans les
bassins où sont placés les appareils d'éclosion,
ressemblant, sous bien des rapports, à ceux qu'on
emploie au jardin zoologique d'Amsterdam ; seulement les baguettes de verre en sont ajustées
dans des châssis en bois, au lieu de l'être dans
des châssis en zinc, mais reposent également sur
quatre pieds qui maintiennent l'appareil à un
niveau convenable dans l'eau.

La salle des incubations n'est point chauffée, et
souvent, lorsque l'hiver est rigoureux, une couche
de glace recouvre les eaux ; mais on préfère en
général, pour les éclosions, une température
basse à une température élevée.

Les alevins sont nourris au moyen d'œufs
d'éperlan ou d'alose, très-abondants dans l'Yssel ;
après quelques jours de ce régime, on donne aux
petits saumons la liberté, en leur laissant le soin
d'effectuer leur voyage jusqu'à la rivière, par des
canaux qui les y conduisent directement. Ils font
généralement ce trajet en quinze jours ou trois
semaines.

Pour prévenir le cas où les eaux de la source
viendraient à manquer, on a creusé, à côté des
laboratoires, un puits de 14 mètres de profondeur,
qui peut suffire pendant huit jours aux besoins les
plus pressants. L'eau est tirée de ce puits à l'aide
d'une machine à vapeur, et dirigée vers un réservoir établi dans le haut de la salle aux incubations trois mètres au-dessus des appareils à éclosion. De là, elle tombe avec fracas sur des lames
de verre où elle se brise, et s'imprègne, avant
d'arriver dans les bassins, de la quantité d'oxygène qui lui manque.

A côté des canaux qui communiquent avec
l'Yssel, de nombreuses pièces d'eau, susceptibles
de recevoir de 3 à 400,000 poissons, ont été réser-
vées pour l'élevage en captivité des salmonidés qui
seront plus tard livrés à la consommation; ces
petits lacs s'étendent sur une longueur de 500 mètres, et peuvent être, si cela est nécessaire, pourvus d'eau au moyen d'une autre machine à vapeur, établie sur les bords de l'Yssel pour parer
à cette éventualité.

Voilà très-sommairement les dispositions principales de cet immense établissement; donnons
maintenant le tableau des résultats de l'année dernière, qui nous a été fourni par le sous-directeur.
On a reçu, en 1873-1874, 360,000 œufs de sau-

mon et 285,000 alevins sont allés rejoindre l'Yssel.
Sur 12,000 ombres-chevaliers éclos, 1,500 seulement ont pu être conservés ; on sait, du reste, que
c'est un poisson très-difficile à élever en captivité,
et désormais l'établissement de Velp renoncera à
sa culture. Il est resté 12,000 saumons croisés des
25,000 œufs qu'on avait fait éclore ; car il est aujourd'hui démontré qu'on peut féconder les œufs
d'une espèce avec la laitance d'une autre espèce
de même famille, et ce sera la source d'une série
d'expériences d'un haut intérêt. Enfin, les pertes
ont été presque nulles pour 5,000 œufs de truites
mis en incubation, puisque le bassin aux alevins
renfermait quatre mille deux ou trois cents élèves.

L'installation de cet établissement, encore incomplète il y a deux ans, est maintenant entièrement terminée, et l'on espère cette année opérer
sur plusieurs millions d'œufs.

Le gouvernement a accordé l'année dernière à
la Société une subvention de 10,000 florins et le
droit de pêche dans les pêcheries de l'Yssel, n'appartenant pas à des particuliers, à la condition
que l'établissement de Velp versera tous les ans
dans cette rivière une quantité déterminée d'a-
levins.

Nous terminerons cet exposé en faisant part de
quelques observations qui nous ont été faites sur

les anguilles par notre agent consulaire à Scheveningen, homme expérimenté dans la matière.

« Rien ne nuit plus aux rivières de la Hollande, nous a-t-il dit, que cette masse de jeunes anguilles qui remontent tous les ans les cours d'eau pour s'y développer; on les rencontre surtout près des frayères, au moment où les autres poissons vont y déposer leurs œufs, et c'est avec acharnement qu'elles se précipitent sur le frai pour le dévorer. »

Dieu merci, en France nous n'avons pas à craindre cela, surtout à un tel point; mais nous croyons dangereuse la multiplication trop grande de l'anguille, et son importation dans les eaux douces produirait les plus mauvais effets. Ce n'est pas que nous soyons ennemi de l'élevage de ce poisson, au contraire; mais il serait désirable qu'on le pratiquât dans des endroits spéciaux, ne communiquant pas directement avec une rivière ou un ruisseau. Dans ce cas, nous le recommanderons tout particulièrement, car l'anguille est facile à élever dès qu'on peut la séquestrer et lui donner suffisamment de nourriture; elle se développe rapidement, se contente de peu d'eau, et résiste très-bien aux changements de température.

Ne quittons pas la Hollande sans signaler les établissements d'ostréiculture, qui fonctionnent

maintenant dans la Zélande, et dont un seul a
produit l'année dernière six millions d'huîtres.
C'est sur l'initiative de la Société industrielle néerlandaise que ces établissements ont été créés.
Ajoutons qu'à l'exemple de l'Angleterre des sociétés
protectrices et préservatrices des eaux sont en
voie de formation et que celle d'Utrecht, déjà constituée, compte dans son sein les noms les plus
honorables du royaume des Pays-Bas.

Nous sommes heureux de pouvoir saisir cette
occasion pour témoigner toute notre reconnaissance à M. Livio, consul général de France à
Amsterdam; à M. le vicomte de Bresson, secrétaire
d'ambassade à la Haye, et à M. Desvernois, consul
honoraire et chancelier, qui ont facilité l'accomplissement de notre mission avec une bienveil-
lance et une grâce parfaites.

## BELGIQUE.

Lorsque la France eut mis en honneur la pisciculture et que M. Coste eut démontré les résultats
merveilleux qu'on pouvait en attendre, on entreprit en Belgique de repeupler les cours d'eau
dont l'appauvrissement commençait à se faire
entir. Ce fut au Jardin botanique de Bruxelles

que les premières expériences furent commencées,
et le gouvernement belge, à l'exemple des autres
gouvernements, accorda volontiers un subside de
quelques milliers de francs à la société qui y avait
organisé un laboratoire, et qui se promettait
de pratiquer sur une grande échelle la production des poissons, à l'aide des procédés artificiels.
Tant qu'on se contenta de ce laboratoire, les
choses allèrent d'une manière très-satisfaisante ;
mais, lorsqu'on voulut appliquer aux rivières les
expériences qui avaient été faites, on se heurta à
toutes sortes de difficultés. D'abord il ne fallait
pas songer à se servir des moyens naturels pour
favoriser la propagation des poissons qui se
trouvaient déjà dans les eaux ; les salmonidés
notamment avaient disparu depuis longtemps,
chassés par les barrages de toute sorte qui ont
été établis en grand nombre pour les besoins de
l'industrie, ou empoisonnés par les eaux corrom-
pues des rivières. Il fallait donc recourir à la pisciculture artificielle, faire venir des œufs des pays
étrangers, poursuivre, avant d'obtenir un résultat
pratique, l'acclimatation des espèces reçues, obtenir de la chambre des députés des modifications
aux règlements sur la pêche, enfin trouver des
eaux susceptibles de recevoir, puis de nourrir des
poissons aussi délicats que les salmonidés.

Tout cela était difficile, et la société, n'ayant
point trouvé un champ d'expériences convenable,
dut se dissoudre en présence des obstacles ma-
tériels qu'elle rencontra. La Belgique est, comme
on le sait, très-mal partagée sous le rapport des
eaux ; elle est, il est vrai, traversée par la Meuse
et l'Escaut où l'on prenait autrefois le saumon
et ses congénères ; mais ces cours d'eau sont aujourd'hui complétement livrés à l'industrie,
et, comme nous l'avons déjà dit, des barrages
nombreux sont répandus sur tout leur parcours.
De plus, les déjections provenant des usines ont
fait disparaître le nombre déjà restreint des espèces
auxquelles ils donnaient asile. On a tenté de se
servir d'échelles à saumon pour y favoriser le
passage des poissons voyageurs ; mais, ces fleuves
étant internationaux, il eût fallu que tous les
États riverains prissent les mêmes mesures.
De nouveaux plans d'échelles sont cependant à
l'étude au ministère, et l'on a présenté à la chambre
des députés un projet de loi sur les pêches fluviales,
en rapport avec les besoins actuels ; cela indique
de la part du gouvernement belge une pensée de
retour vers la pisciculture artificielle, et dans
quelques années les belles eaux qui baignent le
Luxembourg seront peut-être pour nous un sujet
intéressant d'observations.

Mais, si la pisciculture des eaux douces a été négligée, la pisciculture maritime et l'ostréiculture ont trouvé dans M. de Smet, d'Ostende, un partisan et un propagateur infatigable. Homme de mérite et d'action, M. de Smet s'est livré pendant plus de quarante années à l'étude spéciale de la pisciculture maritime, et a obtenu, le premier, des résultats sérieux; l'ostréiculture entre ses mains a fait des progrès réels.

Nous allons dire quelques mots de son parc aux huîtres et du bassin dans lequel il fait propager des poissons de mer.

La superficie occupée, dans le voisinage de l'arrière-port d'Ostende, par le grand aquarium alimenté par l'eau de mer, est d'environ un hectare. Cet aquarium, ou pour mieux dire ce bassin, est d'une contenance de 21,500 hectolitres d'eau; il se divise en un grand et un petit parc construits en maçonnerie, et destinés à recevoir la provision d'huîtres. Le grand a 20 mètres de long, sur 14 1/2 de large; le petit, 12 1/2 de long sur 10 de large. Ils sont divisés tous les deux en compartiments à peu près égaux, au nombre de 12 pour le premier et de 5 pour le second. C'est dans ces divers compartiments que sont classées les huîtres qui viennent d'Angleterre, et qu'on se livre aux différentes manipulations qu'exige l'élevage de ces mollusques. Une grande propreté est nécessaire à leur conservation ; mais, au moyen d'un compartiment resté vide, on peut obtenir cette propriété en les changeant d'eau une fois par jour pendant les mois d'août et de septembre, et une ou deux fois par semaine aux époques où la température est plus fraîche.

En été les bassins sont couverts par des châssis en planches jusqu'au coucher du soleil ; à partir de ce moment, ils restent exposés à la fraîcheur de l'air. En hiver, avant l'époque des grands froids, on fait subir aux compartiments un nettoyage plus complet, afin de laisser les huîtres en repos pendant tout le temps que dure la gelée. Dès que la température se radoucit, on s'empresse de faire disparaître la glace ; à cet effet, on a ménagé une ouverture dans les murs du parc, qui permet d'en faire l'évacuation complète en quarante minutes.

Nous nous contenterons, pour terminer, de dire que M. de Smet a fait sur la reproduction des huîtres des expériences heureuses, malgré la nature des eaux de la mer à Ostende, qui tiennent en suspens des matières terreuses et nuisibles.

En pisciculture maritime, M. de Smet a obtenu des résultats inespérés. A côté des parcs aux huîtres, un bassin est réservé à l'élevage des turbots, des soles, des barbues, des anguilles et aussi des crevettes destinées surtout à servir de nourriture à ces poissons.

Il y a six ou sept ans, cet habile pisciculteur eut l'idée de mettre dans ce bassin une certaine quantité de fretin de turbots et de barbues, et, après avoir nourri ces jeunes poissons avec soin, il remarqua que, loin de dépérir, comme on pouvait s'y attendre, ils avaient beaucoup profité. Au bout de neuf mois, il constata que les turbots avaient 18 centimètres de longueur et les barbues 21 centimètres. Quelques années plus tard, il put envoyer au roi Léopold un magnifique turbot né dans les bassins d'Ostende, qui fit l'admiration et l'étonnement des convives royaux. M. de Smet n'a pas borné là ses expériences; il a élevé, depuis, 2,000 petites soles, autant de turbots, de barbues, d'anguilles, et aujourd'hui il est facile de s'assurer de l'état de prospérité du bassin affecté à l'élevage des poissons de mer qui se reproduisent admirablement.

Reste la question de la nourriture, qui a été résolue par M. de Smet à sa grande satisfaction. Il essaya d'abord de donner à ses sujets de jeunes crevettes, dont ils s'accommodèrent fort bien tant qu'elles restèrent petites; mais, dès qu'elles eurent acquis une certaine force, leur instinct les porta à se garder de leurs ennemis. M. de Smet eut alors recours à la viande ordinaire et au foie de bœuf, coupés en morceaux, attachés à des cordes surmontées de flotteurs, et ce nouveau genre d'alimentation réussit à merveille.

Bien qu'elle ne soit pas l'objet essentiel du sujet que nous traitons, nous dirons cependant que la pêche de la morue et du homard se fait sur une assez grande échelle par des embarcations belges, sur les côtes de la Norvége.

Tous les ans aussi, deux navires aménagés d'une manière spéciale pour conserver les homards vivants, rapportent chacun de 20 à 21,000 de ces crustacés. Le réservoir dans lequel ils sont placés est en contact direct avec l'eau de la mer, et ces animaux, qu'on ne perd du reste qu'en petit nombre, ne souffrent pour ainsi dire pas du voyage qui dure de trois à dix jours. Malheureusement les œufs éclos pendant la traversée sont perdus sans profit.

## ANGLETERRE.

L'Angleterre, comme la Suisse, a donné à la pisciculture une extension considérable, et de même qu'elle perfectionne et rend pratiques toutes les questions qui offrent un intérêt immédiat pour le

pays, l'aquiculture a pris dans le Royaume-Uni tout
le développement qu'elle comporte au point de
vue scientifique et de son application à l'alimentation publique. Un savant qui est à l'Angleterre
ce que M. Coste était à la France, naturaliste
éminent qui suit les glorieuses traces paternelles et
dont les travaux et les expériences sont appréciés
par toute l'Europe savante, M. le docteur Buckland,
frappé des avantages que la Grande-Bretagne,
aussi bien dotée sous le rapport des eaux que l'est
la Suisse, et nous pouvons ajouter que l'est la
France, pourrait tirer de leur culture, en a fait
une question économique de premier ordre. Du
reste, les encouragements ne lui ont pas manqué,
et M. le docteur Buckland s'honore de compter
parmi ses partisans les premiers noms de l'Angleterre. Le parlement non plus n'est pas resté indifférent à ce mouvement. Le service des pêcheries
a été organisé par ses ordres, et l'Angleterre,
l'Écosse et l'Irlande produisent maintenant, par
an, pour *plus* de *cent millions de francs* de saumons.
Ce chiffre est plus éloquent que tous les commen-
taires, et les adversaires intéressés ou non de
cette science économique, dont les perfectionnements ont été portés au plus haut degré par le
Collége de France, s'inclineront forcément en
présence d'un tel résultat.

Quels ont été les moyens employés? Les voici :

1° Lorsqu'un cours d'eau n'est pas dépeuplé, et qu'on y retrouve toujours les espèces alimentaires à la tête desquelles il faut placer les salmonidés, on aide par les moyens naturels à la propagation du poisson.

2° Lorsqu'un cours d'eau se trouve dépourvu de poissons, tant à cause des nombreux barrages qu'on est obligé d'établir pour le fonctionnement des usines et pour les besoins de l'industrie, qu'en raison de l'impureté des eaux causée par les déjections que ces mêmes usines y répandent, on les repeuple au moyen de la pisciculture artificielle.

Les difficultés étaient certainement nombreuses, comme elles le sont chez nous; il fallait et de la persévérance, et de la bonne volonté, et aussi des règlements et des lois qui rendissent la chose possible. Comme en France et plus qu'en France, les rivières étaient encombrées de barrages, mettant obstacle au passage des poissons voyageurs; l'impureté des eaux était à son comble. Cette corruption, que les Anglais appellent *pollution,* a été signalée tout particulièrement par MM. Buckland et Walpole; une commission spéciale a été chargée par le gouvernement d'y apporter remède, car c'est une des questions qui intéressent le plus

l'avenir de la pisciculture, et par cette seule cause
les eaux de cinq districts sont encore absolument
improductives. Comme en France aussi, le dépeuplement des rivières marchait à grands pas : il est
arrêté maintenant grâce aux mesures énergiques
qu'on a prises sans hésitation, et les eaux de l'Angleterre promettent une prospérité nouvelle et
sans cesse renaissante.

## Musée Kensington.

Toutes les personnes qui ont visité Londres, savants ou industriels, connaissent le musée Kensington. Dans une des salles de ce musée, vers le
fond, on peut voir une collection admirable de
tous les poissons qu'on trouve dans les îles Bri-
tanniques, poissons de mer et poissons d'eau
douce : c'est le musée du docteur Buckland.

La disposition de ce musée est bien faite pour
frapper les yeux et l'esprit ; c'est du reste cette
pensée qui a présidé à son organisation. D'un côté
les poissons de mer, de l'autre les poissons d'eau
douce ; en parallèle avec chacune de ces collections, les animaux nuisibles et les filets, les engins
de pêche qui servent à la destruction du poisson :
c'est l'enseignement en permanence. D'une part,
et de manière bien évidente, les avantages que

la culture de l'eau peut offrir ; de l'autre, le mal que la négligence, l'ignorance et la mauvaise administration peuvent causer.

Les sujets exposés sont moulés en plâtre ; ils sont si fidèlement peints qu'on les croirait naturels, et l'exactitude des détails et des tons donne une illusion complète. Ces sujets ont été reproduits d'après des poissons provenant des eaux de l'Angleterre, et chaque côte et chaque fleuve y sont représentés par un ou plusieurs spécimens des espèces qu'ils produisent. Sur une table sont disposés les divers modèles d'échelles à saumon, dont on a fait usage. On remarquera qu'au nombre de celles dont nous donnons le dessin, il en est quelques-unes que l'on pourrait utiliser chez nous sans beaucoup de frais, sur les petits cours d'eau qui en ont tant besoin. A côté, se trouvent des appareils nouveaux destinés au transport des poissons récemment éclos. Nous n'apprécierons pas la valeur de ces appareils, attendu qu'ils n'ont pas encore été employés ; mais nous dirons qu'ils sont susceptibles de contenir plusieurs milliers d'alevins, et que les cases destinées à les recevoir sont parfaitement aérées, n'exigent pas le renouvellement très-fréquent de l'eau et se trouvent toujours placées horizontalement, quel que soit le terrain sur lequel on fait mouvoir les roues qui les sup-

Imp. Monrocq Paris.

Modèles d'Echelle à Saumon (Musée Kensington à Londres.)

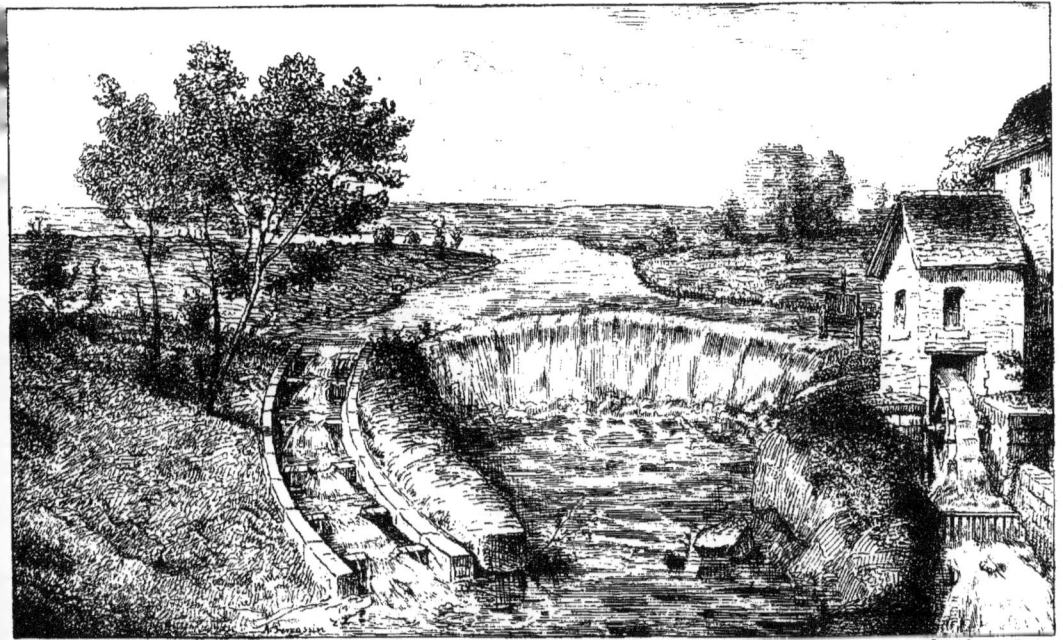

Modèle d'Echelle à Saumon.(Musée Kensington à Londres.)

Imp Monrocq Paris

# ANGLETERRE

Modèle d'Echelle à Saumon.(Musée Kensington à Londres)

Modèle d'Echelle à Saumon.(Musée Kensington à Londres.)

*Imp. Monrocq Paris.*

portent. Enfin, et indépendamment des nombreux
objets relatifs aux pêches et à l'ostréiculture, on
est obligé de s'arrêter devant les beaux aquariums, placés au centre des deux salles qui
composent le musée piscicole, dans lesquels
M. Buckland conserve les sujets élevés et nés
à l'exposition. C'est en effet en présence d'un
établissement complet de pisciculture qu'on se
trouve. Les appareils à éclosion diffèrent de ceux
du Collége de France, en ce sens qu'aucune claie
ne suspend les œufs; ce sont de simples caisses en
bois, doublées de zinc à l'intérieur, et dans le fond
desquelles on dépose au moment des éclosions
une couche de gravier. Ils ont 1 mètre de longueur, sur 20 centimètres de largeur et autant
de profondeur; ils sont accompagnés d'un couvercle destiné à préserver les œufs et les jeunes
alevins du contact de la lumière. Placés en gradins comme ceux du Collége de France, le premier qui reçoit l'eau déverse son trop-plein dans
le second, et ainsi de suite. Les alevins sont nourris
avec de la viande hachée menu ou de la cervelle
bien écrasée. Ils sont transportés peu de temps
après dans les aquariums en verre que nous avons
désignés. On leur sert toujours une nourriture
abondante; car, selon la remarque très-judicieuse
de M. le docteur Buckland, la plus grande partie

des jeunes salmonidés qui succombent sans qu'aucune épidémie les ait particulièrement frappés, meurent de faim; après leur mort on peut constater qu'ils sont généralement très-maigres, et que la dernière contraction de leur agonie indique le désir de saisir une proie fugitive. On sait en effet que, jusqu'à l'âge de cinq ou six mois, le petit poisson ne prend que la nourriture qui nage à la surface de l'eau.

Enfin, malgré le milieu peu favorable où sont placés ces alevins, tant sous le rapport de l'eau qui traverse plusieurs lieues de conduits avant d'arriver à Londres et qui n'est distribuée que très-parcimonieusement, que sous le rapport d'une installation incomplète et par conséquent défectueuse par certains côtés, les pertes qu'on éprouve à l'égard des jeunes sont presque insignifiantes. Cependant les œufs qui proviennent de la Suisse ou de l'établissement d'Huningue sont, à cause de la distance qui sépare ces pays de l'Angleterre et des changements de température qu'ils ont à subir, très-exposés à s'altérer; de plus, les eaux de la Grande-Bretagne diffèrent un peu des eaux vives de la Suisse, et l'acclimatation des grandes truites des lacs n'est pas assurément toujours chose facile. Mais, grâce à des soins persévérants, les aquariums du docteur Buckland, au musée Kensington, renferment des poissons vigoureux.

A côté des sujets d'un an, on peut voir ceux de deux ans qui vivent dans d'autres aquariums où ils sont placés tellement à l'étroit, que l'on peut dire que le problème de la stabulation se trouve résolu à Londres. Plus âgés, on les transfère dans un bassin spacieux, exposé au grand air. Ce bassin a environ 4 mètres de longueur sur 3 de largeur, et la profondeur d'eau qu'il contient est de 1$^m$,50. On y remarque en outre de très-beaux élèves de trois et quatre ans qui ont acquis dans ce réservoir un développement semblable à celui qu'ils auraient pris s'ils avaient vécu en liberté.

Indépendamment de ces résultats déjà remorquables l'acclimatation de certaines espèces exotiques propres à l'alimentation a été également l'objet d'études sérieuses et suivies. M. Parnaby, de Keswick, a établi dans le comté de Cumberland un établissement de pisciculture destiné à l'incubation des œufs du *salmo fontinalis,* qu'il va **tous** les ans chercher en Amérique, attendu que l'espèce en est absolument inconnue en Europe. Cette variété de salmonidés s'acclimate avec une grande facilité et résiste à tous les changements de température. Le *salmo fontinalis* croît aussi rapidement que les grandes truites des lacs de la Suisse, et

a acquis à l'âge de deux ans un poids semblable à celui du *salmo hucho* ou *huchen* de la Bavière. Il est de plus susceptible de vivre dans des
eaux peu renouvelées, ainsi que cela a été prouvé
par des expériences faites en Angleterre. La chair
en est très-estimée et a toute la délicatesse de celle
de l'*ombre-chevalier*. Bien que tenant à la fois du
saumon et de la truite, il n'a pas, comme ce premier, l'instinct de la migration, ni les appétits
voraces du saumon ordinaire, de la truite et du
huchen. Il se contente de peu, vit très-sobrement
et n'exerce, pour ainsi dire, aucun ravage dans
les eaux où on l'élève.

Les œufs de ce poisson se vendent à raison de
100 ou 125 francs le mille. Ce prix, quoique élevé,
n'a cependant rien d'exorbitant, en raison des
frais considérables qu'on est obligé de faire pour
les transporter en Angleterre. Notons que les
grands personnages de la Grande-Bretagne, qui
donnent l'exemple de la culture des eaux, en
épuisent rapidement la provision, dès qu'ils
sont suffisamment embryonnés, pour les faire
éclore dans les laboratoires placés sur les rivières
dont ils ont la protection et la surveillance. Aussi
dans quelques années la *truite américaine* comptera
sans aucun doute au nombre des salmonidés que
produisent les eaux du Royaume-Uni.

Les aquariums du musée Kensington renferment des spécimens qui ne démentent en rien
l'éloge qui nous a été fait du *salmo fontinalis,* et
confirment entièrement ce qu'on a dit de son
développement. Il y a là des sujets de trois ans,
nés dans le musée, qui ont de 32 à 35 cent. de
longueur; on les nourrit comme les truites des
lacs en compagnie desquelles ils vivent et qu'ils
ont dépassées sous le rapport du poids et de la
grandeur.

En terminant l'analyse sommaire de la pisciculture du musée Kensington, nous ferons observer
qu'on peut voir, parmi ses admirables collections,
des moulages faits sur des saumons pris dans les
eaux de l'Angleterre, et pesant 35, 36 et jusqu'à
37 kil., et, lorsque nous pensons que les eaux de
la France produisaient autrefois d'aussi beaux
poissons, nous nous plaisons à espérer que la
pisciculture qui seule, dès à présent, peut rendre
à nos eaux toute leur fécondité, trouvera, comme
en Angleterre, de hauts protecteurs et sera placée,
comme dans ce pays, au rang des premières questions économiques qui intéressent notre patrie.

*Windsor.*

Il y a cinq ans, un officier de la reine d'Angleterre alla trouver le D^r Buckland et lui demanda s'il ne serait pas possible de satisfaire au désir exprimé par Sa Majesté de peupler de nouvelles espèces le magnifique lac de Windsor, et de substituer des salmonidés aux brochets et autres poissons blancs qui vivaient dans ses eaux pures. La reine, en s'emparant de ce prétexte, désirait surtout faire connaître l'intérêt qu'elle porte à toutes les questions qui peuvent améliorer le sort de ses sujets, et donner un haut témoignage d'attention, en même temps qu'un encouragement, aux tentatives que M. Buckland avait faites, avec le concours de personnages éminents, pour peupler et rendre fertiles les eaux de l'Angleterre. En raison des nombreux visiteurs qui se rendent au château royal, l'exemple ne pouvait être que frappant. M. Buckland se mit à l'œuvre, et, sur ses indications, le lac fut desséché, nettoyé et laissé vide pendant une année, afin de le purger d'une infinité d'animaux ennemis des jeunes alevins qu'on allait y déposer. Ce travail accompli, les eaux arrivèrent de nouveau dans le lac qu'elles remplirent, et peu de jours après on y jeta

# ANGLETERRE

Etablissement de Rothbury. (Northumberland).

quelques milliers de jeunes truites des lacs et des poissons blancs inoffensifs devant servir plus tard à la nourriture des salmonidés. Le résultat ne s'est pas fait attendre : les grandes truites des lacs sont parfaitement acclimatées, et l'année dernière on en a pêché qui pesaient jusqu'à 500 et 600 grammes.

### Établissement de *Rothbury*.

Un des plus récents établissements de pisciculture fondés en Angleterre est celui de Rothbury, situé dans le Northumberland, au pied des montagnes de l'Écosse et à 20 ou 25 lieues de Newcastle. Il présente, au point de vue de son organisation, une disposition d'ensemble et de détails intéressante à étudier.

Placé sur les bords de la rivière le Coquet, qui justifie si bien le nom qu'elle porte par les caprices de son courant, par la pureté de ses eaux et par la beauté pittoresque de ses rives, son rôle est de peupler de saumons les eaux du Coquet, qui ne sont plus fréquentées que par ce que nous appelons communément le *saumon-truite* (*salmo eriox*), le *bull trout* des Anglais, et par des truites communes. Il est vrai qu'on y trouve ce premier poisson en quantité très-grande ; mais sa présence dans les

eaux suffit pour en éloigner le saumon ordinaire
dont les Anglais poursuivent surtout la culture.
En 1869-70 la pêche du Coquet fut, par ordre de
l'administration, laissée absolument libre pendant
une année; les pêcheurs de profession et les
pêcheurs amateurs qui payent annuellement une
redevance à la société de surveillance et de protection, en furent exempts durant cette période;
les filets et les engins de pêche prohibés en temps
ordinaire furent tolérés. Cette mesure avait pour
but de délivrer la rivière du *bull trout*, avant de la
peupler des saumons que l'établissement d'éclosion
devait y répandre. Ce que l'on prit de poissons
dans le Coquet pendant cette année est incalcu-
lable, et l'on a pu espérer être enfin débarrassé
du saumon-truite, que bien des pêcheurs confon-
dent avec le saumon commun. Disons à ce propos
que la différence existant entre ces deux poissons est
peu appréciable. Le premier n'atteint pas un aussi
grand développement que le second, et sa chair ressemble plutôt à celle de la truite saumonée; mais il
descend tous les ans à la mer et remonte dans les
eaux douces à peu près à la même époque que le
saumon ordinaire. Seulement, quoique moins fort
en apparence, il est doué de plus de vigueur et
franchit aisément des chutes d'eau et des barrages
devant lesquels les forces de celui-là s'épuisent en

vains efforts; sa marche est plus rapide et il échappe, grâce à cet avantage, aux poursuites de ses ennemis. Comme il arrive un peu avant le saumon ordinaire et qu'il a déposé son frai plus tôt que les salmonidés de toutes sortes qui hantent la rivière, l'acte de la reproduction accompli et pour réparer les forces qu'il a dépensées afin d'atteindre le voisinage des plus hautes sources, ses instincts voraces, un moment contenus, reprennent le dessus; il poursuit les saumons, qui sont à cette époque très-affaiblis et qui ne peuvent résister à cette attaque imprévue, dévore les œufs qu'il rencontre sur son parcours et commet les plus grands ravages partout où il passe. On désirait donc délivrer le Coquet de ce poisson dangereux; or le succès ne fut pas complet, car on trouve encore des *saumons-truites* dans la partie supérieure de cette rivière; mais à partir de ce moment le laboratoire d'éclosion put fonctionner utilement.

La surveillance de cet établissement, fondé avec les deniers de la Société protectrice et préservatrice du Coquet, dont le duc de Northumberland est le président, est confiée à un garde-pêche qui habite sur les lieux mêmes, opère les fécondations, surveille les éclosions, nourrit les alevins. Les œufs dont on fait usage dans l'établissement viennent de l'Écosse, où il existe un véritable marché d'œufs de

saumons, ou proviennent des sujets que l'on prend
chaque année dans la Tyne au moment du frai. La
source qui alimente les boîtes à incubation et les
bassins possède une température moyenne de 9
degrés; elle est située à 100 mètres de l'établissement et conduite souterrainement jusqu'au-dessus des appareils à éclosion, construits en planches
de sapin et communiquant entre eux. Ces appareils ont au moins 15 mètres de longueur et vont
d'une extrémité du laboratoire à l'autre; ils ont
40 cent. de largeur sur 30 de profondeur. Des
planches de mêmes dimensions les recouvrent
entièrement pour préserver les œufs de la lumière. Ajoutés les uns au bout des autres, ils
auraient un développement de 150 mètres. Au
mois d'octobre, une couche de 4 à 5 cent. d'é-
paisseur de gravier bien lavé est déposée au
fond de chacune de ces boîtes pour y recevoir les
œufs destinés à éclore; c'est par centaines de mille
que les éclosions se pratiquent dans le laboratoire,
et, en plus des œufs de saumons qui constituent la
raison d'être et la base des travaux de cet établissement, on fait également éclore des œufs de truites;
les reproducteurs sont pris dans les eaux mêmes
du Coquet.

Quelque temps après la résorption de la vésicule
ombilicale, on donne aux alevins la liberté de se

répandre dans une première pièce d'eau située à proximité des appareils. Après huit jours, tous les jeunes poissons ont élu domicile dans ce lac où ils trouvent des abris au milieu des herbes aquatiques qui s'y sont développées. On les y laisse jusqu'au mois d'avril de l'année suivante, époque à laquelle de nouveaux alevins les viennent remplacer; on les fait ensuite passer, en ouvrant une vanne, dans un second lac dont le niveau est moins élevé que celui du premier, de manière qu'il puisse s'y déverser complétement. Les eaux qui s'écoulent entraînent avec elles tous les jeunes poissons de la première année; mais auparavant on a eu soin de vider le second bassin qui, par un canal, communique directement avec la rivière. Il en résulte que l'on ne lâche dans les eaux du Coquet que des saumons dejà âgés de deux ans. Il faut dire que c'est par crainte des *bull trout* que l'on attend jusqu'à cette époque pour les mettre en liberté, afin qu'ils aient acquis assez de force pour se préserver de leurs dangereux ennemis.

Les alevins sont nourris avec de la viande pilée et des vers de terre.

La profondeur du premier des lacs ou étangs dont nous venons de parler est de 1ᵐ,50, et celle du second de 2 mètres. Ils ont ensemble une superficie d'environ 10,000 mètres carrés.

Les eaux du Coquet conservent une température presque égale en toutes saisons; lorsque nous nous sommes rendu à Rothbury, elle était de 12° centigrades.

Notons une observation qui nous a été faite à propos des appareils à éclosion. Avant qu'on eût songé à utiliser des madriers de sapin pour la confection des bacs, on s'était servi de cuvettes en terre cuite, vernies à l'intérieur, ayant à peu près la forme de celles qu'on emploie au Collége de France, mais d'une dimension beaucoup plus grande : 1ᵐ,20 de longueur sur 35 cent. de largeur et 30 de profondeur. Les alevins, à peine éclos dans ces cuvettes, mouraient en nombre désespérant, 70 et même 80 p. 100, sans qu'on en pût connaître la cause. On eut alors l'idée d'abandonner ces appareils et de les remplacer par ceux en bois que nous venons d'indiquer; chose extraordinaire, les maladies cessèrent tout à coup, et actuellement les pertes ont lieu dans des proportions normales. Faut-il attribuer cette mortalité au vernis des cuvettes, qui se décompose et laisse dans le fond des sels susceptibles d'empoisonner les jeunes sujets? Nous ne serions pas éloigné de cette pensée.

Après ces diverses tentatives, il est intéressant de savoir : 1° si le Coquet est plus peuplé qu'il ne

l'était auparavant; 2° si le saumon qu'on a cherché à y acclimater fixera sa demeure dans ses
eaux?

On a pu constater un premier succès : le Coquet
produit actuellement et en grand nombre de fort
belles truites; la pêche a été bonne en 1873 et
fructueuse en 1874; le saumon apparaît maintenant aux embouchures du fleuve et commence à
remonter vers les parties supérieures; enfin l'on
a acquis la certitude que dans quelques années le
Coquet ne sera pas moins productif que les rivières
les plus favorisées de l'Angleterre. Le revenu, du
reste, en a considérablement augmenté, en raison
du plus grand nombre de pêcheurs qui trouvent
à y vivre de leur industrie, et la Société de protection et de préservation, persévérant dans sa
pensée première, et poursuivant sans relâche
le but qu'elle s'est assigné, a maintenant les
ressources nécessaires pour compléter son œuvre
et la mener à bonne fin.

A côté de l'établissement du musée Kensington
et de celui de Rothbury (*le Wackworth du duc de
Northumberland*), nous désignerons, pour l'Écosse
et l'Angleterre, le Stormenfields, que M. Coumes
nous a fait connaître en 1862; l'Hampton, de
M. Ponder, pour la Tamise; l'Ile Duke of Sutherland, Dunrobin castle Sutherland; le Col Goodlake

Uxbridge, pour le *salmo fontinalis;* le Troutdale
Fishery Keswick, de M. Parnaby, et le Highford
Burr Aldermaston Park Reading. N'oublions pas
les établissements de Tonyucland sur la Dee, Kirk-
cubright; de l'Ugie, Aberdeenshire; de M. Adam à
Aberdeen, et de sir James Colquhoun à Rossdhu-
house, près du lac Lomond, le plus grand lac de
l'Écosse, presque aussi grand que celui de Genève.
En outre, M. Buckland, dans un des rapports
qu'il publie annuellement, indique vingt et une
localités qu'il a visitées et qui se trouvent dans
les conditions les plus favorables pour recevoir des
établissements de pisciculture artificielle. Enfin
l'acte du parlement de 1873, qui complète avec
toutes les améliorations désirables les règlements
sur la pêche fluviale et maritime, montre quelle
importance le gouvernement attache à cette
branche si considérable de l'alimentation publique.

Tous les fleuves, rivières, lacs, étangs, ruisseaux du Royaume-Uni sont répartis en un certain
nombre de districts : 45 pour l'Angleterre et le
pays de Galles, auxquels on va joindre ceux du
pays de Cornouailles; 120 pour l'Écosse, dont 30
en pleine activité, et 29 pour l'Irlande.

Partout sont créées ou se fondent des sociétés
d'aquiculture sur le modèle de nos sociétés d'agri-

culture. Dans chaque district un comité composé
de notables et des personnes les plus compétentes
(Boards of Conservators) qu'on pourrait comparer
à nos Chambres de commerce, est chargé de surveiller les établissements publics et privés, et de
signaler au directeur général les modifications
qu'il juge nécessaires dans chaque station. Le
directeur général présente à son tour, au parlement, un rapport qui sert de base aux actes légis-
latifs réglementant la matière. Enfin la pêche du
saumon n'attire pas seule l'attention des comités :
tout ce qui est relatif aux pêches fluviales et maritimes les préoccupe au même titre. Le hareng,
la morue qui abondent aux îles norvégiennes de
Loffoden et qu'on va chercher jusqu'à Terre-Neuve,
sont l'objet d'un commerce important. L'Écosse
envoie aussi de nombreux navires dans les mers
polaires.

Des commissaires spéciaux ont été chargés,
en 1871, de faire une enquête sur les améliorations
dont les pêcheries de l'Écosse sont susceptibles,
et, au milieu des indications les plus précieuses
sur la pisciculture et les développements qu'il
serait intéressant de lui donner, nous voyons qu'il
est recommandé de faire une chasse acharnée aux
brochets (*the pikes*), qui détruisent les jeunes saumons ou *smolts* au moment de leur première

migration. Une prime est déjà accordée en Angleterre aux personnes qui rapportent un brochet
adulte. Mais ce qui mérite surtout de fixer l'attention, c'est l'enquête générale sur les pêcheries des
trois royaumes, entreprise et menée à bonne fin
dans les années 1863, 1864 et 1865 ; le rapport
imprimé de la commission contient 61,831 questions et réponses, qui forment un arsenal des
plus instructifs et que les rapports annuels de
M. le Dʳ Buckland ont, depuis, si heureusement
complété.

## ÉTATS-UNIS.

M. Buckland a trouvé, aux États-Unis d'Amérique, dans M. Seth-Green, un imitateur aussi
zélé qu'intelligent, qui a donné à la pisciculture
une impulsion remarquable.

Nous ne donnerons pas l'analyse de ses nombreuses publications illustrées, dont nous devons
la communication à la direction du Jardin d'acclimatation, car nous ne faisons pas un travail de bi-
bliographie ; mais nous devons dire que, dans son
établissement de Caledonia (New-York), M. Seth-
Green a déjà obtenu des résultats dont on ne saurait contester la valeur : 20 millions d'alevins embryonnés en 3 ans et répandus dans les diffé-

rents États de l'Union; le saumon et la truite cultivés dans toutes ses ramifications; l'Hudson et le Connecticut repeuplés aussi bien que les 646 lacs ou étangs de l'État de New-York, dont la carte a été dressée avec un soin particulier. Voilà des faits qui parlent d'eux-mêmes.

M. Seth-Green attache aussi beaucoup d'importance à une espèce du genre corégone, que les Américains appellent oswego bass (le bass du lac Oswego), strawbery bass, black bass, rock bass, dont la chair est très-délicate et que l'on pourrait acclimater en France. L'Europe n'est-elle pas déjà tributaire des États-Unis pour le *salmo fontinalis*. Que de chemin nous aurons encore à faire pour atteindre le point où se sont élevés MM. Buckland et Seth-Green!

# CHAPITRE III.

———

Après l'exposé des observations que nous avons faites dans les divers pays voisins de la France où la pisciculture est en honneur, et que nous nous sommes contenté de consigner en narrateur fidèle et impartial, nous allons aborder la partie technique de ce livre, en nous inspirant de ces exemples et en nous servant des travaux publiés. Nous nous appuierons en même temps sur les expériences personnelles que nous avons faites dans notre établissement de Sainte-Feyre, et qui nous ont permis de contrôler, dans une certaine mesure, les nouveaux et différents procédés en usage dans les divers laboratoires piscicoles. Nous profiterons des conseils de M. Samuel Chantran qui a aidé, en praticien éclairé, M. Coste dans ses études, et que M. Balbiani, successeur de M. Coste, a chargé des soins du laboratoire de pisciculture au Collége de France. On ne saurait, par exemple, nous de-

mander de conclure en faveur de tel ou tel système, de tel ou tel appareil, de désigner celui qui
vaut le mieux et qu'on pourrait, par conséquent,
utiliser avec le plus d'avantage.

Les besoins ne sont pas les mêmes partout, et
l'application des procédés pratiques ne peut être
uniforme dans tous les pays. Ainsi, l'établissement
de Berne nourrit ses élèves avec du maïs cuit, celui d'Amsterdam avec des moules, et cependant ces
différents genres d'alimentation réussissent également, et le succès avec lequel opèrent ces
établissements atteste qu'ils obéissent tous les
deux à des principes absolument vrais, essentiellement pratiques. La manière de procéder peut donc
se modifier suivant les conditions dans lesquelles on
se trouve, et surtout suivant les moyens dont on
dispose. Il faut non-seulement tenir compte de ces
diverses circonstances, s'en inspirer pour déterminer la méthode qu'on emploiera, les appareils
dont on fera usage, mais aussi considérer l'importance que doit avoir un établissement piscicole, le
but qu'on se propose d'atteindre. Autre chose est
l'organisation d'un établissement industriel de
pisciculture, devant opérer sur une vaste échelle ;
autre chose un laboratoire régional de fécondation
et d'éclosion, destiné à produire des alevins pour
l'empoissonnement des cours d'eau d'une contrée.

Autre chose aussi est la pisciculture domestique ou la pisciculture agricole, que chaque particulier peut pratiquer chez lui lorsqu'il dispose d'un plus ou moins grand volume d'eau. Ici une installation simple, modeste, sera suffisante; tandis qu'un grand établissement devra réunir toutes les conditions maintenant reconnues indispensables. Il lui faudra : laboratoire de fécondation, d'éclosion, d'alevinage, bassins pour les alevins, bassins pour les poissons de différents âges et pour les reproducteurs, etc., etc. Dans la description que nous avons faite des principaux établissements, on trouvera, nous l'espérons, non-seulement de bons exemples à imiter, mais aussi bien des renseignements qui ne sauraient prendre place dans la partie pratique de cet ouvrage, et qui la compléteront en quelque sorte.

On a reproché, non sans raison, aux personnes qui se sont occupées de pisciculture en France, d'avoir poursuivi avec obstination la production des espèces rares et précieuses et particulièrement des salmonidés, sans tenir compte de la nature des eaux et sans s'assurer si les poissons y trouveraient les conditions nécessaires à leur existence et à leur développement. En ce qui nous concerne, nous ne recommanderons pas partout la propagation des salmonidés; cependant, nous pensons que l'on pourrait, avec profit, en tenter l'acclimatation, car on trouvait la truite autrefois dans presque tous les cours d'eau de la France. Mais, comme le salmonidé est le poisson le plus particulièrement désigné pour la culture, dans les établissements piscicoles, parce qu'il est non-seulement un poisson comestible excellent, mais qu'il a de plus une grande valeur; que partout à l'étranger, dans tous les laboratoires, on en poursuit tout particulièrement la propagation, c'est lui que nous allons prendre pour exemple dans nos démonstrations. Au reste, quiconque a pratiqué sur ce poisson les procédés de pisciculture artificielle et les diverses manipulations auxquelles ils donnent lieu, doit, avec quelques indications et un peu d'observation, pouvoir appliquer ses connaissances, indistinctement, à toutes les espèces. S'il y a quelques différences à établir, nous les signalerons à mesure qu'elles se présenteront.

## DE LA CRÉATION D'UN ÉTABLISSEMENT DE PISCICULTURE.

Le choix du terrain sur lequel doit être fondé un établissement de pisciculture mérite qu'on y prête une grande attention, si l'on ne veut pas s'exposer à de sérieux mécomptes. Il faut rechercher

un lieu bien aéré, mais autant que possible à l'abri
des transitions trop brusques de la température;
un terrain planté d'arbres convient très-bien sous
tous les rapports, tant à cause de la fraîcheur qu'ils
procurent pendant l'été, qu'à cause des nombreux insectes qu'ils fournissent et qui constituent une nourriture excellente pour les élèves.
S'il s'agit d'un laboratoire régional de fécondation et d'éclosion, il devra être à proximité d'un
ou de plusieurs cours d'eau. Mais la chose la plus
essentielle est de s'assurer de la bonne qualité des
eaux; il est aussi très-utile d'en avoir de deux
sortes à sa disposition, surtout si l'établissement
est important : eau de source et eau de rivière ou
de ruisseau, à moins que, comme à Saint-Genest-
l'Enfant, par exemple, on ne possède des sources
puissantes, capables de suffire à l'entretien des
réservoirs. Si l'eau de rivière ou de ruisseau est
bien claire, elle sera excellente pour le service des
bassins au printemps et à l'automne; on pourra
encore l'utiliser pendant l'hiver si la température
ne s'abaisse pas au-dessous de trois ou quatre
degrés. Dans presque tous les pays de montagnes
on rencontre des ruisseaux réunissant toutes
ces conditions, et il en est même qui pourraient
dispenser de l'usage de l'eau de source, car leur
température ne s'élève jamais à plus de 16 ou

17 degrés et ne descend pas au-dessous de 5.
L'eau de source doit être employée à alimenter les
bassins d'éclosion et d'alevinage; elle ne doit
être ni ferrugineuse, ni trop calcaire; il est préférable qu'elle jaillisse du sol dans l'enceinte même
de l'établissement, pour éviter qu'elle ne soit auparavant affectée à un autre usage qui pourrait
altérer sa limpidité naturelle. Cependant on peut
capter une source éloignée et la conduire souterrainement, au moyen d'un caniveau en pierre, en
briques ou en terre cuite; elle conservera ainsi
la température moyenne de 7 ou 8 degrés,
qu'ont en général les eaux de source en sortant
de terre, et aura encore l'avantage d'être parfaitement oxygénée en arrivant. Si le débit d'une
source est insuffisant pour entretenir les bassins
d'alevinage, ses eaux pourront, sans inconvénient,
être mélangées avec l'eau de rivière, qui entraîne
toujours avec elle une infinité d'insectes dont les
alevins sont très-friands, dès qu'ils commencent à
prendre de la nourriture. Enfin, pendant l'été,
lorsque les eaux des ruisseaux et des rivières acquièrent une température dépassant 18 et 20 degrés, la source pourra être dirigée dans les autres
bassins pour y entretenir cette fraîcheur si nécessaire à la conservation des espèces habituées aux
eaux vives.

Il est superflu de recommander que l'espace occupé par l'établissement soit bien clos, dans le but d'empêcher la loutre et d'autres animaux avides de poissons de s'y introduire, et dans le but aussi de mettre les bassins à l'abri des inondations; il est également de la plus grande importance de pouvoir régler à volonté la distribution des eaux

## DE LA CONSTRUCTION DES BASSINS ET DE LEUR DISPOSITION.

Dans presque tous les établissements étrangers que nous avons visités, il est d'usage de garder le poisson dans des bassins ou des réservoirs artificiels; mais, avant de parler de leur construction et de leur aménagement, nous dirons que notre opinion est qu'en général il est préférable de placer les élèves dans des rigoles ou des ruisseaux, soit naturels, soit artificiels, dont la profondeur est à déterminer suivant l'âge des sujets qui doivent y vivre, ou bien encore dans de vastes étangs. A l'appui de cette opinion nous citerons l'établissement de M. Loës d'Aigle, dont nous avons parlé précédemment, et celui de M. de Féligonde, où la pisciculture a donné de si beaux résultats; on a vu que les poissons élevées dans ces établissements sont placés dans des ruisseaux et des rivières et y vivent comme en liberté.

L'espace qui donne au poisson la facilité de se mouvoir, d'agir, de se caser, de se cacher, est une des conditions de réussite. Tous les salmonidés, petits ou grands, sont assujettis à ce besoin d'espace, besoin encore plus grand chez les poissons nouvellement éclos, qui sont instinctivement portés à rechercher l'alimentation qui leur convient et qui consiste en petits insectes entraînés par les eaux, ou qui se développent dans les bassins exposés à l'action de l'air.

Les réservoirs d'alevinage doivent donc être spacieux, et, pour que les jeunes n'éprouvent point la fatigue d'un courant trop rapide, il convient qu'ils soient moins profonds et plus faiblement alimentés que les réservoirs affectés aux individus plus âgés.

Mais, si l'on ne dispose pas d'un emplacement où se trouvent réunis tous ces avantages désirables; si, au lieu d'élever le poisson dans de grandes pièces d'eau, on est obligé de recourir aux bassins en pierre, en ciment, de dimensions restreintes, ce qui a lieu le plus souvent, il est évident que les indications pratiques ne sont plus les mêmes, et que les procédés à employer sont différents.

En cette occurrence, une des premières conditions qui s'imposent à l'attention du pisciculteur,

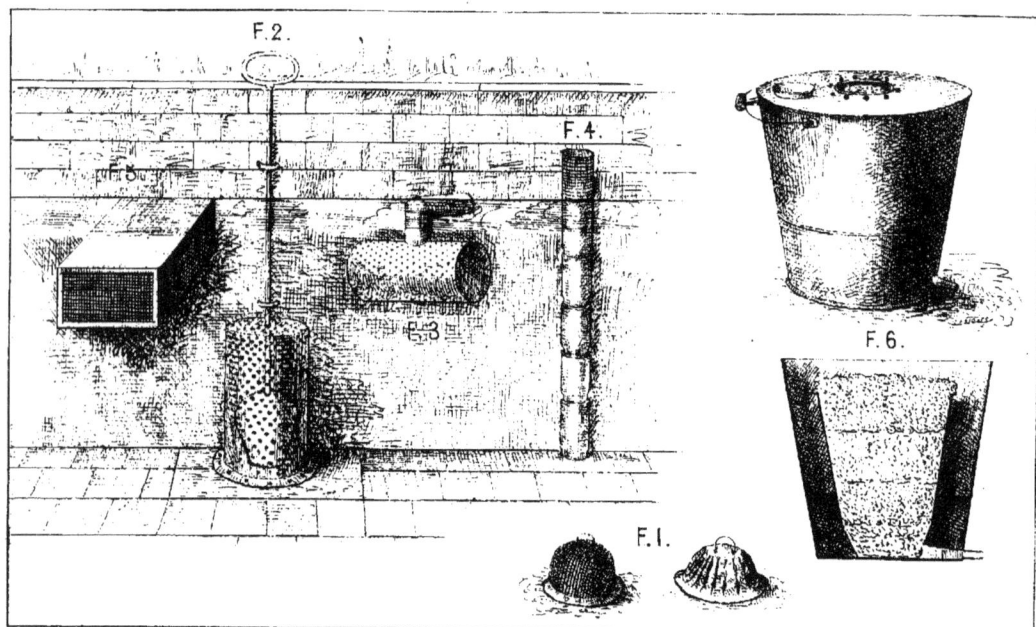

Planche Nº 1.

F.2.

F.4.

F.5.

F.3.

F.6.

F.1.

Imp Monrocq, Paris

c'est la propreté rigoureuse qui doit exister dans tous les réservoirs : rien ne doit être négligé pour l'obtenir parfaite. La disposition des bassins peut faciliter beaucoup cette besogne. D'abord, il faut pouvoir les vider à volonté, et en expulser toutes les impuretés qui s'accumulent dans le fond ou qui s'attachent aux parois. Nous indiquons sur nos planches deux systèmes d'appareils : l'un en usage au Collége de France, l'autre dans notre établissement d'expériences à Sainte-Feyre. Le premier se compose d'une sorte de chape en plomb, dans laquelle on a pratiqué, pour laisser s'échapper l'eau, des fentes plus ou moins ouvertes, suivant la grosseur des poissons. On le substitue au tuyau formant trop plein, en l'appliquant sur le fond du bassin, à l'orifice du trou où les eaux doivent s'écouler et qu'il recouvre entièrement (fig. 1, pl. n° 1).

Le second consiste en une chape circulaire en zinc, percée de trous plus ou moins gros, que l'on fixe à l'ouverture pratiquée pour la sortie de l'eau. Cette ouverture, dont le diamètre peut varier selon la capacité et la grandeur du réservoir, est fermée par une bonde de bois, qu'une tringle en fer, munie d'une poignée, peut retirer et remettre à volonté (fig. 2, pl. n° 1).

Lorsqu'on veut procéder au nettoyage des

bassins, il suffit, dans le premier système, après que l'on a placé le petit mécanisme, de détacher, si le bassin n'est pas très-grand, avec une baguette flexible, au bout de laquelle on a fixé une ou plusieurs fortes plumes, les immondices et les dépôts retenus à l'intérieur, et de les diriger vers la sortie; l'eau, en s'engouffrant avec précipitation, entraîne avec elle tout ce qui peut passer à travers les ouvertures de l'appareil, et ce qui reste encore peut être ensuite facilement retiré. S'il s'agit d'un réservoir plus vaste, on se sert d'un balai quelconque.

Dans le second système, on se contente de soulever la bonde qui obstrue le passage de l'eau, et l'on procède comme il est indiqué ci-dessus. En renouvelant cette opération assez fréquemment, on peut obtenir l'entière propreté des bassins.

La forme des déversoirs-trop-plein, que l'on place à l'extrémité des réservoirs, pour laisser s'écouler l'eau qu'ils reçoivent, en établir le niveau, et pour empêcher le poisson de s'évader, varie à l'infini. Ils doivent être disposés de façon que les ouvertures, par lesquelles l'eau s'échappe, non-seulement ne puissent laisser passer les élèves, mais encore ne soient jamais engorgées, dans la crainte d'un débordement produit par les

feuilles qui se détachent des arbres. L'appareil
en zinc dont nous nous sommes servi à Sainte-
Feyre pare à cet inconvénient. On remarquera,
par le dessin que nous en donnons (fig. 3, pl.
n° 1), que la pomme dont il est composé est percée de trous assez étroits pour empêcher le passage des plus petits poissons; elle est soudée à un
tuyau coudé, et plonge à 10 ou 15 cent. au-dessous
du niveau de l'eau, établi par ce même tuyau.
Les feuilles des arbres et les autres corps qui se
maintiennent à la surface de l'eau, ne pouvant
l'atteindre et l'obstruer, il n'y a donc aucun risque
que l'écoulement ne se fasse d'une manière régulière et continue.

Nous signalerons en outre le système de trop-
plein, en usage dans les viviers du Collége de
France, et qui consiste en un tube en plomb,
articulé, et dont les parties, s'ajustant les unes
dans les autres, permettent d'abaisser ou d'élever
le niveau de l'eau. L'extrémité de ce tube est
pourvue d'une grille métallique opposant un
obstacle aux poissons qui essayeraient de s'y
introduire (fig. 4, pl. n° 1).

Ces divers systèmes d'écoulement ne sauraient
cependant suffire à un grand débit, et il serait
trop compliqué d'en multiplier le nombre. Nous
reproduisons donc un autre genre de trop-plein,

susceptible de satisfaire à tous les besoins. Il est,
du reste, beaucoup plus simple et moins dispendieux à établir que les précédents. Cet appareil,
construit en bois, possède à son ouverture un
grillage métallique, que l'on peut remplacer au
besoin par des baguettes rapprochées les unes
des autres, suivant la grosseur des poissons contenus dans le bassin ; sa dimension doit être
en rapport avec la quantité d'eau à laquelle il
doit livrer passage. Le mécanisme en est le même
que celui du déversoir à pomme, c'est-à-dire que
l'ouverture est placée un peu plus bas que le niveau de l'eau (fig. 5, pl. n° 1).

Voilà pour l'agencement intérieur des bassins.
Nous ajouterons seulement que l'on ne saurait
croire combien toutes ces indications sont utiles
et même nécessaires : bien des pisciculteurs, s'ils
les avaient suivies, auraient évité les pertes occa-
sionnées par les débordements. Il n'est précaution, si petite qu'elle soit, qui n'ait son importance. Ainsi, il est nécessaire d'enlever chaque
matin, avec un filet, ou un râteau, ou une pelle,
tous les corps qui surnagent, car l'accumulation
de toutes ces matières deviendrait, par la suite,
malsaine pour le poisson et serait une cause
d'accidents. Il est superflu de dire que, pour les
réservoirs bien couverts et alimentés par des eaux

de source ou des eaux filtrées, un simple châssis grillé est suffisant.

Quelle que soit la forme des bassins, quelle que soit la nature des matériaux employés pour leur construction, il est toujours prudent, lorsqu'ils sont creusés dans le sol, d'en élever les bords au-dessus du niveau du terrain ; il n'est pas moins utile aussi de les recouvrir soit avec des grillages dits *toiles d'araignée*, soit avec des planches. On aura soin, par exemple, qu'entre le niveau de l'eau et la couverture, il y ait au moins 1 m. 50 de distance ; car on sait qu'à certains moments les salmonidés captifs essayent, par des bonds réitérés, de s'échapper de leur prison. Or, si le bassin n'est pas couvert et s'ils réussissent à en sortir, ils expirent le plus souvent sur les bords, ne parvenant pas, malgré leurs efforts, à retrouver le point de départ. Dans le cas contraire, et si la couverture est trop rapprochée, ils se heurtent contre cette barrière, se blessent et finissent par se tuer. Une couverture a, de plus, l'avantage de projeter de l'ombre à l'intérieur des bassins, et de les mettre à l'abri, dans une certaine mesure, de la chaleur et du froid.

Si nous recommandons d'élever les bords des réservoirs au-dessus du sol, c'est dans le but d'empêcher qu'une foule d'animaux nuisibles n'y pénètrent facilement : le poisson, détenu dans un petit espace, ne peut, comme en liberté, échapper à la poursuite de ses ennemis, et devient facilement leur proie; les bassins d'alevins sont envahis par une multitude de grenouilles qui dévorent les jeunes poissons dont elles sont très-avides.

Quels sont les meilleurs matériaux à employer pour la construction? A tous les points de vue, nous croyons que, si l'on possède un terrain solide, résistant, ne se détrempant pas beaucoup sous l'action de l'eau, il est avantageux de creuser les bassins dans la terre, et de se contenter de maçonner les points par lesquels l'eau pénètre et s'échappe pour y placer les grilles et les trop-plein; on évite ainsi que ces endroits ne se dégradent. C'est le système le plus économique, et, nous l'avons constaté, celui qui réussit le mieux.

La profondeur des bassins, leur superficie, varieront suivant le nombre et l'âge des poissons qui doivent y vivre; ainsi, si l'on veut y élever des truites de deux à trois ans, 60 cent. sont nécessaires. Mais on doit toujours se ménager la facilité d'augmenter le volume de l'eau, afin que, pendant l'été, la couche inférieure soit moins atteinte par les effets de la chaleur. Dans tous les cas, et nous l'avons vu par les exemples de M. Massart de Berne, et de M. de Loës d'Aigle, la profondeur ne saurait nuire aux sujets adultes, et c'est pour adopter un terme moyen que nous donnons cette mesure de 60 cent.

Plus les bassins seront spacieux, mieux ils vaudront ; et, bien que nous ayons vu à Munich un nombre considérable de salmonidés dans des bacs en pierre très-petits, sans qu'ils parussent souffrir de cette étroite captivité, nous ne croyons pas cependant que ce système de stabulation soit très-favorable ; en outre, il ne pourrait réussir partout.

Pour que cent truites adultes, par exemple, puissent facilement se mouvoir, se déplacer sans la moindre gêne, un réservoir de 30 mètres de superficie et de 1 mètre de profondeur peut suffire. On écarte ainsi le danger qui résulte toujours d'une trop grande agglomération d'individus portés instinctivement à s'entre-dévorer. C'est, on le voit, un point très-important à observer, et nous connaissons un pisciculteur qui en a fait la dure expérience : de 2,000 alevins mis en mai 1873 dans un bassin de 6 mètres carrés, il en a retrouvé seulement 660 en mai 1874. Il est vrai de dire que ces alevins se composaient de truites des lacs, de truites ordinaires, d'ombres-chevaliers et sans doute de quelques saumons, et probablement les plus petits sont devenus la proie des plus forts ;

d'un autre côté, la nourriture a pu ne pas être toujours suffisante.

Quant aux bassins des alevins, si l'on ne peut disposer de larges rigoles peu profondes, il faut du moins, ainsi que nous l'avons recommandé, leur donner le plus d'étendue possible, en ayant soin toutefois que l'écoulement de l'eau se fasse aisément, et qu'on puisse, comme M. Massart de Berne et M. de Féligonde, s'emparer des jeunes pour les classer par rang de taille dans d'autres compartiments, lorsque cela devient nécessaire.

Il est désirable que ces bassins se trouvent à proximité des sources et soient alimentés par leurs eaux avant qu'elles aient servi à aucun autre usage. Dans quelques établissements on les creuse à l'endroit même où la source jaillit du sol; mais, sans que cette disposition soit précisément mauvaise, nous estimons qu'il vaut mieux qu'ils en soient séparés par une faible distance, afin que l'eau ait eu le temps, avant d'y arriver, de s'imprégner d'une quantité suffisante d'oxygène. Pour obtenir ce résultat, M. Seth-Green dit, dans son traité sur la culture de la truite (*Trout culture*), que l'eau de source devra être transmise dans les bassins d'alevinage par des chutes ou des cascades successives.

Plus encore que pour les bassins d'élevage,
il est préférable que les bassins d'alevinage soient
creusés dans le sol ; le fond doit en être garni de
gravier et de gros cailloux entre lesquels les jeunes vont s'abriter ; on pourrait encore y planter,
sur certains points, quelques touffes d'herbes aquatiques qui favoriseraient le développement d'insectes dont les alevins se nourrissent ; les rameaux
de ces plantes formeraient de plus des refuges excellents où les jeunes iraient se caser et s'abriter du
soleil. On aurait particulièrement soin d'empêcher
que ces herbes n'envahissent le bassin tout entier ;
c'est un danger que l'on doit éviter.

Il faut maintenant prévoir le cas où, la situation
d'un établissement ne se prêtant pas à ces combinaisons, l'emploi de la maçonnerie pour la construction des bassins deviendrait obligatoire. Mais,
avant, on devrait encore essayer d'en consolider
les parois au moyen de planches, comme cela est
pratiqué dans l'établissement de M. Küffer à Munich. La seule critique à laquelle ce système donnerait lieu, c'est que le bois se pourrit rapidement
au contact de l'eau et qu'il n'y a donc aucune
économie à s'en servir. L'argument a sa valeur ;
mais nous préférons le bois à la maçonnerie, ou
au ciment, parce que la présence de la chaux est
essentiellement funeste au poisson ; il est vrai

qu'après un séjour de quelques mois dans l'eau,
elle n'a plus aucune action nuisible, et, en construisant des murs en pierre sèche, son emploi
devient même inutile. Aussi nous n'insisterons
pas sur notre préférence, nous nous contenterons
de la signaler. On peut donc se servir de pierre,
de brique et de ciment, à la condition qu'on laissera séjourner l'eau dans les bassins, pendant un
ou deux mois, avant d'en faire usage. Pendant
l'été, ils devront recevoir, durant les heures les
plus chaudes de la journée, un plus grand volume
d'eau. On ne devra pas non plus oublier de réserver, à l'intérieur des cases, des refuges qui procu-
reront aux poissons la fraîcheur qu'ils recherchent.
Ces abris peuvent être formés de différentes manières, soit avec des tuiles creuses dont on cou-
ronne le faîte des maisons, soit avec des planches
que l'on fait reposer dans le fond des réservoirs sur
des supports d'environ 10 centimètres de hauteur,
et que l'on maintient au fond de l'eau en les recouvrant de pierres. On pourrait, au besoin, ménager
ces refuges dans les parois, si les bassins sont en
maçonnerie. Enfin, dans les réservoirs étroits,
on peut encore suspendre à des fils de fer des
paquets de mousse assez volumineux, qui seront
très-fréquentés et faciliteront beaucoup la prise
des élèves. Ces touffes ne devront pas attein-

dre le fond des réservoirs, et, pour s'emparer des individus qui s'y seront réfugiés, il suffira de les soulever légèrement, en passant au-dessous un filet dans lequel les poissons se trouveront retenus.

Cette question, de savoir si l'on doit en pisciculture artificielle donner des abris aux élèves, a été fort diversement appréciée. M. Rico assure qu'ils n'ont d'autre effet que de permettre aux poissons de s'entre-dévorer plus facilement; ce que nous pouvons assurer, nous, c'est que, dans tous les établissements de pisciculture que nous avons visités, on n'a pas manqué d'en disposer dans toutes les pièces d'eau.

Nous ne saurions trop mettre en garde le pisciculteur contre les nombreux accidents qui résultent du manque d'eau. L'irrégularité du débit pendant les temps de sécheresse est un de ceux qui sont le plus à redouter. Il arrive souvent qu'un établissement piscicole ne reçoit les eaux d'un ruisseau ou d'une rivière, qu'après qu'elles ont traversé des moulins, des usines. L'été, en raison de leur rareté, les meuniers et les industriels doivent procéder par éclusée pour en obtenir la quantité nécessaire à la marche des moulins et au fonctionnement des usines. Il en résulte des temps d'arrêts pouvant occasionner la mort de tous les poissons, dans les réservoirs qui cessent d'être alimentés.

Pour remédier à cet inconvénient qui peut devenir désastreux, voici le moyen que nous avons
employé dans notre établissement de Sainte-Feyre,
après l'avoir vu mettre en pratique à l'étranger.
Au-dessus de nos bassins est installée une vaste
écluse, constamment renouvelée, qui reçoit toute
l'eau dont nous n'avons pas besoin. A l'aide de
conduits en bois communiquant avec chaque réservoir, si le cours du petit ruisseau qui les alimente
ordinairement vient à être interrompu, ce qui arrive
assez fréquemment par les causes que nous venons
d'énoncer, notre écluse, d'une contenance d'environ 150 mètres cubes, nous permet d'assurer,
au moins pendant 14 heures, leur alimentation
continue et de parer à toutes les éventualités.

Nous pensons que presque partout on peut disposer une semblable réserve.

A présent que nous avons donné quelques renseignements généraux sur la manière dont il est
possible d'organiser les viviers destinés à l'élevage
artificiel des poissons, nous allons passer à l'examen des diverses méthodes et des différents procédés de fécondation artificielle, et nous signalerons en même temps ceux qu'il convient le mieux
de pratiquer. Au reste, il faut bien reconnaître
que la plupart des pisciculteurs qui ont traité de
cette matière, sont d'accord sur presque tous les

points; c'est tout au plus s'ils diffèrent d'opinion sur l'application de certains détails. Nous n'avons donc pas la prétention d'inventer une nouvelle méthode; c'est pourquoi nous ferons de nombreux emprunts aux meilleurs traités de pisciculture, en les complétant par les expériences personnelles que nous avons entreprises et par les observations que nous avons faites dans les établissements étrangers.

## DE LA FÉCONDATION.

La pisciculture a pour objet principal, comme son nom l'indique, la culture des poissons. Son action doit consister surtout à en produire le plus grand nombre possible. La fécondation artificielle des œufs, pour les salmonidés, en est, quoi qu'on ait dit, la base fondamentale; c'est une conquête de la physiologie, passée aujourd'hui dans le domaine de la pratique, qui permet à l'homme de diriger lui-même la reproduction de ces animaux, de substituer ses soins intelligents à leurs instincts, et d'empêcher que les innombrables et précieux produits de la génération des poissons ne soient abandonnés entièrement aux caprices de la nature.

Toutes les personnes qui s'occupent de pisciculture reconnaissent unanimement les avantages
que peut produire la culture artificielle du poisson; mais bien des discussions se sont élevées
sur la question de savoir quelle était, de deux
méthodes en présence, celle qui valait le mieux.
La première est l'ancienne méthode qui consiste à délivrer la femelle des œufs qu'elle porte
et à les féconder ensuite avec la laitance du mâle,
que l'on extrait par le même procédé; la seconde, qui semble la plus simple, recommande de laisser aux poissons captifs le soin de
se reproduire eux-mêmes, ou de recueillir, sur
des frayères, les produits qu'ils y auront déposés,
pour les traiter ensuite dans les appareils. Il est
un troisième système, nouvellement mis en honneur aux État-sUnis par MM. Ainsworth et Collins,
sur lequel M. Seth-Green, surintendant de la pisciculture dans l'État de New-York, fonde de grandes
espérances, mais qu'il ne préconise pas encore,
attendant que l'expérience en soit venue confirmer
la valeur.

Ce troisième système se pratique à l'aide
d'un appareil assez compliqué, mais très-ingé-
nieusement imaginé, qui consiste à laisser féconder naturellement les œufs déposés par les
femelles.

Le point de départ de ces discussions a été la préférence accordée par des pisciculteurs à la méthode de fécondation naturelle, en prétendant qu'elle donnait de meilleurs résultats, qu'un plus grand nombre d'œufs arrivaient à parfaite éclosion, et que les alevins qui en provenaient étaient plus forts, plus vigoureux et moins exposés aux maladies. Les partisans de la fécondation artificielle pure ont déclaré le contraire. Pour nous, nous nous rangeons à l'opinion de M. Seth-Green qui pense que la méthode artificielle, opérée par un habile ouvrier, assure une fécondation plus complète et produit des œufs en aussi bon état que si le frai de la femelle avait subi naturellement, sur une frayère, l'imprégnation de la liqueur séminale. Il y a, en faveur de cette opinion, d'excellentes raisons, et qui se comprennent bien. Par exemple, l'on ne saurait contester que dans la première méthode tous les œufs réunis dans un même vase ne reçoivent la matière fécondante. Peut-on assurer qu'il en est ainsi à l'état naturel ? Le mâle, instinctivement, cherche sans doute, par les mouvements de sa queue, à bien disséminer sa laitance, mais les œufs qui se sont casés dans les interstices formés par les cailloux, ou sous les cailloux mêmes, n'échappent-ils pas à toute atteinte ?

En outre, on a reconnu le désavantage qu'il y
avait, pour la bonne exécution d'une fécondation
artificielle, à mélanger la laitance avec une trop
grande quantité d'eau ; le besoin d'y remédier a
même donné naissance au nouveau procédé russe
de fécondation, déjà adopté par un grand nombre
d'établissements français et étrangers, et dont le
principe consiste à supprimer entièrement l'usage
de l'eau. Or la fécondation naturelle se produit dans
des conditions différentes ; la liqueur séminale est,
dans ce cas, étendue dans un grand volume
d'eau, en sorte que les œufs, ne recevant qu'une
faible quantité de laitance, peuvent n'être qu'in-
complétement fécondés, ainsi que des expériences
le sont venues démontrer.

Il est encore une objection que l'on a faite au
sujet de la fécondation artificielle : on a soutenu que beaucoup de reproducteurs, délivrés
par la main de l'homme, expiraient après avoir
subi l'opération, et qu'une grande partie des
œufs, obtenus par la pression que l'on exerce sur
la femelle pour déterminer la ponte, n'étant pas
arrivés à maturité complète, ne pouvaient être im-
prégnés avec profit. En premier lieu, nous répondrons que les femelles, délivrées par un opérateur
exercé, n'éprouvent à la suite qu'une fatigue légère
et momentanée ne pouvant nullement compro-

mettre leur vie ; en second lieu, nous ajouterons
que, si on a la patience d'attendre que la femelle soit
en état d'être délivrée facilement, on ne sera obligé
d'exercer aucune contrainte : la ponte aura lieu
naturellement et les œufs ne seront pas venus prématurément à terme. D'ailleurs nous compléterons
ces indications plus bas. Mais le meilleur argument
que l'on puisse produire est celui-ci. Comment se
fait-il que les établissements piscicoles de quelque
importance, au lieu de former des frayères pour y
recueillir le frai fécondé, ce qui serait beaucoup
plus simple et plus commode, ne les établissent
que dans le but de pouvoir s'emparer plus aisément des individus aptes à [se reproduire qui s'y
rendent au moment de la fraie ? Pourquoi tous
les pisciculteurs émérites, qui dirigent dans les
pays voisins l'empoissonnement des eaux, n'ont-ils
recours qu'à la fécondation artificielle pure ? Il y
a un motif, et le voici. Sur 1,000 œufs fécondés
par ce dernier procédé, environ 950 arrivent à
parfaite éclosion, tandis que, pour les œufs que l'on
a laissé féconder naturellement sur la frayère, on a
constaté qu'il y avait de 30 à 50 p. 100 de perte. C'est
dans la pisciculture fluviale que la fécondation
naturelle des œufs est surtout profitable et trouve
son application ; car on ne peut capturer tous
les sujets qui doivent se reproduire, pour les déli-

vrer ; alors, comme le dit si judicieusement
M. Millet dans le livre intéressant qu'il a publié
sur la culture de l'eau, il faut favoriser et protéger leur reproduction.

Ainsi que nous l'avons dit en commençant, nous
ne parlerons surtout que des espèces dont les œufs
sont libres et particulièrement des salmonidés ;
quant aux autres, leur propagation est si grande
en général que l'on peut se dispenser de recourir
aux procédés artificiels. Au surplus, la fécondation artificielle des œufs adhérents ne diffère que
très-peu de celle des œufs libres, et nous signalerons les différences.

## DES REPRODUCTEURS.

Les meilleurs reproducteurs sont ceux que l'on
peut se procurer dans les eaux de la contrée où
leur progéniture est destinée à vivre, ou ceux encore que l'on a acclimatés dans les bassins. Nous
n'hésiterons pas à avouer notre préférence pour les
reproducteurs indigènes, et particulièrement pour
les individus capturés sur les frayères au moment
où ils vont accomplir l'acte de la reproduction.
Les résultats que nous avons obtenus la justifient
pleinement. Voici ce que nous disions à ce sujet
dans notre dernier rapport au ministre : Les

grandes truites des lacs de la Suisse, qui s'acclimatent facilement, ne sont cependant pas susceptibles de vivre, de prime abord, dans toutes les eaux ; il y a deux ans, nous avons perdu, dans notre établissement de pisciculture de Sainte-Feyre, un grand nombre d'alevins provenant de ces sujets, tandis que les pertes ont été presque nulles à l'égard des alevins provenant de truites prises dans les ruisseaux de la Creuse, dont les eaux ont beaucoup de rapport cependant avec les eaux vives de la Suisse. Mais néanmoins, après beaucoup d'autres, nous sommes parvenu à acclimater la truite des lacs dans nos réservoirs, et nous possédons actuellement un certain nombre de ces sujets arrivés à l'âge adulte.

D'un autre côté, nous avons remarqué que les croisements successifs, opérés avec les grandes et les petites truites, améliorent sensiblement les petites espèces et les régénèrent en quelque sorte.

Lorsque les sujets, destinés à la reproduction, sont parqués dans des réservoirs d'attente ou dans des rivières aménagés de façon que l'on puisse s'en emparer aisément, il est prudent, s'ils sont nombreux, avant que le moment de la délivrance soit arrivé, de séparer les mâles d'avec les femelles, car, à cette époque, la présence des femelles fait que les mâles se livrent entre eux des

combats où plus d'un reçoit des blessures mor-
telles; les femelles elles-mêmes peuvent devenir l'objet de leur fureur. Afin de ne pas avoir
chaque année à refaire ce triage, on peut, dès la
première fois que les reproducteurs sont utilisés,
c'est-à-dire à l'âge de deux ans, époque à laquelle
les truites sont adultes, les séparer définitivement.
On peut encore, si l'on a un grand nombre de
mâles, éliminer les plus petits et n'en conserver
que dans la proportion de deux pour trois femelles, un seul mâle fournissant assez de laitance pour suffire à la fécondation de plusieurs
pontes. De préférence, c'est avec les plus forts
sujets que l'on doit opérer; ils produisent des
œufs plus gros et par conséquent des alevins plus
grands qni se développent plus rapidement.

Ces précautions prises, chaque jour on doit
examiner les reproducteurs et attendre que les
signes évidents de la maturité se manifestent;
ne doit pas non plus négliger de leur distribuer
la nourriture nécessaire. Disons à ce sujet que les
poissons mangent très-peu ou même observent
une diète absolue aux époques du frai, et qu'on
doit éviter avec le plus grand soin de les trop
tourmenter, afin de ne pas provoquer l'expulsion
hâtive des œufs.

Si, au contraire, les sujets destinés à la reproduction vivent dans des pièces d'eau spacieuses, c'est aux frayères que l'on doit se placer en expectative ; dès que les individus y apparaissent et qu'on les voit remuer les cailloux avec la tête et la queue et renouveler la tentative qu'ils font en vue d'accomplir leurs fonctions génératrices, on peut les capturer et les délivrer s'il y a lieu ; si le moment n'est pas encore favorable, on doit les transporter dans les bassins d'attente.

Voici, suivant M. Coste, les signes qui expriment l'imminence de la ponte : « Le ventre des femelles, mollement distendu, cède plus facilement à la pression, et l'on sent, sous la main, une fluctuation qui indique que les œufs, libres maintenant de toute connexion avec l'ovaire, se laissent déplacer en tout sens dans la cavité où ils sont tombés. Il suffit alors de tenir l'animal suspendu par la tête, pour que ces œufs descendent par leur propre poids vers l'ouverture anale, dont le pourtour rouge est gonflé, proémine en forme de bourrelet hémorrhoïdal et semble distendu comme si un œuf s'y était engagé déjà. Chez les mâles, dont la laitance est arrivée à maturité, cet éréthisme anal, quoique très-appréciable, n'est cependant pas aussi prononcé que chez les femelles; leur ventre est aussi bien moins distendu. La plus légère pression sur les parois abdominales, la moindre contraction de l'animal, ou même sa suspension par les ouïes, produisent un écoulement de semence qui ne peut laisser aucun doute sur leur aptitude actuelle à la fécondation. »

Chez le mâle, dit M. Millet, la laitance est généralement bonne quand elle a l'apparence du lait ou de la crème.

Nous ajouterons que les mâles sont prêts pour la reproduction quinze jours et trois semaines avant les premières femelles, et que leur laitance conserve sa propriété fécondante quelque temps après que les dernières pontes ont eu lieu. C'est généralement d'octobre à janvier, suivant le climat, que la truite, le saumon, l'ombre-chevalier se reproduisent.

### FÉCONDATION ARTIFICIELLE DES ŒUFS LIBRES.

La méthode de fécondation artificielle, enseignée par M. Coste, a reçu, dans son application, diverses modifications avantageuses; ces modifications et la méthode elle-même formeront la base des procédés que nous allons expliquer. Lorsqu'on a constaté chez les reproducteurs les signes manifestes de leur aptitude à la reproduction, il faut opérer sans retard.

Après s'être emparé de ces sujets, on les place,

suivant le sexe, dans deux baquets différents, ne contenant qu'une petite quantité d'eau qui permette de les saisir aisément. (Si l'on désire conserver les reproducteurs, on se munira d'autres récipients pour les y placer dès qu'ils seront délivrés.) Puis on remplira, après l'avoir préalablement nettoyé, au quart ou au tiers, d'une eau limpide, le vase qui devra recevoir les produits de la fécondation. La forme de ce vase importe peu ; il est indifférent qu'il soit en verre, en bois, en zinc, pourvu que le fond en soit plat, que les bords n'en soient pas trop élevés et qu'il soit établi de façon qu'il ne puisse être renversé par les mouvements du poisson.

M. Coste assure que la température la plus favorable de l'eau, pour la fécondation artificielle des truites, des saumons, etc., est de 5 à 10 degrés au-dessus de zéro ; pour généraliser cette indication, nous dirons que l'on peut et que l'on doit se servir de l'eau dans laquelle les reproducteurs vivent ordinairement, pourvu qu'elle soit très-propre.

Si l'on opère sans le secours d'un aide, aussitôt les préparatifs terminés et après s'être enveloppé la main gauche d'un linge pour pouvoir plus facilement réprimer les mouvements de l'animal, on s'empare d'un mâle d'abord, et on en extrait

un peu de laitance que l'on mélange avec l'eau de
manière à la blanchir légèrement, puis on saisit (1)
« une femelle que l'on tient de la main gauche
par la tête et le thorax, pendant que la main droite,
le pouce appuyé sur l'un des flancs de l'animal, et
les autres doigts appliqués sur le flanc opposé
(voyez notre figure ci-jointe) glisse comme un an-
neau d'avant en arrière ou de haut en bas, et re-
foule doucement les œufs vers l'ouverture anale
qui doit leur livrer passage. »

La position verticale des patients est la plus favorable, et l'on doit le plus possible rapprocher
du vase le ventre de la femelle. Si l'expulsion ne
peut se produire qu'en exerçant une vive pression
qui n'amène le plus souvent que des œufs injectés
de matières sanguinolentes, c'est que le travail
de la maturation n'est pas encore complet, et l'on
ne doit pas réitérer la tentative avant que la délivrance ne puisse se produire très-naturellement et
sans efforts ; les violences inutiles entraîneraient
la mort de la femelle. L'ajournement au lendemain ou à deux jours est ce qu'il y a de plus prudent, il est indiqué ; et les sujets qui auront résisté
à une première tentative fourniront alors des
œufs dans de très-bonnes conditions.

Cependant les contractions de l'animal déter-

---

(1) Coste, *Instructions pratiques sur la pisciculture.*

La Fécondation Artificielle. Méthode Coste

Imp. Monrocq Paris.

minent parfois un état spasmodique qui rend impossible, pour un moment, la sortie des œufs;
mais cet état, qui paralyse le libre jeu des organes,
ne dure que quelques secondes après lesquelles on
peut recommencer avec fruit. En d'autres circonstances il arrive que les femelles ne peuvent être
délivrées en une seule fois (ce fait, au reste, peut
être observé chez les individus vivant dans les
eaux libres : on voit les femelles, au moment du
frai, revenir à plusieurs reprises sur la frayère et
y déposer chaque fois une partie des œufs qu'elles
portent); — mais il est toujours facile de constater
si la ponte a été incomplète ; il suffit de pro-
mener les doigts sur la cavité abdominale, et l'on
sentira les œufs qui restent encore se déplacer
sous la pression. Lorsqu'au contraire le sujet
est en bonne disposition, et si les œufs sont parfaitement mûrs, ils sont expulsés facilement et sans
le moindre effort. Souvent même, en maintenant
l'animal au-dessus du vase, ils se dégagent par le
seul effet de ses propres mouvements.

M. Coste fait toutefois une exception pour les
cas «où, même dans l'état de liberté, bien que les
œufs se soient naturellement détachés, les femelles pleines, par des motifs qui nous sont inconnus, ne peuvent réussir à se délivrer; et alors,
un séjour trop prolongé de ces œufs dans leur

cavité abdominale finit par les altérer et leur faire
perdre les qualités dont on les aurait trouvés
doués si on les eût pris plus tôt. »

Dès que les œufs sont tombés dans le vase,
on saisit le mâle de nouveau et, en pressant légèrement les parois du ventre de même qu'on l'a
fait pour la femelle, on en exprime la laitance qui
se répand dans le récipient. On agite ensuite
l'eau, avec la main, une plume ou un pinceau,
ou même avec la queue de l'animal, afin que
la liqueur fécondante atteigne tous les œufs, les
imprègne et les pénètre sur tous les points.

M. Millet ajoute à ses instructions cette recommandation bonne à noter : « Si l'on peut disposer de deux ou de plusieurs mâles, il convient
d'employer successivement quelques gouttes de
laitance de deux sujets au moins, pour avoir plus
de chance de réussite ; car il peut arriver que la
laitance d'un seul soit inerte ou peu énergique. »
Après la délivrance, on laisse séjourner les œufs
deux ou trois minutes dans l'eau laitancée, puis
on les retire pour les déposer sur les appareils à
incubation, après les avoir lavés dans un courant
d'eau pure. Si l'on opère au bord d'une frayère,
ils doivent être, après cet intervalle, placés dans
des mousses ou dans des linges humides, pour
être transportés à destination. Mais, avant de les

imprégner de laitance, on doit rejeter avec soin ceux qui ne paraîtraient pas susceptibles d'être fécondés. On les distingue des bons qui sont transparents, légèrement teintés de rouge si ce sont des œufs de truites saumonées, rouges s'ils sont de saumons, ou groseille s'ils proviennent des truites ordinaires, en ce qu'ils sont blancs, ternes et visqueux. On évitera également, pendant la durée de l'opération, de les exposer à l'action d'une lumière trop vive.

La promptitude dans les manipulations est un des plus sûrs éléments de réussite; aussi nous considérons comme fort difficiles les fécondations pratiquées par une seul individu. Il est préférable, sous tous les rapports, que deux personnes y prennent part, même lorsqu'il s'agit de délivrer les sujets de moyenne taille. L'opérateur, dans ce cas, après s'être enveloppé la main gauche d'un linge, saisit le poisson entre le thorax et la tête, et, de la main droite restée libre, provoque, suivant le procédé indiqué ci-dessus, l'expulsion des œufs ou de la laitance. Les fonctions de l'aide consistent surtout à réprimer les mouvements du poisson en le maintenant fortement par la queue, avec les deux mains si l'animal est grand, et avec une seule s'il est petit. Le linge sert à empêcher le patient de glisser et de se dérober aux mains de l'opérateur. (Voyez la figure annexée.)

Lorsqu'on pratique la délivrance d'individus ayant atteint un poids de 10 et 15 kilogrammes, le secours de plusieurs aides devient indispensable : les poissons de cette taille sont très-difficiles à maîtriser, car, dès qu'ils se sentent hors de l'eau, ils font des bonds vigoureux et saccadés, des efforts si violents que trois personnes ont souvent beaucoup de peine à les contenir. Quelquefois on est obligé de les suspendre au-dessus du récipient qui doit recevoir le produit de la génération, à l'aide d'une corde ou d'un lien de paille passé dans les ouïes. Alors l'opérateur procède sans peine, même pour l'expulsion des œufs plus difficile à obtenir que celle de la laitance, en appliquant fortement les deux mains sur le flanc de l'animal, et en les promenant dans la direction de la tête à la queue. Mais pour les sujets de 4, 5 et 6 kilogrammes, deux ou trois personnes suffisent et on est dispensé de recourir à ce moyen barbare qui entraîne fréquemment la mort du poisson.

D'après un calcul fait par M. Coste, chaque femelle pond environ mille œufs pour chaque livre qu'elle pèse; or il est évident que, si une seule femelle produit 4, 6, 10 et 15 mille œufs, la totalité d'une ponte ne peut en être fécondée en une seule

La Fécondation Artificielle exécutée par deux personnes.

Imp. Monrocq, Paris.

fois, car le fluide séminal ne pourrait pénétrer dans les couches inférieures de ces œufs agglomérés. On doit diviser les œufs en parts de deux ou trois mille et féconder chaque part séparément.

« Si l'eau, dit M. Coste, pendant les manœuvres auxquelles on se livre, est salie par les mucosités dont le corps des femelles est englué, il faut se hâter de la renouveler, afin de la purger de tout ce qui pourrait devenir un obstacle au libre contact de la semence, en ayant toutefois la précaution de ne point laisser les œufs à sec. Cette opération, ajoute-t-il, quand elle devient nécessaire, doit être faite avec la plus grande rapidité; car il importe que le produit femelle soit mis le plus tôt possible en contact avec le produit mâle. »

Nous nous garderons bien de critiquer ces recommandations qui sont bonnes; elles consistent à prémunir le pisciculteur contre toutes les causes de déception et d'insuccès; mais nous ferons observer toutefois qu'il n'est pas indispensable d'y toujours recourir. D'un autre côté, il est parfaitement démontré que des œufs pris sur des femelles mortes depuis deux heures sont encore susceptibles de recevoir le principe vital. M. Millet a signalé ce fait dans son travail, et des expériences récemment faites par M. Chantran l'ont confirmé. Il y a quelques années, la ponte d'une

femelle déposée dans un bocal vide, bouché à l'é-
meri, a pu, partant du laboratoire du Collége de
France, être heureusement fécondée au Jardin
d'acclimatation, et cela quatre heures après. A
Valorbe, en Suisse, au moment du frai, les maîtres
d'hôtel utilisent les œufs qu'ils récoltent dans les
truites destinées à l'alimentation.

Il s'est produit, au sujet de la méthode artificielle que nous venons d'expliquer, des objections
auxquelles nous tenons à répondre. On a dit notamment qu'elle était entièrement en opposition
avec ce qui se passe, en semblable cas, à l'état naturel, et que, pour se rapprocher davantage des
exemples merveilleux que fournit la nature, il
était préférable de ne verser aucune portion de
laitance dans le vase où doit s'opérer le contact de
l'élément mâle avec l'élément femelle, qu'après
avoir obtenu les œufs. C'est précisément aux observations naturelles que nous nous adressons
pour réfuter cet argument. Lorsqu'une truite se
rend à la frayère pour y déposer les œufs qu'elle
porte, elle est toujours accompagnée d'un ou plusieurs mâles; mais, avant de parvenir à se délivrer, elle réitère plusieurs fois et vainement les
tentatives faites dans ce but; elle abandonne la
place et y revient encore. Pendant ces intervalles
de courte durée, le mâle, à son tour, occupe la

place abandonnée et se livre à des manœuvres qui déterminent un premier écoulement de laitance, et, lorsque la femelle arrive de nouveau pour y déposer définitivement son frai, les œufs rencontrent, à cette même place, quelques parties de liqueur fécondante. Le même phénomène ne se reproduit-il pas exactement dans notre méthode de fécondation artificielle? Au surplus, les expériences pratiques nous donnent absolument raison. Ajoutons que, dans tous les cas, l'autre système ne peut compromettre en aucune façon le succès d'une fécondation.

Il est d'usage, dans certains pays, de féconder les œufs, le soir à la lumière; mais, en présence des résultats très-satisfaisants que l'on obtient avec la méthode française, cette précaution devient superflue.

Dans certaines pêcheries de l'Écosse, les praticiens plongent dans l'eau le corps de la femelle jusqu'au-dessus de l'orifice par lequel s'échappent les œufs, afin que le frai ne soit aucunement exposé au contact de l'air extérieur et de la lumière trop intense. Dans cette même intention, quelques opérateurs de l'Autriche vont jusqu'à enfoncer entièrement l'animal dans le récipient. Nous ne nous arrêterons pas non plus sur ces procédés, par la raison qu'ils sont d'une exécution

difficile et que le résultat ne répond pas à la peine
qu'ils exigent.

## MÉTHODE RUSSE DE FÉCONDATION ARTIFICIELLE.

Il est une méthode dont nous avons parlé souvent dans le chapitre précédent, et sur laquelle
nous nous arrêterons plus particulièrement, car
elle présente de sérieux avantages ; nous voulons
parler de la méthode russe de fécondation artificielle, en honneur déjà dans beaucoup de pays et
dans un grand nombre d'établissements.

Les manipulations préalables auxquelles elle
donne lieu, ne diffèrent point de celles exigées
par la méthode Coste ; toute la différence consiste dans l'emploi de l'eau. Voici comment on
procède : on commence par extraire les œufs
du corps de la femelle et on les place dans
un vase quelconque, très-propre, mais exempt
d'eau ; on prend ensuite le mâle et, à mesure que
la laitance s'écoule, on la répand avec soin sur
toute la surface de la couche des œufs, en ayant
la précaution que la totalité de la ponte soit touchée
par les molécules fécondantes ; puis, pour que
l'imprégnation en soit parfaite, on agite doucement le contenu du vase en s'appliquant à opérer le plus complètement possible le mélange des

produits mâle et femelle. Ces manœuvres doivent se faire très-rapidement. Après avoir laissé en contact la laitance et les œufs durant une minute ou une minute et demie, on fait d'abord tomber un léger filet d'eau dans le récipient, puis, en en augmentant progressivement le volume, on obtient le lavage complet des œufs que l'on doit immédiatement placer dans les appareils à éclosion.

Quelques pisciculteurs se contentent d'ajouter à la laitance une faible quantité d'eau et de verser ensuite ce mélange sur la ponte.

Le seul inconvénient, si c'en est un, que présente la méthode russe, est que l'on doit pouvoir disposer d'un plus grand nombre de mâles, parce qu'elle exige une dépense de laitance plus considérable; mais, comme les mâles ne font jamais défaut, nous n'hésitons pas à en recommander l'application.

### DE LA FÉCONDATION ARTIFICIELLE DES ŒUFS ADHÉRENTS.

Mêmes procédés, mêmes manipulations que pour la fécondation des œufs libres : on délivre une carpe, un brochet, une perche, une tanche, etc., de la même façon que s'il s'agissait d'un salmonidé. Seulement la fécondation artificielle des œufs de ces espèces, qui se propagent dans des proportions prodigieuses, n'est pas d'une nécessité bien grande, et rarement on y a recours. Il est infiniment plus simple de recueillir sur des frayères, que l'on dispose dans les eaux où elles habitent, les œufs qu'elles y déposent, et de les mettre ensuite en éclosion dans les appareils spéciaux, ainsi que le fait M. Rico à l'école de pisciculture départementale de Clermont-Ferrand. (Voir, au chapitre II, la pisciculture en Auvergne.) Néanmoins on doit prévoir le cas où l'on se trouverait dans l'obligation de s'adresser à la fécondation artificielle pour obtenir les alevins de ces espèces. On sait que les œufs adhérents se distinguent des œufs libres en ce qu'ils sont réunis par une matière visqueuse, laquelle sert encore à les fixer, pour éclore, aux corps qui dans l'eau présentent quelque résistance, quelque fixité, tels que les brins de bois, les racines des arbres, les plantes aquatiques, les cailloux, etc.

On n'ignore pas non plus que les œufs de ces poissons éclosent généralement au printemps et dans des eaux à température élevée, c'est-à-dire possèdant de 14 à 20 degrés centigrades. Voici comment on devra procéder : On commencera par remplir d'eau, au tiers environ, l'ustensile dans lequel les œufs et la laitance devront être déposés : une eau puisée dans un étang, dans des réservoirs

où ces poissons vivent et se reproduisent ordinairement, conviendrait parfaitement à cet usage et
dispenserait même de recourir au thermomètre.
Puis on disposera dans ce récipient des touffes
composées de brindilles de fougère, de genêt, de
bruyère ou d'herbes aquatiques. On aura de plus la
précaution d'en préparer d'avance quelques-unes,
pour éviter toute interruption lorsque l'opération
sera commencée. Deux ou trois personnes doivent
prendre part aux manœuvres. L'une extrait les
œufs de la femelle et les étale, sans les agglomérer,
sur la touffe destinée à les recevoir, pendant que
l'autre, et simultanément, exprimant la laitance
du mâle, accompagne les œufs en les arrosant de
sperme au fur et à mesure qu'ils s'échappent des
entrailles de la femelle. Les reproducteurs une
fois délivrés, on agite le contenu du vase, on remue
les touffes qui retiennent les œufs pour qu'aucune partie du frai n'échappe à l'action de la
laitance et que l'imprégnation soit complète. Trois
ou quatre minutes suffisent à l'accomplissement
du phénomène de la fécondation. Il faut, après ce
laps de temps, retirer les touffes du récipient et
les placer dans le lieu où les œufs devront éclore.
Il arrive parfois qu'une seule touffe est insuffisante pour recevoir le produit d'une ponte; c'est
alors qu'une troisième personne est nécessaire;

elle doit remplacer par de nouvelles touffes celles qui sont déjà recouvertes. Un seul opérateur, dans les cas pressants, peut néanmoins suffire à la fécondation des œufs adhérents, car il n'est pas absolument nécessaire que l'expulsion des œufs et de la laitance se fasse simultanément; on agira alors comme pour les salmonidés. Comme chez les salmonidés, il arrive quelquefois aussi qu'une nouvelle tentative est nécessaire pour extraire la totalité des œufs que porte la femelle; dans ce cas, comme dans toutes les circonstances que nous n'indiquons pas ici pour ne pas nous répéter, il suffira de se conformer aux instructions que nous avons déjà données.

Nous fournirons, à la fin de ce chapitre, un tableau qui indiquera en outre les conditions convenant au développement des espèces dont les œufs sont adhérents.

## DES APPAREILS A INCUBATION ET A ÉCLOSION.

Après la fécondation artificielle des œufs, la première chose qui s'impose à l'attention du pisciculteur est le choix de l'endroit où ils seront mis en incubation et les soins dont il devra les entourer jusqu'à leur éclosion. Il faut qu'il se préoccupe surtout des appareils où il les placera,

Fig.9.

Fig.10.

Fig.11.

Fig.14.

Fig.12.

Fig.8.

Fig.13.

Fig.22.

A

C

B

Fig. 7.

Fig.15.

pendant cette période, et des conditions que les alevins devront rencontrer après leur naissance, jusqu'au moment où ils commenceront à prendre de la nourriture.

A quelques exceptions près, tous les établissements de pisciculture que nous avons visités pratiquent l'incubation, l'éclosion et souvent l'alevinage dans des endroits couverts que nous désignons sous le nom de laboratoires.

La construction affectée à cet usage doit, pour conserver à l'intérieur une température presque toujours égale, se trouver à l'abri des intempéries des saisons. Si l'on dispose d'une source, c'est à une faible distance de son origine que ce bâtiment devra être édifié ; nous avons donné plus haut les raisons qui nous font préférer cette situation.

L'eau de la source pourra être amenée dans le laboratoire au moyen d'un conduit, et se trouvera par cela même soustraite aux influences de la température extérieure.

Lorsque, pour cette seconde partie de la pratique piscicole, on ne peut faire usage que des eaux d'un ruisseau ou d'une rivière, il est désirable qu'à leur arrivée elles soient reçues dans un bassin spécial où elles séjourneront quelques instants pour que leur température soit égale à celle du laboratoire. (Fig. 7, planche n° 2.) Puis, avant de

se répandre dans les appareils, elles traverseront
un filtre qui les dépouillera de toutes les impuretés
dont elles sont chargées.

M. Samuel Chantran a inventé, au Collége de
France, un filtre qui présente la plus grande commodité. (Fig. 6, planche n° 1.) Voici comment il se
construit : dans un vase quelconque, un seau
en zinc, par exemple, on place un récipient qui
laisse entre ses parois et celles du seau un espace
vide de 10 cent. environ; dans l'intérieur de ce
récipient on introduit des éponges qui le garnis-
sent complétement, sauf un espace de quelques
centimètres laissé libre à la partie inférieure.
L'éponge supérieure dépasse les bords du récipient
comme ferait un champignon; elle baigne par ses
extrémités dans l'eau impure qui arrive dans le
seau; cette eau se trouve être aspirée très-promp-
tement, elle traverse les éponges, se clarifie parfaitement. Un tuyau de zinc donne passage à l'eau
filtrée. Cet appareil a non-seulement l'avantage
d'être fort peu coûteux, mais de débiter un volume
d'eau considérable; de la dimension d'un seau
ordinaire, il peut fournir de 4 à 5 mille litres d'eau
filtrée en 24 heures.

L'égalité de la température de l'eau est une des
conditions précieuses pour la bonne direction des
éclosions et de l'alevinage. La température qui

convient le mieux aux truites, aux saumons, aux ombres-chevaliers varie entre 5 et 8 degrés au dessus de zéro; plus élevée, elle activerait considérablement le développement de l'embryon et provoquerait l'éclosion prématurée des œufs, que l'on doit éviter avec soin. L'éclosion normale dure de 45 à 65 jours, suivant le degré de température de l'eau. Voici un tableau d'observations faites au Collége de France :

| Température de l'eau. | Durée de l'incubation. |
|---|---|
| 7 degrés | 45 jours. |
| 6 — | 55 — |
| 5 — | 65 — |
| 4 — | 75 — |
| 3 — | 85 — |
| 2 — | 95 — |

D'autres expériences entreprises dans ce laboratoire, dont on avait élevé la température à environ 15 degrés, ont démontré qu'on peut produire des alevins après 25 et 30 jours d'éclosion. Mais presque tous les jeunes poissons qu'on avait obtenus par ce moyen sont morts avant la résorption entière de l'énorme vésicule ombilicale qu'ils portaient en naissant.

Il serait de beaucoup préférable de n'employer qu'une eau plus froide, de 3 ou 4 degrés au-dessus

de zéro, par exemple ; les éclosions seraient peut-
être un peu tardives, mais cela n'aurait aucune
conséquence fâcheuse. Ainsi, il nous est arrivé à
Sainte-Feyre de n'avoir des alevins qu'après trois
mois et demi et quatre mois d'incubation. En 1874-
1875, cette période s'est prolongée du 3 novembre
au 5 mars ; nous avons craint un moment que les
œufs, fécondés par nos soins et que nous avions
pris sur les reproducteurs acclimatés dans nos
viviers, ne fussent frappés de stérilité ; il n'en a
rien été, et les alevins sont devenus, par la suite,
plus vigoureux que ceux provenant des œufs qu'on
nous avait envoyés de la Suisse. Ajoutons que pendant plusieurs mois la température de l'eau n'a pas
varié de zéro à un degré. On a pu voir au chapitre II que dans maints établissements étrangers
le même fait s'est fréquemment présenté, sans que
le résultat final des éclosions ait été nullement
compromis. Mais néanmoins nous maintenons
notre préférence pour les eaux de source dont
la température est peu variable.

Il s'agit maintenant de savoir quels sont les
appareils qui offent le plus de commodités, de garanties, et quels sont ceux que l'on doit employer
de préférence. Nous avons vu que dans tous les
pays il existait deux méthodes de pratiquer les
éclosions : l'une consiste à se servir d'appareils, ou,

pour mieux dire, de bassins, dont le fond est garni
de cailloux sur lesquels on dépose les œufs ; l'autre
consiste à employer un système d'appareils à claie
suspendue, connu sous le nom d'appareil du Collége de France.

La première est celle que préfèrent en général
les établissements importants de l'étranger, à
l'exception du jardin zoologique d'Amsterdam,
qui a, comme nous l'avons déjà dit ailleurs, imaginé un appareil fort ingénieux, fort bien compris, réunissant les avantages que présentent les
deux méthodes que nous venons d'indiquer. Cette
préférence pour les appareils à fond garni de
gravier s'explique très-bien, en ce sens qu'ils
sont beaucoup moins compliqués que les autres,
qu'ils sont moins dispendieux à établir, et enfin
qu'ils dispensent de transférer les alevins dans
d'autres bassins, aussitôt après leur naissance, et
permettent de leur accorder, sans les déplacer,
tous les soins qu'ils réclament à ce moment. Si les
éclosions ont lieu dans les appareils à incubation,
système du Collége de France, la nécessité d'affecter aux nouveau-nés une nouvelle demeure
se fait bientôt sentir.

Nous dirons cependant que ces différents genres
d'appareils sont bons, que les éclosions s'y pratiquent dans les meilleures conditions ; mais les cir-

constances, les besoins, les éléments dont on dispose, peuvent seuls en déterminer le choix; si les
premiers sont d'une installation peu coûteuse ;
les seconds, en retour, exigent des sacrifices bien
compensés par les avantages que l'on reconnaît
vite dans la pratique.

### APPAREILS D'ÉCLOSION A FOND GARNI DE GRAVIER.

La dimension des bassins d'incubation et d'éclosion, à fond garni de gravier, doit être en rapport
avec le nombre d'œufs que l'on se propose de
traiter. Il est indifférent qu'ils soient construits en
bois, en brique, en ciment, ou même qu'ils consistent en de simples bacs en pierre. On a calculé
qu'un espace de 9 à 10 mètres carrés suffisait très-
largement pour que 10,000 œufs y soient aisément étalés et pour qu'un même nombre d'alevins puissent s'y mouvoir à l'aise. La couche de
gros gravier qui en garnit le fond doit avoir de
2 à 4 cent. d'épaisseur, et la hauteur de l'eau con-
tenue dans ces appareils, pouvant être augmentée à un moment donné, ne doit pas dépasser 6 à
8 cent. A cette profondeur, il sera très-facile de surveiller les œufs en incubation, de reconnaître ceux
qui s'altéreront, et de pouvoir les retirer avec une
pipette, ainsi que les corps étrangers susceptibles

de nuire au succès des opérations, qui se seraient fixés dans le bassin ; une même surveillance pourra être exercée plus tard, sans plus de peine, à l'égard des alevins.

Le débit de l'eau nécessaire à l'alimentation d'un réservoir d'éclosion, mesurant par exemple environ un mètre de long sur autant de large, ne peut être très-exactement déterminé, et il peut varier entre trois et dix litres par minute. Nous avons pu constater ces écarts dans divers établissements. Une plus grande abondance d'eau ne saurait nuire, pourvu toutefois qu'elle soit transmise dans les appareils sans occasionner le déplacement des œufs par un courant trop rapide. (Fig. 8, pl. n° 2.)

Bien que l'incubation et l'éclosion puissent se faire dans de grands réservoirs, nous sommes néanmoins partisan de ne réunir dans un même bassin qu'une quantité limitée d'œufs, et, par conséquent, d'en multiplier le nombre. La raison en est que cela facilite beaucoup la surveillance assidue que l'on doit en quelque sorte exercer sur chacun d'eux, et permet de s'apercevoir à première vue s'il en est de malades ou de morts. D'autre part, il est non-seulement avantageux, mais prudent de réduire autant que possible le nombre des alevins devant vivre

ensemble et de les réunir par petits groupes.
Or, comme ces bassins d'éclosion peuvent en
même temps servir à l'alevinage, il est bon de s'éviter la peine que nécessiterait la division des alevins
après que les œufs seraient éclos. Mais, encore une
fois, ces installations doivent surtout être basées
d'après la place dont on dispose, et ce ne sont là
que des recommandations et non des instructions.

### APPAREILS INCUBATEURS A CLAIE SUSPENDUE..

Le second système d'appareils d'incubation et
d'éclosion est, comme nous l'avons dit, le système
de la claie suspendue, perfectionné au Collége de
France. Cet appareil fut mis en honneur par
M. Coste vers 1852, et l'établissement d'Huningue
ne tarda pas à l'adopter. Depuis on en a construit
d'autres sur le même modèle, et nous désignerons
ceux d'entre eux qui nous paraîtront avantageux.
Mais laissons la parole à M. Coste pour la description de son appareil :

*Appareils incubateurs à ruisseaux factices*
*et à courants continus.*

. . . . . . . . . . . . . . .

« Cet appareil d'incubation est constitué par un
assemblage de ruisseaux factices, mobiles, por-

tatifs, qu'on désarticule à volonté, dont on augmente ou dont on restreint le nombre suivant les
besoins de l'exploitation. Les parois des rigoles
artificielles qui le composent peuvent être de métal,
de bois ou de poterie. Mais le métal s'oxyde,
même quand il est galvanisé, et devient une cause
d'intoxication lente, dont les effets, quelquefois
peu sensibles sur les jeunes encore renfermés dans
l'œuf, éclatent après l'éclosion. Il peut encore
arriver, si deux métaux de nature différente en-
trent dans la construction de la machine, que
cette association donne lieu à des phénomènes
électriques qui foudroient l'embryon.          .

« Ces appareils métalliques doivent donc être
bannis de la pratique, ou, si l'on veut en faire
usage, il faut avoir le soin de les doubler d'émail,
ce qui équivaut à la suppression complète du
métal.

« Le bois, quand on choisit celui qu'une suffisante macération a dépouillé de tout le tannin
qu'il renfermait, n'a aucun des inconvénients du
métal. Quoique, dans quelques cas, il donne à
l'eau un goût et des qualités qui ne sont pas toujours inoffensives, et que les impuretés dont ses
parois se couvrent facilement obligent à de fréquents nettoyages, on peut cependant en conseiller
l'emploi.

« Mais au métal et au bois je préfère les auges
de pierre, de terre cuite, et surtout de poterie
émaillée. Leur substance, n'ayant aucune action
sur le liquide qui circule ou séjourne dans leurs
parois, ne saurait lui communiquer jamais de
principe nuisible, et offre, à cause même de cette
indifférence, les conditions les plus propices au
succès des opérations. Une expérience compara-
tive, faite pendant plusieurs années dans mon
laboratoire, sur une échelle jusque-là inconnue,
légitime cette préférence, qui s'attache plus particulièrement à la poterie. Son bas prix, du reste,
la met à la portée de tous, et sa légèreté la rend
plus facile à manier.

« Les auges, ou rigoles factices, de quelque
nature qu'elles soient, doivent avoir des dimensions convenables : trop petites, elles ne répondent
pas aux besoins d'une exploitation un peu considérable ; trop grandes, elles ne sont souvent plus
en rapport avec la place dont on dispose, et sont,
d'ailleurs, d'un maniement difficile. Celles qui
composent mon appareil ont 50 cent. de long
sur 15 de large, et 10 de profondeur. Elles portent,
sur le côté, à 6 ou 7 cent. d'une de leurs extrémités,
une gouttière de décharge ; sur la face de l'extrémité opposée, et au niveau du fond, un trou
qui permet de les vider entièrement ; et à l'inté-

rieur, à peu près vers le milieu de leur profondeur
et de chaque côté, deux petits supports saillants.

« Chaque auge est garnie d'une claie, sur laquelle on étale les œufs fécondés que l'on veut faire
éclore. Les barreaux de cette claie, formés par des
baguettes de verre placées parallèlement, soit en
long, soit en large, et écartées les unes des autres
de 2 à 3 millim., sont maintenus à l'aide d'une
très-mince lame de plomb dans des entailles pratiquées sur le bord inférieur des pièces qui forment
les extrémités d'un encadrement de bois. Une traverse, également munie de petites entailles pro-
portionnées au volume des baguettes, occupe le
milieu du cadre, qu'elle contribue à consolider, en
même temps qu'elle soutient le clayonnage de
verre. Les dimensions de cette claie doivent être
en rapport avec l'intérieur de l'auge, de telle sorte
que l'on puisse, sans efforts, la mettre en place ou
la retirer, manœuvre à laquelle on est quelquefois
obligé de se livrer durant l'incubation, et que
facilite la présence d'une anse de fil de fer étamé
à chaque extrémité du cadre. C'est sur les supports
saillants dont la rigole factice est pourvue, ou sur
de petites calles mobiles, que repose cette claie.
Elle est donc à 2 ou 3 cent. au-dessous du niveau
de l'eau, et se trouve, par conséquent, beaucoup
plus rapprochée de la surface que du fond.

« La structure bien simple de cette claie permet
de remédier très-facilement aux accidents qui peuvent survenir. Si l'une des baguettes qui la forment se brise, on répare sans peine le mal en
soulevant, d'un côté seulement, la lame de plomb,
en mettant une baguette intacte à la place de la
baguette brisée, et en pressant ensuite sur le plomb
pour le ramener au clayonnage et le consolider.
Du reste, cette partie de l'appareil est bien moins
fragile qu'on ne pourrait le supposer. Aucune des
nombreuses claies dont je me suis servi l'an dernier n'ont eu, durant quatre mois qu'elles ont
fonctionné, de réparation à subir.

« On peut arranger de plusieurs façons les
auges pourvues de leur claie pour en former un
appareil; mais la disposition la plus convenable
consiste à les étager à côté les unes des autres,
sur un double rang de gradins se correspondant
comme le feraient les marches d'un double es-
calier. La rigole qui occupe le gradin le plus
élevé sert, selon les besoins, de ruisseau à éclosion
ou de filtre, si les eaux que l'on emploie ne sont
pas très-pures; dans ce dernier cas, après en avoir
enlevé la claie, on remplit cette auge de charbon
pilé, de sable fin ou d'herbes aquatiques. Ce ruisseau médiat doit être muni, vers l'extrémité opposée à celle par où lui arrive l'eau, de deux

gouttières au lieu d'une seule, l'une à droite, l'autre à gauche. L'eau se trouve ainsi divisée en deux courants qui tombent dans les auges latérales où, au moyen de gouttières alternes, le liquide serpente, s'aérant de chute en chute à mesure qu'il parcourt les divers compartiments de chacune des ailes de cet appareil, et se déverse enfin de chaque côté, soit dans un tuyau qui la conduit au réservoir ou à un ruisseau d'écoulement, soit dans une grande cuvette de bois, qui la laisse échapper par un tube de décharge. . . . . .

. . . . . . . . . . . . . . . . .

« On peut aussi, et sans que cela modifie en rien le mécanisme de l'appareil, disposer les auges par séries parallèles sur des échafaudages en forme de marchepied de bibliothèque.

« Ces échafaudages doivent être établis à côté les uns des autres, reliés par des traverses de bois, et assez espacés pour l'intercalation de gradins moins élevés, qui permettent au surveillant d'arriver jusqu'aux auges supérieures, de manière à les avoir à hauteur d'appui pour le service. Un conduit horizontal, régnant dans toute la longueur de l'appareil, permet de verser dans l'auge supérieure de chaque échafaudage, au moyen d'un robinet spécial, le filet d'eau qui doit alimenter la série correspondante de rigoles à éclosion.

« Si les appareils que je viens de décrire paraissent trop compliqués, on n'aurait qu'à en organiser un avec une, deux ou trois auges seulement, selon le nombre d'œufs qu'on aura à faire éclore. Je me suis servi, pour cela, en plusieurs occasions, d'une simple caisse de bois, longue et étroite, doublée de zinc et de plomb, d'une poissonnière de terre cuite ou d'une rigole; une fontaine alimentait ce simple appareil, dont une terrine, destinée à recevoir le trop-plein, formait le complément.

« L'eau d'une simple fontaine ou d'un tonneau, que l'on remplit tous les jours, quand on n'a pas d'autre réservoir à sa disposition, suffit pour entretenir le jeu de la machine, et si cette eau est naturellement chargée de limon, pour l'épurer, on place, en guise de filtre, au fond de la fontaine et du tonneau, une couche épaisse de charbon pilé ou de sable très-fin. Grâce à cet artifice, on peut créer partout des chances de succès.

« Dans ces appareils, qui peuvent se prêter aux plus grandes comme aux plus petites exploitations, qui fonctionnent avec autant de régularité que les machines d'une autre industrie, et dont les nombreux compartiments permettent de séparer les produits par espèces, les œufs éclosent plus sûrement qu'en l'état de nature, et produisent une

récolte plus abondante; car, par cette séquestra-
tion, on les préserve de la voracité des espèces
qui s'en nourrisssnt, de la piqûre des insectes ou
des larves qui tuent les embryons, et des inondations, causes fréquentes de trouble et de mortalité,
quand leur incubation s'opère au sein des conditions mobiles où les femelles les abandonnent. »

Ajoutons qu'une petite grille en plomb (fig. 13,
pl. n° 2), destinée à retenir les alevins dans les
augettes, et que l'on établit à l'endroit où l'eau
s'écoule de l'une à l'autre, en complète l'ensemble.

L'appareil du Collége de France présente le
très-grand avantage d'exiger peu de place, de
pouvoir être très-rapidement dressé dans n'importe quel lieu et de se prêter à diverses combinaisons dans son installation. La figure 9
représente cet appareil tel qu'il fonctionne aujourd'hui au Collége de France. Les figures
10 et 11 reproduisent l'augette et sa claie, et la
figure 12 une section grandeur naturelle des baguettes de verre qui composent cette claie. Ces
figures sont dessinées à la planche n° 2.

Mais aux cuvettes en poterie, vernies à l'intérieur, nous préférerions, si les appareils doivent être fréquemment déplacés, les cuvettes en

bois, garnies de lames de plomb, très-facilement transportables, semblables à celles dont M. Buckland fait usage au musée Kensington à Londres.

M. Coste recommande encore les petites augettes en métal galvanisé, recouvertes d'émail à l'intérieur pour éviter l'oxydation du métal et les phénomènes électriques; l'appareil de M. Carbonnier réalise toutes ces conditions. Semblable à celui du Collége de France, d'après lequel il a été fait, il est infiniment plus léger et plus portatif. Mais ces deux appareils ne doivent être utilisés que pour l'incubation et l'éclosion; car c'est à peine si les alevins sauraient, après leur naissance, y demeurer quelques semaines sans souffrir du manque d'espace, surtout si leur nombre est en rapport avec la quantité d'œufs qui peuvent prendre place sur la claie. L'appareil que nous avons vu à Salzbourg et que nous avons décrit plus haut, quoique très-heureusement modifié (fig. 14, pl. n° 2), laisse encore à désirer. Il n'en est pas de même de ceux du jardin zoologique d'Amsterdam, qui servent en même temps à l'incubation, à l'éclosion et à l'alevinage (fig. 15, pl. n° 2), et qui conviennent très-bien aux grandes installations. Nous pensons que désormais l'usage des appareils hollandais se généralisera et prendra

l'avantage sur les anciens. Nous n'en ferons pas
ici une nouvelle description, le lecteur la trouvera au chapitre II° de ce livre. Disons aussi
que l'on peut se servir, pour se rapprocher du
système hollandais, des claies de l'appareil du
Collége de France, en les plaçant dans les
grands compartiments que l'on affecte à l'alevinage ; il suffit, lorsque les œufs y ont été étalés,
de les immerger dans l'eau à une profondeur
convenable, comme le font les établissements de
l'Auvergne. (Voyez la Pisciculture en Auvergne.)

Avant de traiter de l'incubation des œufs et
après avoir bien établi notre préférence pour
le système hollandais, nous ajouterons que,
quel que soit l'appareil dont on se serve, une
eau claire, limpide, exempte de toute impureté, transmise sans chute, est la seule qui con-
vienne à leur alimentation. Quant aux appareils
dont le fond est garni de sable, nous recommanderons, après M. Carbonnier, de n'employer le
gravier qu'après l'avoir fait passer préalablement dans de l'eau bouillante, pour le purger de
tous les germes d'insectes qui, après s'être développés dans le bassin, deviendraient une cause
d'avarie pour les œufs et de mortalité pour les
alevins.

Bien que nous ne trouvions pas très-bonne la

méthode qui consiste à faire éclore les œufs dans des boîtes particulières que l'on place dans les rivières ou dans les ruisseaux, nous croyons devoir cependant en faire ici mention, ne fût-ce que pour expliquer les raisons qui justifient notre appréciation à cet égard. Nous nous contenterons de dire que depuis longtemps déjà cette méthode primitive a été complétement délaissée, et c'est tout au plus si l'on oserait maintenant la conseiller aux personnes ne pouvant disposer, ni du plus mince filet d'eau, ni de la plus petite source, et qui, pour ne pas perdre le fruit d'une fécondation, se verraient forcées de recourir à ces pratiques surannées.

Les boîtes Jacobi, les premières dont on se soit servi pour cet usage, étaient de longues caisses de bois, grillées à leurs extrémités, dont le fond était garni d'un lit de gravier sur lequel reposaient les œufs fécondés. Ces caisses étaient placées dans un courant d'eau vive qui les traversait de part en part, en passant par les grillages fixés à chaque extrémité (fig. 16, pl. n° 3). Les œufs se trouvaient donc ainsi placés dans des conditions pour ainsi dire naturelles ; mais la surveillance, les soins assidus qu'ils réclament pendant la période de l'incubation étaient impossibles, et la propreté, si indispensable, ne pouvait

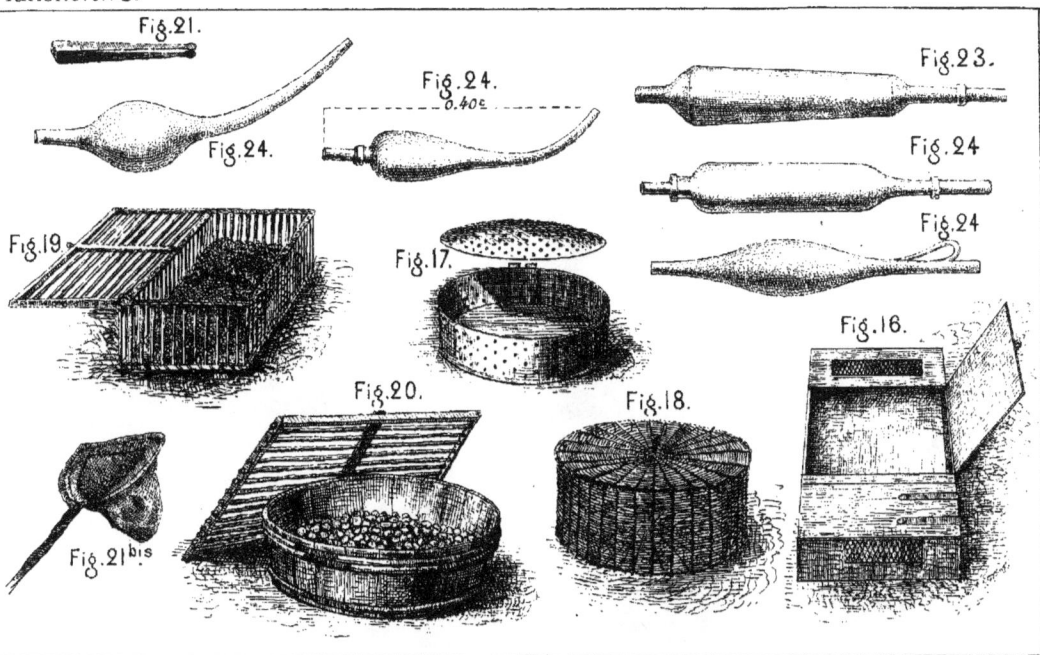

Planche. N° 3.

Fig. 21.

Fig. 24.

Fig. 23.

Fig. 24.
0.40c

Fig. 24.

Fig. 19.

Fig. 17.

Fig. 24.

Fig. 16.

Fig. 20.

Fig. 18.

Fig. 21 bis

Imp. Monrocq, Paris.

être entretenue dans l'appareil, car les sédiments
que l'eau entraîne ne tardaient pas à former un
dépôt qui, recouvrant les œufs après avoir
comblé les vides laissés par les cailloux, étouffait
l'embryon dans son développement. Souvent
aussi les mailles de la toile métallique se trouvaient obstruées et ne livraient plus passage à
l'eau. Après les boîtes Jacobi, vinrent les boîtes
circulaires en métal et en terre cuite, criblées de
trous, offrant, il est vrai, plus de facilité pour la
surveillance et les soins (fig. 17, pl. n° 3), à cause
du couvercle mobile qui les recouvrait et du
petit nombre d'œufs qui pouvaient y trouver place.
Enfin d'autres appareils de même nature les rem-
placèrent tour à tour, jusqu'au moment où sortit
du Collége de France un modèle type, plus ou
moins perfectionné depuis, mais dont l'application est aujourd'hui, avec raison, universellement
répandue. M. Coste lui-même a cru devoir, dans
ses instructions, indiquer un système semblable
pour les incubations et les éclosions dans les
cours d'eau ; mais ce système n'est en somme
qu'une réminiscence de celui inventé par Jacobi,
et présente, quoique amélioré, les mêmes inconvénients. Les seuls instruments qui pourraient
convenir seraient, ou un tamis métallique, recouvert, dont les parois seraient également en fils

galvanisés (fig. 18, pl. n° 3), ou une manne d'osier
maintenue par des flotteurs ; mais nous estimons
que ces mannes ou ces tamis trouveraient un
emploi plus justifié dans les eaux fermées et
pourraient servir plus utilement aux éclosions
des œufs du printemps et de l'été. Il faut bien
tenir compte de ceci, c'est que l'époque où on
pourrait les employer pour les œufs de salmonidés coïncide avec la saison rigoureuse, pendant
laquelle les cours d'eau sont fréquemment envahis par la glace ; on s'expose donc, si le froid
se prolonge, à perdre les œufs en peu de temps
s'ils viennent à se congeler. On a de plus à redouter,
les crues qui peuvent tout entraîner, ou combler
les boîtes de matières vaseuses. Enfin leur immer-
sion à une profondeur convenable exige beaucoup de peine et demande beaucoup de précautions.

## APPAREILS D'INCUBATION ET D'ÉCLOSION POUR LES ŒUFS ADHÉRENTS.

Les augettes de l'appareil du Collége de France
peuvent être utilisées pour l'incubation des œufs
adhérents ; la question importante est de les alimenter avec une eau dont la température con-
vienne au développement de l'embryon. En gé-

néral, la température moyenne nécessaire à l'éclosion des œufs dits du printemps varie entre 10 et 14 degrés centigrades au-dessus de zéro, et ceux dits d'été éclosent entre 16 et 20 degrés. Mais, comme les œufs des poissons blancs, au contraire de ceux des salmonidés, ont besoin du soleil qui en facilite la rapide éclosion, les récipients qui les recevront devront être disposés à l'extérieur et exposés au midi. (Pour plus amples renseignements, voyez la pisciculture à l'école de Clermont-Ferrand, pages 81 et 82, et le dessin annexé.)

Dans tous les cas, il est préférable de n'employer des appareils que lorsqu'il sera impossible de faire éclore les œufs dans les eaux mêmes où les alevins devront s'élever.

La plupart du temps, du reste, on ne cherche à propager ces espèces que pour en peupler les étangs et les rivières, et on n'entreprend presque jamais d'en nourrir les jeunes, comme on le fait pour les truites et autres poissons plus précieux ; cela est au surplus infiniment plus simple et plus pratique, car ces espèces n'exigent pas des soins aussi multiples, aussi constants que les salmonidés. Mais, pour ne pas abandonner le frai des poissons blancs dans les pièces d'eau et risquer de le voir dévorer par des ennemis de toute sorte,

on devra enfermer les touffes qui l'ont reçu, soit
dans un panier d'osier (fig. 19, pl. n° 3), clos par
un couvercle et que l'on immergera à une profondeur convenable en le fixant à des pieux enfoncés dans la partie de l'étang où les éclosions
doivent se faire, soit dans les tamis en fils galvanisés. S'il s'agit des œufs du printemps qui éclosent sur le gravier, on pourra se servir du fond
d'un tonneau, haut de 0ᵐ.35 à 0ᵐ.45, dans lequel
on aura disposé, pour les recevoir, une couche de
cailloux de 3 à 4 cent.

L'ouverture du tonneau devra être fermée, de
façon que l'eau pénètre bien à l'intérieur, mais
qu'aucun animal nuisible ne puisse s'y introduire
(fig. 20, pl. n° 3). On enfoncera ensuite ce récipient
dans la rivière ou dans l'étang, en ayant soin qu'il
soit recouvert par une épaisseur de 10 à 15 cent.
d'eau. Une fois les alevins éclos, s'ils ne parviennent eux-mêmes à sortir de l'appareil, il suffira de
retirer le couvercle pour les mettre en liberté.

### DE L'INCUBATION DES ŒUFS DE SALMONIDÉS

ET DES SOINS QU'ILS EXIGENT DURANT CETTE PÉRIODE.

Dès que l'on a étendu les œufs bien soigneusement et très-régulièrement sur les claies, ou
qu'on les a disséminés, en évitant toute agglo-

mération entre les interstices des cailloux qui
recouvrent le fond des boîtes à incubation, il
ne faut pas croire que l'on puisse impunément
les abandonner à eux-mêmes et laisser à la nature le soin de veiller à leur entretien et celui
d'opérer la merveilleuse transformation qu'ils
vont bientôt subir. Il ne suffit pas seulement,
bien que cela soit indispensable, que les eaux
qui alimentent les bassins d'éclosion soient parfaitement purifiées, après avoir traversé le filtre
qui les décharge de toutes les matières étrangères qu'elles entraînent avec elles, et que le
débit en soit assuré d'une manière régulière et
continue. Le pisciculteur doit continuer l'œuvre
mécanique mais intelligente qu'il a entreprise, et
qui consiste à ne pas perdre de vue ces produits
de la génération, à les surveiller, à les traiter, à
les soigner.

En premier lieu, et c'est là un point important,
il ne doit réunir, autant qu'il le peut, sur une même
claie, que les œufs de même espèce, d'une même
fécondation, afin de n'avoir point d'éclosions à des
termes différents ; en second lieu, il doit maintenir
la propreté la plus rigoureuse et la plus scrupuleuse
dans les auges et dans les réservoirs; c'est une
tâche qui lui incombe chaque jour, à chaque moment.

Pendant les premiers jours qui suivront la fécondation artificielle, les œufs devront être laissés
dans un repos absolu, et il sera nécessaire, aussitôt
qu'ils auront été rangés, de recouvrir les appareils
de manière à éviter que la lumière ne les frappe
trop vivement. Cette précaution est bonne sous
tous les rapports : 1° elle empêche les byssus de se
former sur les parois des bassins ; ces végétations
se détachant par la fluctuation de l'eau viennent
se fixer sur les œufs et peuvent les endommager
si on n'y prend garde ; 2° la poussière, si préjudi-
ciable, et tous les corps étrangers que l'air char-
rie, ne pénètrent pas non plus dans l'intérieur
des compartiments, s'ils sont recouverts ; 3° enfin
les rats et autres animaux qui vivent dans le
voisinage des eaux et se nourrissent des poissons
et de leurs œufs, se trouvent par ce moyen dans
l'impossibilité de nuire.

Chaque jour, toutefois, et avec le plus grand
soin, on doit examiner les appareils et en extraire
les œufs qui paraissent malades, malsains, ou qui
présentent des traces d'altération. On les reconnaît
à la couleur blanche opaque caractérisant ceux
qui sont impropres à la fécondation artificielle,
à leur grosseur démesurée, à l'irrégularité de la
forme circulaire de l'enveloppe. Si l'on a quelque
doute sur leur qualité, il est toujours prudent de

les mettre à part, pour ne pas s'exposer à voir
le mal se propager dans tout un compartiment. A
cet effet, on peut se servir d'une petite pince dont
nous donnons le modèle à la fig. 21, pl. n° 3, ou
même, ce qui est encore plus commode, d'une
aiguille à tricoter dont on a effilé une extrémité
pour la rendre aussi aiguë que pourrait l'être une
aiguille à coudre. Ce dernier instrument a cet
avantage sur les pinces, que l'on peut enlever un
œuf sans toucher ceux qui l'entourent; mais, d'un
autre côté, on ne doit en faire usage que lorsqu'on est parfaitement assuré de la mauvaise
qualité de l'œuf, c'est-à-dire lorsqu'on constate déjà
un commencement d'altération. Il arrive parfois
en effet qu'il se développe sur l'enveloppe une
sorte de végétation cotonneuse qui lui donne
une apparence suspecte, sans que pour cela il soit
aucunement gâté; si on le transperce avec une
pointe d'aiguille, il est incontestable que la mort
de l'embryon s'ensuivra; tandis qu'au contraire,
ces œufs qu'on croit malades sont parfaitement
susceptibles d'être conservés; il suffit pour cela
de les faire passer dans un courant d'eau assez
rapide pour les dépouiller des dépôts qui les
enveloppent. Si même ce traitement était inefficace, il ne faudrait pas les rejeter pour cela,
et l'on devrait tenter de les débarrasser de ces

végétations parasites avec une plume ou avec
la barbe d'un pinceau, et attendre enfin, ou que
la transparence revienne, ou que l'altération
s'accentue, de manière à ne plus laisser subsister aucun doute sur leur qualité.

Ces diverses opérations doivent être faites dans
des compartiments spéciaux, et l'eau dont on se sera
servi ne pourra sans danger être transmise dans
les autres appareils d'incubation. Il arrive encore,
lorsque les eaux tiennent en suspension beaucoup
de matières terreuses, que le filtre ne parvient pas
toujours à éliminer, il arrive que des dépôts
vaseux se forment sur l'enveloppe des œufs ;
dans ce cas aussi, il faut rapidement procéder au
lavage qui s'opère, soit en soulevant la grille
au-dessus de l'eau et en la replongeant plusieurs
fois dans la cuvette, soit en les changeant d'appareil, soit encore, si l'incubation a lieu sur le sable,
en augmentant le courant dans le bassin, soit
enfin en se servant encore de la plume ou du
pinceau. Mais on peut éviter la formation de ces
dépôts en agitant, chaque jour, très-légèrement,
la claie dans la cuvette.

Toutes ces manœuvres devront être faites avec
les plus grands ménagements, car la trop grande
agitation des œufs, au début de l'incubation, peut
en déterminer l'avortement.

Ici encore il faut reconnaître la supériorité des appareils du jardin zoologique d'Amsterdam, qui préservent de tous ces désagréments, parce que, le renouvellement de l'eau y étant plus considérable, les byssus, les dépôts terreux, sédimenteux, ne peuvent ni se développer dans le bassin, ni se fixer, et sont entraînés par le courant qui ne laisse absolument aucun corps étranger s'arrêter sur la claie. Empressons-nous d'ajouter que ce courant n'est pas assez fort pour occasionner le déplacement des œufs, et que les appareils hollandais de M. de Bont sont alimentés seulement par quatre litres d'eau à la minute.

Est-il nécessaire de dire de nouveau qu'il faut éviter les brusques changements dans la température de l'eau desservant les appareils d'incubation et d'éclosion? Qu'il suffise de savoir qu'un écart trop grand dans cette température peut amener la perte de tous les œufs d'une fécondation.

Le développement de l'embryon est assez intéressant à suivre, pour que nous indiquions dans cet ouvrage les diverses phases auxquelles il est soumis. Ici, laissons parler M. Coste:

« Dans les œufs qui ont été avivés par les mo-« lécules fécondantes, on voit, après un temps qui « varie selon les espèces, et selon que la tempéra-« ture du milieu dans lequel ils sont placés est

« plus ou moins élevée, on voit, dis-je, sur le globe
« intérieur de l'œuf, se dessiner une ligne qui re-
« présente environ un quart de cercle. Cette ligne,
« qui paraît blanchâtre lorsqu'on examine les
« œufs sur un fond sombre, ou opaque lorsqu'on
« les mire par transparence, comme nos fermières
« mirent les œufs de poule, est l'origine du fétus,
« et représente la colonne vertébrale. Pendant
« que cette ligne grandit par le progrès du déve-
« loppement, une de ses extrémités s'allonge pour
« réaliser la queue, tandis que l'autre se dilate en
« forme de spatule. Celle-ci correspond à la tête de
« l'embryon, et il n'est bientôt plus permis d'en
« douter, car les yeux, consistant en deux points
« d'abord brunâtres, puis noirâtres, faciles à dis-
« tinguer, et formant à eux seuls à peu près les
« deux tiers de la masse céphalique, ne tardent
« pas à y apparaître.

    « A mesure que les formes se dessinent chaque
« jour davantage, on voit, à travers les mem-
« branes de l'œuf, le jeune poisson exécuter des
« mouvements assez étendus, se retourner sur
« lui-même et agiter principalement la queue.
« Bientôt le moment de l'éclosion arrive, et ces
« mouvements, qui contribuent probablement à
« faciliter la déchirure des membranes qui tien-
« nent l'embryon captif, deviennent alors très-vifs.

« Chez les saumons et les truites, à l'agitation des
« jeunes s'ajoute un autre signe qui annonce
« l'imminence de l'éclosion. L'enveloppe exté-
« rieure de l'œuf devient un peu opaque et comme
« furfuracée. Chez d'autres espèces, ce signe ne m'a
« pas paru aussi sensible : leur membrane envelop-
« pante conserve jusqu'à la fin une grande trans-
« parence. Enfin, une petite ouverture finit par se
« produire sur cette membrane, et aussitôt la par-
« tie de l'embryon qui se trouve en rapport avec
« cette ouverture vient à l'extérieur. Le plus ordi-
« nairement, la queue ou la tête sortent les premiè-
« res, mais quelquefois aussi la vésicule ombili-
« cale s'engage avant elles et fait saillie au dehors.

« Quelle que soit la partie qui se dégage, le jeune
« poisson, dont plus de la moitié du corps reste
« emprisonnée, n'est pas encore libre de tous ses
« mouvements. Par des efforts réitérés, il parvient
« à agrandir l'ouverture des membranes de l'œuf,
« et, après plusieurs heures, sa délivrance est
« complète. Alors ces membranes, qui ont protégé
« son développement, mais *qui n'ont servi à former*
« *aucun de ses organes*, lui étant désormais étran-
« gères, se décomposent sur place ou sont en-
« traînées par les courants. Le plus ordinairement,
« quand les œufs sont incubés artificiellement,
« elles tombent au fond de l'appareil. »

En général, tous les œufs qui suivent un développement normal conservent une parfaite transparence ; il en est cependant de stériles qui présentent ce caractère jusqu'au dernier moment, mais il n'y a pas à s'en préoccuper ; on les rejettera après que les autres seront éclos.

L'éclosion des œufs d'une même fécondation, provenant de mêmes sujets, s'effectue généralement en totalité, en un ou deux jours, rarement en trois jours. Si les éclosions ont eu lieu sur une claie, il faut supprimer désormais cette partie de l'appareil, nettoyer avec la pipette le fond de la petite auge et en enlever toutes les enveloppes qui y sont tombées.

Un même nettoyage devra être fait dans les bassins à fond garni de sable et dans tous les compartiments.

La pipette est un instrument que tout pisciculteur doit avoir à la main chaque fois qu'il examine ses appareils, car c'est avec elle qu'il peut entretenir cette propreté rigoureuse, si nécessaire pour assurer le succès des procédés artificiels. La pipette est encore d'un grand secours toutes les fois que l'on veut opérer le transbordement des œufs et des alevins. La manière de faire fonctionner cet instrument est assez simple : avant de l'introduire dans l'eau, on bouche hermé-

tiquement avec le pouce la partie A (fig. 22,
pl. n° 2), puis on plonge l'extrémité B, en ayant
soin de la rapprocher le plus possible de l'objet que
l'on veut saisir. Cela fait, on retire le pouce, et
l'air, un instant comprimé, fait place à l'eau, qui
pénètre avec précipitation dans la chambre C, en
entraînant avec elle les corps qui se trouvent sur
son passage.

La force d'aspiration est telle que souvent des
cailloux gros comme une noisette peuvent être
déplacés et pénétrer, malgré leur poids, à l'intérieur de l'instrument. Le niveau, une fois rétabli,
on applique de nouveau le pouce sur la partie A,
et l'on retire la pipette et son contenu ; c'est par
cette même extrémité qu'elle doit être vidée.

Les pipettes sont généralement fabriquées d'un
verre transparent qui permet d'examiner ce qui
se passe à l'intérieur ; cependant M. Rico en a fait
confectionner, pour le nettoyage de ses bassins,
une en zinc, de grande capacité, qui ne pourrait
évidemment servir à un autre usage. (Fig. 23, pl.
n° 3.) Nous donnons également dans nos planches
le dessin de pipettes de formes différentes, afin que
l'on puisse faire un choix entre tous ces modèles.
(Fig. 24, pl. n° 3.)

Reprenons notre sujet à la dernière évolution
de l'embryon, laquelle en fait désormais un être

intéressant, quoique ses organes ne soient pas encore en état de fonctionner comme chez les sujets accomplis, et commence la période de satisfaction du pisciculteur. Il a suivi pendant plusieurs semaines, souvent pendant plusieurs mois, d'un œil attentif et inquiet, les progrès de ces produits de la génération : c'est évidemment l'œuvre de la nature, mais c'est aussi la sienne, et il peut la contempler avec un juste orgueil; elle est le fruit, elle est le résultat de l'observation et de la science humaine combinées. Mais il va falloir désormais s'occuper de cette nouvelle famille, l'entourer de soins, choisir sa nourriture, qui devra être appropriée à ses besoins, enfin l'élever. Nous voici arrivés à l'alevinage.

### DE L'ALEVINAGE.

Après qu'ils sont éclos, les jeunes, pourvus d'une énorme vésicule ombilicale, d'un volume et d'un poids beaucoup plus considérable que le leur propre, se cantonnent, réunis ensemble ou par groupes, vers les angles ou sur les bords des augettes et des caisses, et restent au fond de l'eau, penchés sur le côté. Dans cette immobilité presque absolue, on ne sait s'ils sont vivants ou s'ils sont morts, car c'est à peine si de temps à autre on en voit quelques uns se déplacer et déceler par ce mouvement la présence de la vie. Les nouveau-nés recherchent les endroits obscurs, les interstices des cailloux, et ne commencent à prendre une certaine vigueur qu'au fur et à mesure de la résorption de la vésicule. Dans cet état de faiblesse, ils ne pourraient, s'ils devenaient libres, se soustraire à la voracité de leurs ennemis. C'est pour cela sans doute que la nature prévoyante a donné à la mère cette sûreté d'instinct qui la porte à rechercher les lieux isolés pour y déposer et y abriter sa progéniture; mais tous, hélas! n'échappent pas aux périls dont ils sont entourés, et beaucoup succombent avant d'être parvenus à l'âge de la défense. L'alevinage artificiel est donc, sous ce rapport encore, bien avantageux.

La vésicule ombilicale que les jeunes poissons portent en naissant est destinée à les nourrir pendant le temps qu'exige la formation de leurs organes digestifs; durant cette période, qui se prolonge pendant quatre ou cinq semaines, suivant la température de l'eau, suivant la variété du salmonidé que l'on traite, l'alevin refuse de prendre toute nourriture. Mais, dès que la vésicule commence à disparaître, allégé de ce poids, il devient plus actif, il peut se mouvoir plus aisément, et saisir à la surface de l'eau les aliments qui

vont désormais lui devenir nécessaires. C'est alors
que le pisciculteur doit pourvoir à sa nourriture.
Quelques auteurs soutiennent qu'il faut attendre
que la faim se soit vivement fait sentir avant de
donner aux alevins les substances alimentaires qui
leur conviennent; ils fondent leur appréciation,
sans rien prouver, sur cette considération qu'une
alimentation donnée prématurément est très-nui-
sible aux jeunes poissons. Nous ne sommes pas de
cet avis. D'abord, nous venons de le dire, l'alevin
ne prend de nourriture que lorsque sa vésicule,
une fois résorbée, ne peut plus lui en fournir;
mais la durée de ce travail n'est pas égale chez
tous les individus provenant d'une même éclosion.
Il en est qui perdent la vésicule cinq, six, et même
huit jours plus tôt que leurs frères. Est-ce à dire
qu'il faudra priver pendant ce temps, au risque de
la laisser mourir de faim, la moitié des poissons qui
vivent dans un même compartiment, sous prétexte que l'autre moitié n'est pas à même de s'alimenter? Est-ce qu'à l'état naturel les alevins,
pourvus ou non de vésicule, n'ont pas toujours
à leur portée, dans le milieu où ils vivent, les
mêmes substances qu'ils prendront plus tard? Ce
serait accuser la nature d'imprévoyance. Dès que
chez quelques individus se manifestent les premiers symptômes de la faim, nous pensons qu'on

doit satisfaire à ce besoin, quitte à enlever avec la pipette, pour en empêcher la décomposition, les aliments qu'ils auraient dédaignés.

L'alevinage, la nourriture des jeunes, sont, répétons-le, une des parties les plus difficiles de l'élevage artificiel; c'est pendant cette période que l'on éprouve les plus grandes déceptions; tout un concours de circonstances et leur coïncidence semblent venir les augmenter. En première ligne, les brusques changements de température qui s'opèrent au printemps; ensuite les épidémies qui frappent les jeunes pendant les deux ou trois mois qui suivent la résorption de la vésicule; enfin, durant les grandes chaleurs, la difficulté qu'on éprouve à éviter la corruption des aliments qui doivent composer la nourriture des jeunes poissons. Nous devons dire, toutefois, que ces accidents deviennent moins fréquents si l'on emploie l'eau de source à l'entretien des bassins d'alevinage.

Quelle que soit l'eau dont on fait usage, il est nécessaire qu'elle conserve la température qu'elle avait au moment de l'éclosion.

Ce qui fait surtout que l'eau de source est préférable pour les aleviniers, ce n'est pas seulement parce qu'elle a une plus ou moins grande fraîcheur (en général néanmoins le salmonidé recherche les eaux froides), mais c'est parce qu'elle a une pu-

reté que les eaux même filtrées ne peuvent offrir,
et qu'elle est dépourvue de tout principe malsain,
exempte des matières donnant naissance à une
foule d'animaux microscopiques qui s'attachent
aux ouïes des jeunes poissons dont ils déterminent
la mort. Une seule chose leur manque : l'oxygène;
mais l'on peut en augmenter la dose de plusieurs
manières; la plus simple consiste à introduire dans
les bassins d'alevinage des plantes aquatiques qui,
comme on le sait, ont la propriété d'en dégager en
grande quantité. Nous rappellerons ici l'exemple
de M. de Loës, d'Aigle, qui a tapissé le fond de ses
rigoles avec des plantes de cette nature.

Les eaux oxygénées sont encore plus nécessaires
aux salmonidés qu'à tous les autres poissons.

Après l'éclosion, les bassins nettoyés, les claies
enlevées, on doit recouvrir les appareils pour
éviter que la lumière ne frappe trop vivement les
élèves et ne les provoque à des mouvements qui
pourraient les fatiguer. Si les jeunes sont éclos
dans les augettes du Collége de France, on devra
les en retirer quelque temps avant l'entière résorption de la vésicule, pour les transférer dans
des compartiments plus spacieux. A cet effet, on
se servira ou de la pipette ou d'un petit filet de
la largeur à peu près de la cuvette (fig. 21 bis,
pl. n° 3), et l'on prendra, pour les verser dans un

récipient préparé d'avance et contenant une eau
bien pure, tous les ménagements possibles pour
éviter de les blesser. Si le bassin qui doit les recevoir se trouve à proximité, on pourra encore employer un tube en caoutchouc d'environ un cent.
de diamètre et s'en servir en guise de siphon. Le
débit de l'eau qui desservira les réservoirs sera,
pendant toute la durée de la résorption de la vésicule, le même que durant l'éclosion, et le filtre con-
tinuera de fonctionner. Lorsque les jeunes devront
s'élever dans des aleviniers extérieurs, c'est à l'époque où l'on n'aura plus à redouter les fortes gelées
que devra s'effectuer leur transfert, à moins que
ces bassins ne soient alimentés par l'eau de source,
et nullement exposés à se recouvrir de glace;
dans ce cas, il conviendra de les y placer quelques jours avant ou après la résorption de la
vésicule. Les élèves, dans tous les cas, ne pourraient, sans danger, séjourner dans les réservoirs intérieurs au-delà de l'âge de trois ou
quatre mois.

Nous ne saurions trop recommander aux pisciculteurs de ne pas réunir dans un même compartiment un nombre exagéré d'alevins; c'est
là une précaution dont on ne tiendra jamais assez
compte, et cependant la moindre infraction à cette
règle peut entraîner les conséquences les plus désas-

treuses. Qu'arrive-t-il en effet lorsqu'il y a agglomération d'individus dans un alevinier, particulièrement dans les aleviniers intérieurs qui sont
généralement très-étroits? Il arrive que, lorsqu'un
des élèves est atteint de l'une des maladies qui leur
sont particulières, il la communique aux autres
élèves du compartiment, et le plus souvent tous
finissent par succomber. Il faut bien s'attendre,
au printemps, tant à cause des brusques variations de la température qu'à cause de la mauvaise
qualité des eaux de ruisseau ou de rivière, il faut
bien s'attendre à ce que quelques sujets con-
tractent des maladies ; alors, si le bassin est en-
combré, comment reconnaître les malades parmi
cette masse d'individus ? Tandis qu'en divisant les
alevins par groupes de trois ou quatre cents, le
pisciculteur pourra exercer sur chacun d'eux,
en quelque sorte, une surveillance particulière.
S'il s'aperçoit qu'il en est de malades, il pourra
les séparer des autres et les traiter à part. Il lui
sera dans tous les cas facile de les éliminer.

Si l'alevinage se fait en plein air, la nécessité
de la division est moins impérieuse, puisque les
petits poissons, en raison de l'espace dont ils
disposent, ne sont pas réduits à vivre côte à
côte avec leurs semblables ; mais la division est
toujours désirable.

La surveillance, pourtant, est moins facile, mais elle est aussi moins nécessaire. D'autre part, on ne saurait trop éviter de rassembler des individus d'origine différente, et de réunir par exemple les saumons aux truites, les truites des lacs aux truites ordinaires; c'est autant de domiciles qu'il faut affecter à chaque variété, si l'on ne veut pas les voir s'entre-dévorer. Il est parfaitement prouvé que les salmonidés, même à l'état d'alevins, se pourchassent pour se manger.

L'inégalité dans le développement des individus de cette espèce, qui favorise cette singulière disposition, est quelquefois frappante, et il y a lieu d'en tenir compte. Ainsi on voit, même parmi les jeunes poissons de même essence, des sujets qui à l'âge de deux mois ont acquis un poids et une taille doubles des autres; on en voit aussi chez lesquels le développement a subi un arrêt. Cela explique bien la raison qui fait que tous les mois, au moins une fois, à partir du moment où les élèves ont commencé de manger, il est nécessaire de faire un triage et de les classer suivant leur taille. On objectera que tout cela exige beaucoup de place et qu'avec une modeste installation on ne pourrait ni suivre ces instructions de point en point, ni s'imposer les frais qu'exigerait une telle organisation. Nous répondrons que sur un petit espace on peut

multiplier beaucoup le nombre des compartiments ; n'avons-nous pas déjà fait remarquer que
M. Küffer, de Munich, élève dans un tout petit
coin des saumons du Danube, des truites, des
ombres-chevaliers, des carpes, des écrevisses, et
n'avons-nous pas vu M. de Loës, d'Aigle, tirer
grand parti d'un terrain peu spacieux?

Tout est proportionné à l'importance que l'on
veut donner aux opérations.

### ALIMENTATION DES ALEVINS.

C'est généralement après quatre ou six semaines
que s'effectue la résorption de la vésicule ombilicale chez les salmonidés, et c'est à partir de ce
moment qu'on doit pourvoir à leur alimentation.
On peut du reste attendre que les symptômes de la
faim se soient révélés ; mais, dès que l'on voit le
premier petit poisson aux aguets d'une proie qu'il
espère rencontrer à la surface de l'eau, le moment est venu, et c'est sans retard qu'on doit leur
distribuer la nourriture.

Autant d'auteurs ont écrit sur la pisciculture,
autant de systèmes d'alimentation ont été préco-
nisés. On pourrait presque en dire de même des établissements de pisciculture : on a pu constater dans
nos descriptions la diversité des systèmes employés

par les laboratoires étrangers. Cependant la plupart de ces méthodes sont bonnes; étant le résultat d'expériences consciencieuses, elles sont surtout en rapport avec les moyens dont on dispose dans le milieu où l'on opère.

Pendant les dix ou quinze premiers jours qui suivront la résorption de la vésicule, et même pendant un mois, les aliments destinés à la nourriture des alevins devront être d'une nature légère et digestible. La chair des petits poissons, hachée, bien réduite en pâtée, et passée ensuite dans un linge de mousseline, convient parfaitement, ainsi que la cervelle crue des animaux de boucherie, qui doit être broyée et tamisée ensuite avec le même soin. Cette petite opération est extrêmement simple à faire : il suffit de renfermer la cervelle écrasée dans un linge de mousseline assez forte et d'en former une sorte de pochette que l'on presse en l'agitant dans l'eau, chaque fois que l'on veut en extraire quelques parties de nourriture; elle est cependant d'une grande utilité, car elle permet de n'introduire dans les bassins que des parcelles d'aliments d'une déglutition facile, et les tissus membraneux, les fibres musculaires, d'une digestion pénible, sont retenus à l'intérieur de la toile. Dans tous les cours d'eau on rencontre des petits poissons propres à cet usage. Que ce soient des goujons, des vérons ou des loches, l'espèce importe peu, et c'est certainément la chose qu'un établissement de pisciculture peut le plus aisément se procurer. Mais, à défaut de petits poissons, il n'y a pas le moindre inconvénient à les remplacer par des grands; seulement la chair des petits est plus fine et plus tendre.

Le grand avantage que l'on trouve à donner ces aliments en pâture aux élèves, c'est qu'ils ont la propriété de se maintenir durant quelques instants à la surface de l'eau; or on sait que c'est précisément là, et non dans le fond, que les alevins recherchent leur nourriture. Pendant les premiers jours on n'en doit donner aux jeunes que la dose qu'ils sont susceptibles d'absorber, afin d'éviter qu'il ne s'accumule au fond des bassins des restes qui corrompraient l'eau très-facilement après être entrés en décomposition. Dès le matin, de bonne heure, on procédera à une première distribution, qu'on renouvellera plusieurs fois dans la journée; deux heures avant la tombée de la nuit on en fera une dernière, mais elle devra être un peu plus abondante que les autres. Il ne faut pas oublier que les alevins mangent peu à la fois, mais doivent aussi manger souvent; à l'état libre, c'est toute la journée qu'on les voit aux aguets de la proie qu'ils attendent.

Nous rappellerons ici une observation qui nous
a été faite par le docteur Buckland : « La plupart
des petits poissons, dit-il, qui succombent après
les deux premiers mois qui suivent la résorption
de la vésicule, meurent littéralement de faim, car
ils n'ont pas l'instinct, lorsqu'on les nourrit artificiellement, surtout pendant les premiers temps,
de rechercher dans le fond des compartiments les
aliments qui y ont été déposés. » On ne peut remédier à ce danger qu'en faisant de fréquentes
distributions, ou en employant le petit appareil à
répartition continue, en usage au jardin zoologique d'Amsterdam. (Voyez, au chap. II, la Pisciculture en Hollande.) Après trois ou quatre semaines de ce régime, pendant lesquelles on aura
donné alternativement de la chair de poisson et de
la cervelle, on pourra augmenter la nourriture
d'une pâtée faite de foie de mouton, de veau ou
de bœuf. Pour que cette pâtée soit encore plus
ténue et que les parties en soient plus saisissables,
et demeurent en suspension plus longtemps dans
l'eau, avant de la donner en pâture, on la délayera
dans une petite quantité de liquide, et l'on répandra ensuite le mélange dans le bassin. A deux
ou trois mois les alevins se seront habitués à la
captivité, et auront pris les habitudes qu'on leur

aura imposées; alors ils sauront retrouver dans
tous les endroits de leur demeure les aliments
quels qu'ils soient, qu'on leur aura servis; de plus,
on sera dispensé de faire chaque jour un nombre
aussi grand de distributions.

Le matin, les bassins devront être nettoyés et
débarrassés des excréments et de toutes les mal-
propretés qui se déposent dans le fond.

Dans les aleviniers extérieurs, le régime auquel
on soumettra les élèves sera le même que pour
l'intérieur; mais il sera beaucoup moins compliqué. Dans ces compartiments l'alevin rencontre
sans cesse une foule de petits insectes qui constituent une alimentation excellente.

M. Chantran imagina, il y a quelques années, au
Collége de France, une sorte de nourriture composée de foie écrasé, desséché, qui a donné
de très-bons résultats et qui est aujourd'hui très-
répandue chez les pisciculteurs allemands. Rien
n'est plus simple ni plus commode à préparer :
on prend une planchette de 50 à 60 cent. de
longueur, et de 20 à 30 cent. de largeur, et l'on
étend dessus, en les broyant avec soin, les parties
arrachées avec un couteau ou avec une râpe au
foie non cuit d'animal quelconque; on forme
sur la planchette une couche de cette bouillie
de 1 millimètre environ d'épaisseur. Lorsque

cette pâtée est bien desséchée, ce qui a lieu ordinairement assez vite, si l'endroit où elle est
placée n'est pas humide, on racle le dessus de la
planche avec le couteau ou la râpe, et l'on obtient
une poussière animale capable de se maintenir
quelque temps à la surface de l'eau, et pouvant
parfaitement convenir à l'alimentation des jeunes
salmonidés. Cette poussière a encore l'avantage
de se conserver assez longtemps.

Lorsqu'on commence à s'apercevoir que les
alevins dédaignent la viande réduite en bouillie et
s'attaquent aux morceaux les plus volumineux,
on peut cesser dorénavant de passer la pâtée
dans un linge et se contenter de la leur
servir telle qu'elle a été broyée. Dans quelques
établissements de pisciculture, les élèves sont
nourris à cette période avec du foie cuit, qui se
corrompt lentement et ne tombe pas tout de
suite au fond de l'eau; on se borne à le couper
en petits morceaux pas plus gros que deux fois la
tête d'une épingle. A partir de ce moment on peut
encore, sans inconvénient, alimenter les jeunes
poissons avec de la viande musculaire ordinaire.

Nous croyons devoir mettre en garde les pisciculteurs contre les conseils de quelques personnes
qui recommandent l'emploi du sang bouilli.
Nous savons par expérience que c'est un des plus

détestables aliments qu'on puisse trouver ; c'est
tout au plus si l'on peut le donner en pâture aux
poissons adultes.

La quantité de nourriture accordée aux élèves
devra toujours être en rapport avec leurs besoins ;
il est de toute nécessité de ne pas les laisser souffrir de la faim.

Un autre genre de nutrition recommandé par
M. Coste, expérimenté à nouveau tout derniè-
rement par M. Carbonnier, a également très-
bien réussi ; il consiste en crustacés presque microscopiques des genres cythère, cypris, cyclops, etc., que l'on trouve en abondance, surtout au printemps, dans les eaux stagnantes. Il
est facile de favoriser la production de ces crustacés en en introduisant un certain nombre dans
des tonneaux de jardin ; leur multiplication est si
considérable qu'il serait possible d'en faire la
base de l'alimentation des salmonidés dans leur
premier âge. L'agitation dans l'eau de ces ani
maux, dont quelques-uns acquièrent la taille d'un
moucheron, provoque l'avidité des poissons, qui
ont une préférence marquée pour les proies vivantes ; mais on ne pourrait utiliser ces crustacés
que pendant deux mois ; après cette époque on devrait les remplacer par les crevettes d'eau douce
(gammarus pulex) dont la propagation est éga-

lement très-grande et très-rapide. Mais nous
ne devons pas laisser ignorer que les crevettes sont
très-dangereuses pour les alevins possédant encore
la vésicule ombilicale, et l'on doit se garder d'en
mettre à ce moment dans les bassins.

Les jeunes peuvent encore être nourris avec les
limaces, qui, on le sait, constituent à Meilen un
des principaux éléments de nutrition.

Les vers de terre, de ruisseaux, doivent être
recueillis avec soin ; ils sont également fort
goûtés par les alevins. M. Coste signale comme
étant très-avantageux pour l'alimentation des
élèves les œufs de perches, de brochets, de gardons, de chavannes, et en a fait l'expérience
dans les viviers du Collége de France. Seulement
M. Coste a oublié de dire que c'est là un procédé
qui ne peut être employé que dans un laboratoire,
car il serait de la dernière imprudence d'introduire
dans les bassins d'élevage des œufs de perches
ou de brochets. Il pourrait se faire en effet que
quelques-uns des embryons échappassent à l'avidité des alevins, ce qui ne manquerait pas d'avoir
lieu dans des réservoirs spacieux; ces embryons à
leur tour deviendraient alevins, puis poissons
adultes, et, en raison de leurs instincts voraces et
carnassiers, ne tarderaient pas à commettre les
plus grands ravages dans les eaux où on les

aurait domiciliés. Il n'en est pas de même évidemment des œufs de gardons, de chevannes, etc.; on peut sans aucun inconvénient en alimenter les élèves; mais peut-on toujours s'approvisionner aisément des milliers d'embryons nécessaires à la subsistance d'un certain nombre de nourrains ?

Nous croyons à l'efficacité des proies vivantes sur le développement rapide des salmonidés, et nous considérons qu'on évite avec elles une partie des maladies qui déciment les jeunes dans le premier âge. Les proies vivantes ont encore une supériorité sur les autres substances alimentaires : elles peuvent se conserver longtemps dans l'eau sans l'altérer; mais la difficulté est de s'en procurer une assez grande quantité pour en faire, dans un établissement important, la base d'une alimentation régulièrement distribuée.

Résumons. Pendant la première période: larves, insectes, chair de jeunes poissons, cervelle, poussière de foie ; pendant la deuxième période : foie non cuit, écrasé, insectes, crustacés ; puis, après et successivement, limaces hachées, vers de terre et de ruisseau, viande pilée et coupée, asticots, crevettes d'eau douce. A ces aliments on peut ajouter, en la mélangeant bien, un peu d'orge cuite. Il sera très-avantageux d'alterner et de varier la nourriture dans la mesure du possible.

Agés de six mois, les élèves sont plus faciles à entretenir, leur nourriture peut être moins bien choisie; bientôt on pourra les traiter comme des poissons adultes. Vers les mois de septembre et d'octobre, ils ont traversé la période la plus critique de leur existence ; on doit les considérer comme hors de danger. A ce moment aussi les eaux des rivières deviennent plus froides et plus pures et les maladies plus rares.

### MALADIES DES JEUNES POISSONS.

Les maladies se manifestent au printemps chez les alevins, à la suite des transitions de la température qui surprennent et éprouvent leur frêle [organisation. Celles qui se produisent en été, aux mois de juillet et d'août, sont surtout redoutables, particulièrement dans les aleviniers alimentés par les eaux de ruisseau et de rivière. Elles sont dues : à la température élevée en général des cours d'eau; à la mauvaise qualité des eaux qui, étant utilisées pour les besoins de l'agri-culture, traversent, dans les prés et dans les champs qu'elles arrosent, des couches de fumier, et y con-tractent des principes funestes pour le poisson; elles sont dues encore, et c'est le cas le plus fré-quent, à la mauvaise tenue des bassins, aux ma-

tières animales provenant des restes de nourriture
que l'on laisse séjourner dans le fond et qui,
sous l'influence de la chaleur, se décomposent,
altèrent l'eau et l'empoisonnent. Il n'existe que
peu] de remèdes pour les combattre ; ce que l'on
peut faire avec le plus de profit, c'est de trans-
border les alevins malades dans un compartiment très-propre, fortement alimenté par une
eau courante, pure et fraîche, et de soumettre
ces sujets à un régime particulier. Rappelons
ici que M. Massart de Berne a sauvé toutes les
truites d'un bassin, en les nourrissant, pendant la
durée de la maladie, exclusivement avec des escargots.

Le réservoir spécial affecté aux sujets en traitement devra ne contenir qu'une très-petite profondeur d'eau, afin que le renouvellement se fasse
partout et très-également; mais on évitera toutefois que le courant soit assez fort pour faire éprouver la moindre fatigue aux poissons atteints.

La maladie à laquelle les alevins succombent le
plus ordinairement est celle appelée vulgairement
maladie des branchies. En effet, tantôt ce sont
des algues microscopiques, charriées par l'eau, qui
s'attachent à cet organe et l'empêchent de fonctionner; tantôt ce sont des insectes parasites, des
infusoires qui se développent sur la tête et les

ouïes de l'animal. M. Koltz, dans son *Traité de piscicultur pratique*, signale encore « un autre cas d'asphyxie par les corpuscules flottant dans l'air, qui viennent tomber dans l'eau, s'y rassemblent en petits flocons que les mouvements des poissons et de l'eau dispersent en les enchevêtrant. Ce sont ces détritus qui, trop peu consistants pour être avalés, passent dans l'appareil respiratoire, l'obstruent et asphyxient le poisson (1). » N'oublions pas d'ajouter que les larves du dytique et le dytique lui-même occasionnent la mort d'un grand nombre d'alevins, que l'on pourrait attribuer à tort soit aux maladies dont nous venons de parler, soit à l'insuffisance de la nourriture.

## ÉLEVAGE ET ALIMENTATION DES SALMONIDÉS
### AGÉS DE PLUS D'UN AN.

Dès que le salmonidé est parvenu à l'âge d'un an, il peut être considéré comme un poisson adulte, et soumis au même régime. Il n'est plus nécessaire à ce moment de le traiter d'une façon particulière, pourvu qu'on ait soin de le placer dans les conditions indispensables à son développement. A cet âge, il est acclimaté, habitué à la captivité et à l'alimentation artificielle. Nous dirons, comme

(1) J.-P.-J. Koltz, *Traité de pisciculture pratique*. Masson, 1864.

M. Coste, que la claustration, plus ou moins prolongée des individus soumis à l'élevage artificiel n'éteint nullement chez eux l'instinct de
rechercher leur nourriture. Tout le monde a pu
remarquer que le poisson séquestré guette toujours, à l'endroit où s'opère la transmission dans
le bassin, une proie qu'il désire, et si un ver, un
insecte quelconque, un petit poisson vient à passer,
il se précipite pour s'en emparer, dédaignant les
aliments plus ou moins choisis, plus ou moins
abondants, qui lui auront été donnés.

Le point essentiel, dans un établissement piscicole, est de produire ou de se procurer à bon
marché la nourriture qui doit servir à l'alimentation des poissons en élevage. Il n'y a guère que
deux systèmes en présence : alimentation par les
proies vivantes, alimentation par les proies mortes;
et nous avons remarqué que dans les établissements étrangers on pratiquait généralement les
deux en même temps.

En effet, on a pu voir que M. Mansart, de Berne,
M. de Loës, d'Aigle, M. Küffer, de Munich, etc.,
ont affecté dans leurs établissements des bassins
spéciaux à la propagation de poissons sans valeur,
mais d'une grande fécondité, devant servir de
nourriture aux espèces précieuses, objet de leurs
soins. Rien n'est plus facile, au surplus, que de

produire ces poissons en grand nombre : il suffit
de placer quelques couples de carpes, par exemple,
dans un réservoir creusé en terre, exposé aux
effets de la chaleur extérieure, et alimenté par une
faible quantité d'eau ; si le réservoir est assez
spacieux, si ses bords sont en pente douce et recouverts de quelques plantes aquatiques naturelles
ou qui seront placées là pour la circonstance, à
l'effet de recevoir le frai de ce poisson, on obtien-
dra chaque année une quantité innombrable de
petites carpes que les salmonidés goûteront fort.
Si l'on ne peut disposer d'un bassin réunissant ces
quelques conditions nécessaires, on aura recours
à la fécondation artificielle, et l'on se contentera
de faire éclore les œufs dans des récipients quel-
conques qui devront être tenus au soleil. (Voyez la
Fécondation artificielle des œufs adhérents.)

Le véron est aussi un poisson dont on doit
poursuivre la propagation dans tous les établissements piscicoles, soit par les moyens naturels,
soit par les procédés artificiels. Sa taille, qui
dépasse rarement 8 à 9 cent., en fait une proie
facile à déglutir ; plus petit, il convient admirablement à l'alimentation des truites d'un an à dix-
huit mois. Si l'on n'est pas en situation de pratiquer la fécondation artificielle, du reste difficile,
sur ces petits poissons, on pourra sans doute re-

cueillir leurs œufs sur les frayères et les faire
éclore chez soi. Il est bon de savoir que ces
œufs, une fois fécondés, peuvent être aisément
transportés dans de la mousse humide. Si l'on
veut, au contraire, propager le véron dans l'enceinte même d'un établissement, voici comment
on devra procéder : après avoir choisi le
point d'un ruisseau naturel ou artificiel où il
devra se reproduire, et l'avoir limité par des
grillages en toile métallique destinés à empêcher les sujets de s'évader, on y parquera
quelques reproducteurs. La profondeur de ce
ruisseau devra varier entre 5 et 20 cent. (1); les
bords seront peu profonds, et le lit sera formé
par des cailloux ou du gravier. Ces dispositions
prises, on pourra être assuré qu'ils ne manque-
ront pas, au mois de mai ou au mois de juin,
d'accomplir leurs fonctions génératrices avec la
même fécondité et le même succès que s'ils n'étaient
point séquestrés. Indiquons ici, également d'après
M. Sauvadon, le moyen d'obtenir des crevettes
d'eau douce en grand nombre : « Faire un fossé

(1) M. Sauvadon a publié, dans le numéro de décembre 1867 du
*Bulletin de la Société d'acclimatation*, une étude fort intéressante
sur les crevettes d'eau douce et le véron, et de leur utilité au point
de vue de l'alimentation de l'alevin de truite et de saumon. Nous
empruntons quelques-unes des indications que M. Sauvadon donne
dans cet excellent travail.

(fouilles neuves), de quatre mètres de large. Creuser le milieu de ce fossé à un mètre de profondeur et lui donner un mètre de large ; monter en pierre sèche les deux côtés ou seulement le côté exposé au midi, à 0 m. 70 cent. de hauteur, en laissant, autant que possible, entre les pierres, des cavités qui serviront plus tard, ainsi qu'on le verra ci-après. Mettre en talus le terrain qui reste de chaque côté, en ayant soin de conserver une berge de pierre ou de terre de 0 m. 10 cent. de haut. Prendre ensuite le talus, de manière à avoir sur les bords 0 m. 05 cent. d'eau, et à arriver en pente sur les murs des deux côtés, à 0 m. 30 cent d'eau. Pour cette opération, il est indispensable que le fossé soit traversé par un petit courant d'eau ; celle de rivière est préférable, étant toujours plus douce et plus favorable que l'eau de source. Préparer ensuite le terrain des talus en l'ameublissant un peu pour y semer ou y planter du cresson.

« Lorsque le cresson sera semé ou planté, empoissonner avec des crevettes. Les racines qui poussent abondamment au fond de l'eau leur servent de refuge et d'abri, et leur offrent un endroit convenable pour déposer leur frai. »

En une année M. Sauvadon a obtenu une quantité prodigieuse de ces crustacés ; la reproduction en était si grande qu'en arrachant une poignée de

24

racines, il y trouva une « vraie fourmilière ».

On peut encore faire propager les crevettes dans de simples caisses en bois, comme cela a lieu au Collége de France, lorsqu'on n'a que quelques centaines d'alevins à nourrir. Il suffit d'introduire dans ces caisses des mousses ou d'autres plantes aquatiques, d'y mettre quelques individus et de ne renouveler que très-faiblement l'eau. Toutes les mousses provenant des eaux de la Seine contiennent des crevettes; c'est même ainsi que l'on s'est procuré au Collége de France les premiers reproducteurs.

Parmi les proies vivantes communes qui peuvent être utilisées à l'alimentation des salmonidés, il faut comprendre les têtards, fort appréciés particulièrement par les truites d'un an ou deux. Cette année on avait recueilli, au Collége de France, du frai de grenouilles qui, déposé dans des bacs de ciment peu alimentés d'eau, a donné naissance à une foule de ces batraciens dont on a nourri pendant deux mois les poissons que l'on conserve dans les piscines. Ce qu'il y a d'avantageux avec les têtards, c'est que l'on peut se ménager, durant un temps assez long, cette réserve alimentaire, en retardant ou en accélérant le développement des œufs, par l'effet d'une température plus ou moins basse ou élevée. Bien que la chair des grenouilles soit excellente, on doit éviter que ces animaux n'élisent domicile et ne se reproduisent dans les viviers d'alevinage.

Cependant quelques-unes de ces ressources ne durent qu'une partie de l'année, et, lorsque la saison froide arrive, il faut résoudre, avec la même économie, le problème de la question alimentaire. Dans certains pays, comme en Suisse, en Bavière, en Autriche, les pisciculteurs ont la facilité de faire à bon marché une grande provision de poissons blancs qu'ils mettent saler; en France, les poissons des eaux douces, quelles qu'en soient l'espèce et la qualité, se vendent à des prix si élevés, qu'un établissement de pisciculture ne saurait songer à acquérir pour l'hiver une alimentation aussi coûteuse. On ne peut non plus nourrir tout un troupeau aquatique avec le foie des animaux, on ne s'en procurerait jamais assez; la viande ordinaire est également trop chère. Il n'y a donc d'autre moyen que celui de faire comme quelques établissements étrangers, et de recourir à la viande salée. Dans tous les pays on peut acheter, à des prix très-minimes, les chevaux destinés à être abattus et des chiens; il suffirait de préparer quelques tonneaux de salaisons pour s'assurer une provision suffisante pouvant parer longtemps à toutes les éventualités. La viande salée, nous croyons l'avoir dit, est très-favorable au développement et à l'engraissement du poisson.

On peut également distribuer aux élèves les détritus de boucherie, que l'on coupe par morceaux, ainsi que les restes de cuisine. Les établissements de pisciculture placés sur le littoral, s'ils ont la facilité de se procurer des moules fraîches, devront en nourrir les salmonidés. Les truites du jardin zoologique d'Amsterdam ne vivent que de ces mollusques et profitent cependant beaucoup. Enfin, pour plus d'économie, on mélangera aux aliments hachés, dans une proportion d'un tiers, soit des pommes de terre, soit du maïs, soit de l'orge cuits. Le poisson se fera vite à ce mode d'alimentation et s'en trouvera bien.

Nous estimons qu'un établissement de pisciculture doit, durant l'été, nourrir les élèves avec des proies vivantes qui, susceptibles de se conserver longtemps dans l'eau, ne risquent pas de l'altérer ; pendant l'hiver, on emploiera les autres substances ; à cette époque, l'eau est froide, et les aliments s'y corrompent moins vite.

La seule objection sérieuse que l'on puisse faire au sujet des proies vivantes est celle-ci : savoir, si, en habituant les salmonidés à se nourrir d'animaux vivants, on ne développe pas davantage chez eux l'instinct carnassier qui leur est particulier, et si

on ne s'expose pas par la suite, s'ils viennent à
être privés de leurs aliments ordinaires, à voir
s'entre-dévorer les individus réunis dans un même
réservoir?

Nous posons la question sans la résoudre; mais
nous pensons que les expériences qui pourront
être faites sur ce point ne feront en aucune
façon abandonner le système alimentaire, essentiellement économique, de la nutrition des salmonidés par les proies vivantes.

### TRANSPORT DES ŒUFS FÉCONDÉS.

La facilité de transporter les œufs fécondés à de
grandes distances, sans qu'il en résulte aucun inconvénient, est un fait parfaitement acquis aujourd'hui; il intéresse au plus haut point l'avenir
de l'aquiculture, car il permet de se livrer à des
essais d'acclimatation non moins utiles qu'intéressants. Grâce à ces moyens, auxquels on a apporté les derniers perfectionnements, il nous est
possible de recevoir des variétés de la famille des
salmonidés qui vivent dans les eaux de l'Amérique,
ainsi que la Société d'acclimatation vient d'en
donner tout récemment la preuve.

Déjà, au début des essais entrepris au Collége
de France par M. Coste, on avait pu envoyer aux

États-Unis des œufs fécondés dans nos laboratoires de pisciculture. La Suisse, de son côté, expédie par centaines de mille en France, en Angleterre et un peu partout, les œufs de ses truites des
lacs. Un industriel anglais frète tous les ans un
navire et va recueillir en Amérique des œufs du
*Salmo fontinalis.* Enfin, pour notre part, nous re-
cevons les produits de la Suisse, de la Bavière,
grâce aux moyens de transport connus depuis
longtemps des Chinois, et que les Romains prati-
quèrent avec le plus grand succès.

Il ne nous reste donc plus qu'à examiner quels
sont les systèmes qu'il convient d'employer et dans
quelles conditions.

Le transport des œufs fécondés ne doit se faire
qu'à deux époques différentes de l'incubation :
1° immédiatement après la fécondation ; 2° lorsque
l'œuf est arrivé à la moitié ou aux deux tiers de
son évolution. Il pourrait sans doute s'effectuer à
toutes les périodes de son développement dans des
appareils où il serait possible d'entretenir le renouvellement continu de l'eau, et construits de manière à éviter l'agitation, le déplacement résultant
du cahot des voitures et des wagons de chemins
de fer ; mais cela nécessiterait la présence d'une
personne chargée de veiller au fonctionnement
de la machine, entraînerait conséquemment

à des frais considérables, et ne serait praticable que dans les transports devant se prolonger pendant un temps correspondant à la durée de l'incubation.

Nous avons dit plus haut que les œufs devaient être laissés dans un repos absolu les premiers jours qui suivent la fécondation artificielle. Cette recommandation ne peut pas évidemment recevoir son application s'ils ont été fécondés aux frayères mêmes, car il faut de toute façon les transporter ailleurs pour les faire éclore; mais nous ajouterons qu'aussitôt après l'imprégnation et même pendant les quelques jours qui suivent, le transport peut avoir lieu sans qu'il en résulte de très-grandes pertes, s'ils ont été expédiés aussitôt après la fécondation. Dans le cas contraire, on se trouve obligé d'attendre que l'embryon soit bien formé et qu'on puisse l'apercevoir visiblement à l'extérieur de l'œuf, c'est-à-dire, dit M. Coste, « *à partir du moment où l'embryon y est assez avancé pour que les yeux commencent à se montrer comme deux points noirâtres à travers la membrane de la coque.* »

Avant que cette période de l'évolution soit bien caractérisée par des signes manifestes, on serait imprudent, et l'on risquerait de tout compromettre, en mettant des œufs en voyage. Il ne serait pas moins mauvais d'attendre que l'éclosion touchât à son terme. Il nous est arrivé bien souvent, en recevant des œufs d'incubation trop avancée, d'en trouver un certain nombre éclos pendant le trajet et perdus évidemment sans profit. Une des conditions les plus importantes dans les transports est l'égalité de la température. On doit se précautionner avec le plus grand soin contre les transitions violentes, car elles déterminent presque toujours la mort des embryons. Le froid et la chaleur, poussés à certaines limites, produisent des effets analogues. Le développement de l'œuf, durant le voyage, doit se poursuivre d'une manière régulière; rien ne doit l'entraver; la chaleur l'active,. le froid le retarde.

Conformément à ces indications, et pour y satisfaire, les œufs destinés à être transportés devront donc être placés dans un milieu assez humide pour qu'ils continuent de se développer et qu'ils ne se dessèchent pas. Dans ce milieu, ils doivent de plus être à l'abri des influences atmosphériques.

Les boîtes légères du genre de celles dans lesquelles on enferme les fruits conservés, les jouets d'enfant, et que l'on fabrique surtout en Suisse et dans la forêt Noire, ont été employés avec avantage par le Collége de France, l'établissement

d'Huningue, et le sont encore par presque tous
les établissements piscicoles qui exportent des
œufs. Si le trajet à parcourir est de faible durée,
si le temps promet de se maintenir à une température de 5 à 10 degrés au-dessus de zéro, une
seule boîte assurera leur conservation; si au contraire on traverse une saison tourmentée par des
alternatives de chaleur et de gelée, ou si le thermomètre est descendu au-dessous de zéro, il conviendra de renfermer cette première caisse dans
une seconde. Voici comment on devra s'y prendre :
on remplira d'une mousse parfaitement imbibée
la première boîte devant recevoir les œufs ;
cette mousse sera d'abord purgée de toutes les
impuretés qu'elle pourrait contenir; pour cela
on la fera simplement passer dans l'eau en ayant
soin de bien la laver. La grandeur de la boîte,
bien entendu, sera en rapport avec la quantité
d'œufs qu'elle devra contenir; mais il sera bon,
toutefois, de ne pas en accumuler un trop grand
nombre dans une seule. Nous avons reçu cette
année de Bâle 20,000 œufs de saumons dans une
de ces caisses oblongues, de 30 cent. de longueur
sur 20 de largeur et de profondeur. (Fig. 25,
pl. n° 4.) L'emballage nous en a paru si parfaitement fait, que nous allons le décrire. Les œufs,
divisés par lots de cinq à six mille, étaient enve-

loppés dans un linge humide de mousseline ; les différents paquets superposés, de forme aplatie, étaient séparés les uns des autres par une couche de mousse humectée, de deux à trois centimètres d'épaisseur, et occupaient au centre de la boîte, garnie entièrement des mêmes mousses, un espace qui y avait été ménagé. Au-dessus des paquets, une autre couche de mousse, de trois centimètres, servait à les séparer du couvercle qui fermait le tout. Cette première boîte avait été placée dans une autre de même forme, mais assez grande pour qu'il existât entre les parois un vide de trois ou quatre centimètres, que l'on avait rempli avec des mousses sèches, dans le but d'isoler entièrement le contenu de la petite boîte et de le préserver des influences de la température. Nous ajouterons que les œufs nous sont parvenus en parfait état de conservation, et, malgré le mauvais temps qui a régné pendant la semaine où le transport a eu lieu, nous n'avons éprouvé que les pertes les plus légères. Dans ces circonstances, il faut s'attendre cependant à ce que le tiers et quelquefois la moitié des œufs *qui viennent d'être fécondés* périsse en chemin, tandis que, s'il s'agit d'œufs déjà embryonnés, la moyenne des pertes ne va pas au-delà de 4 à 5 pour 100. L'emploi d'un linge pour les envelopper

Fig. 25

Fig. 26.

Fig. 33.

Fig. 32.

Fig. 28.

Fig. 31

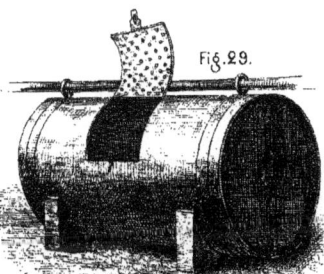

Fig. 29.

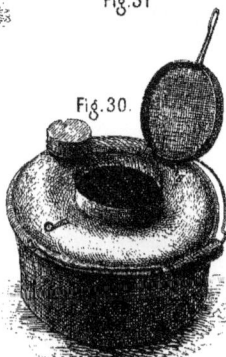

Fig. 30.

Fig. 27.

n'est certes pas indispensable; on ne s'en sert que
dans le but de pouvoir plus aisément les dégager
d'entre les mousses; mais il n'y a aucun inconvénient à les étaler par couches dans la boîte.
(Fig. 26, pl. n° 4.) Il peut se faire que, malgré
toutes les précautions, les œufs, durant le transport, aient été atteints par la gelée; dans ce cas, pour
en conserver le plus possible, on devra, aussitôt
après le déballage, les verser dans un vase
rempli d'eau claire, à une température de un ou
deux degrés au-dessus de zéro, pour que le dégel
ait lieu insensiblement et progressivement; ce ne
sera qu'au bout de quelques heures qu'on pourra
les transférer dans les appareils à éclosion. On
aura ainsi quelques chances de sauver tous ceux
qui n'auront pas été trop sérieusement endom-
magés. Mais, comme on n'a pas toujours sous la
main une eau mesurant juste cette température, le
dégel pourra tout aussi bien s'opérer dans une cave.
On se contentera alors, après avoir enlevé les
mousses de la partie supérieure, de laisser la boîte
à découvert.

Après avoir indiqué la méthode de transport
qui nous a paru réunir le plus de commodités, le
plus d'avantages, et qui offre le plus de chances
de réussite, nous croyons devoir donner la raison
qui justifie notre préférence et nous fait rejeter les

autres procédés. Avec nos boîtes en sapin, que l'on fait séjourner quelques heures dans l'eau pour qu'elles n'absorbent pas l'humidité aux dépens des mousses imbibées qu'elles contiennent, les transports ne présentent aucun embarras ; avec les mousses qui enveloppent les œufs, le renouvellement de l'air est possible, et l'on évite qu'ils ne se couvrent des moisissures se produisant toujours à la suite d'un séjour trop prolongé dans un compartiment humide et privé d'air ; la mousse, par sa légèreté, n'exerce aucune compression, chose que l'on doit éviter absolument.

Les appareils où l'on emploie le sable en guise de mousses humides ne parent nullement aux inconvénients que nous venons de signaler et peuvent tout au plus servir aux transports de courte durée ; si le sable isole le contenu de la boîte des influences de la température extérieure, autant que le peut faire la mousse sèche logée dans le vide qui sépare les deux boîtes et que l'on remplace au besoin par le varech, la sciure de bois, il ne permet pas, d'un autre côté, à l'air de s'introduire à l'intérieur, car il ferme hermétiquement toutes les issues ; de plus, il rend l'appareil très-lourd, et, chose plus grave encore, il déchire souvent l'enveloppe des œufs qui par cela même ne valent plus rien.

Dès que les œufs sont arrivés à destination, il faut, sans retard, les retirer des boîtes et les placer aussitôt dans les appareils à incubation. On devra les jours suivants les examiner avec attention, car ce n'est habituellement qu'après plusieurs jours que se développe le germe des maladies contractées pendant le transport. Ceux qui se sont gâtés doivent être rejetés; ceux qui sont recouverts de moisissure, ou qui paraissent seulement légèrement atteints, peuvent être mis à part dans des appareils, et soumis à un courant d'eau vive. On devra, par exemple, bien se garder de mêler les œufs d'une espèce avec ceux d'une autre espèce; ces confusions sont toujours regrettables.

Si le voyage devait durer une huitaine de jours, il serait désirable qu'il ne s'accomplit pas d'une seule traite, et qu'on pût pendant cet intervalle les faire reposer un jour ou deux dans les appareils d'incubation. On en profiterait pour laver les mousses ou les renouveler.

Les œufs libres à enveloppe résistante qui éclosent au printemps, comme ceux du saumon heuch, ou ceux du barbeau, par exemple, ne doivent être généralement expédiés qu'à des destinations rapprochées, autrement l'éclosion pourrait se produire en route. On nous a cependant indiqué un moyen qui rend cette expédition possible : au lieu de les loger dans une boîte quelconque, on les place dans un bocal rempli d'eau, que l'on entoure d'herbes humides auxquelles on mêle un peu de glace; la température de l'eau du bocal, qui se trouve ainsi maintenue à un niveau assez bas, en retarde l'éclosion de plusieurs jours. Pour éviter les clapotements et le déplacement perpétuel des œufs, on immerge dans ce récipient des herbes aquatiques qui, sans les presser, les maintiennent dans l'immobilité.

Nous avouons, du reste, que le transport des œufs du saumon heuch présente certaines difficultés, surtout si la Bavière est leur point de départ, et l'Angleterre ou la France leur destination. Nous savons bien néanmoins que des pisciculteurs de Munich en ont expédié à des distances considérables; nous nous rappelons bien également que l'établissement d'Huningue, à une époque, en adressait dans tous les pays; mais il serait infiniment plus simple, à notre avis, de faire venir durant l'hiver un couple de poissons de cette espèce pour pratiquer la fécondation artificielle.

Restent les œufs adhérents, comme ceux de la carpe, et les œufs agglutinés, comme ceux de la perche, dont le transport ne peut non plus s'effectuer à de grandes distances en raison de la rapidité de l'incubation. Pour les premiers, dit M. Koltz, «on enveloppe les corps sur lesquels ils sont déposés dans des linges mouillés, et on les place ensuite dans une boîte ou dans un panier sur une couche de végétaux humides, de manière qu'ils ne soient pas trop comprimés. » Quant aux seconds, « on recommande de les mettre avec quelques touffes aquatiques dans des bocaux aux trois quarts pleins d'eau. »

## DU TRANSPORT DES ALEVINS ET DES POISSONS VIVANTS.

### APPAREILS PROPRES A CET USAGE.

Les progrès réalisés par la pisciculture artificielle permettent aujourd'hui de transporter les alevins de salmonidés à de grandes distances. Les procédés appliqués aux poissons vivants, déjà connus des pêcheurs et des marchands qui approvisionnent nos marchés, nous ont mis sur la voie de ces progrès ; mais il a fallu le concours de tous les pisciculteurs pour arriver à un résultat si complet. Les salmonidés sont, de tous les poissons, ceux qui supportent le moins facilement les voyages, les changements, les transbordements ; ils souffrent plus que les autres dès qu'on les retire des eaux courantes où ils ont l'habitude de vivre.

Nous avons déjà vu cependant que l'établissement de Meilen se fait maintenant adresser, des

sources du Rhin à son laboratoire, les reproducteurs nécessaires à ses opérations; nous avons vu
aussi que M. de Loës dirige les truites prises dans
le Rhône vers le lieu où il pratique les fécondations; nous pourrions multiplier les exemples. Eh
bien, c'est avec la même facilité que l'on peut
aujourd'hui, grâce à la perfection ingénieuse apportée aux appareils de transport, expédier d'une
contrée à l'autre les alevins de truite, de saumon, etc. On conçoit combien la solution de cette
question était importante, considérée au point de
vue de l'empoissonnement des eaux ; combien il
était avantageux de pouvoir peupler d'espèces précieuses des eaux susceptibles de les recevoir, mais
qui jusqu'alors ne leur avaient jamais donné asile.

Examinons maintenant dans quelles conditions
les alevins doivent être transportés et les appareils
qu'il faut employer.

La période qui convient le mieux pour transporter les alevins est celle qui précède de quelques
jours la résorption de la vésicule ombilicale.
(Nous l'avons dit en commençant, nous prenons
le salmonidé pour exemple; le transport des autres
poissons présente, du reste, de moins grandes
difficultés.) Lorsque les alevins ont commencé à
prendre de la nourriture, ils subissent avec peine
et souffrance le voyage, ils succombent même

s'il est de trop longue durée, car non-seulement ils ne trouvent point à satisfaire, dans leur étroite prison, le besoin incessant qu'ils ont de manger, mais ils refusent même de prendre les aliments qui leur sont offerts. Dans ces circonstances, il convient de les préparer aux privations en diminuant insensiblement la ration journalière qui leur est accordée, en la supprimant même complétement la veille du départ. Il y aurait bien un autre moyen, mais nous pensons qu'il rencontrerait dans la pratique beaucoup de difficultés; ce serait d'effectuer le voyage par étapes, et de faire reposer les alevins plusieurs heures par jour dans des bassins où ils recevraient de la nourriture, répareraient leurs forces et prendraient une vigueur nouvelle.

Le transbordement des poissons dans l'appareil dont on aura fait choix devra se faire avec les plus grands ménagements et avec promptitude; on évitera surtout de les fatiguer et de les blesser dans les manœuvres, et l'expédition devra suivre de près leur mise dans le récipient. Si, par suite des dispositions de l'appareil et de la trop longue durée du transport, on est obligé de procéder au renouvellement de l'eau, cette opération devra être faite graduellement, c'est-à-dire que l'on commencera d'abord à verser quelque peu de l'eau

nouvelle, afin d'accoutumer progressivement les
alevins à la température à laquelle ils seront désormais soumis; si l'appareil n'est ni trop lourd
ni trop volumineux, on fera encore mieux de le
plonger à différentes reprises dans l'eau destinée à le remplir, pour qu'il en acquière la température. Cette eau devra être pure; mais on se
gardera particulièrement de faire usage de celle
qui provient de puits, et qui peut tout au plus être
employée pour rafraîchir l'appareil suivant le procédé que nous venons d'indiquer. Dans les temps
de chaleur, il est préférable de faire voyager les
poissons pendant la nuit, à cause de la fraîcheur
de l'air. On ne devra jamais les mettre en route
si le temps est orageux. Arrivés à destination, il
faudra, avant de leur donner la liberté, prendre
les mêmes précautions que s'il s'agissait de renouveler l'eau dans l'appareil, car les brusques changements de température leur sont toujours funestes.

Passons maintenant à l'examen des appareils
de transport. Mais disons auparavant que presque
tous ceux dont nous allons parler conviennent à la
fois aux poissons adultes et aux alevins; aussi
nous n'établirons aucune distinction.

Parmi les différents systèmes, nous désignerons
d'abord le plus élémentaire, mais non le plus mauvais, qui n'a d'autre inconvénient que celui d'exiger

beaucoup de place. On fait choix d'un tonneau qui n'a jamais contenu aucune matière capable de nuire, et, après qu'on l'a bien lavé, bien nettoyé, on le remplit de l'eau la plus pure dont on dispose. Vers la partie inférieure de ce tonneau, on ajuste un robinet dont le rôle consiste à alimenter le bassin où sont réunis les poissons ou les alevins. (Fig. 27, pl. n° 4.)

Si le voyage est de longue durée, si l'appareil est installé dans un wagon, on devra, pour éviter tout arrêt dans la distribution de l'eau, la reprendre dans le récipient à mesure qu'elle s'y écoulera et la reverser dans le tonneau.

L'appareil inventé par M. Millet satisfait également à toutes les exigences du déplacement des alevins. Il est vrai de dire que ce savant pisciculteur a consacré dans son ouvrage un chapitre très-intéressant et très-complet au transport des poissons vivants, et a traité cette question de main de maître. Nous ne saurions mieux faire que de lui emprunter la description de son appareil.

### Insufflation de l'air. Appareil Millet.

. . . . . . . . . . . . . .

« En réfléchissant au mode de respiration des poissons et aux conditions de dissolution de l'air dans l'eau, j'ai été tout naturellement amené à chercher à remplacer l'air au fur et à mesure qu'il était absorbé, et à en saturer l'eau autant que possible.

« J'ai alors eu l'idée d'*injecter* ou mieux d'*insuffler l'air* dans l'eau au moyen d'un soufflet à vent.

« L'appareil, réduit à sa plus simple expression, tel du reste qu'il a figuré à l'exposition universelle de 1855, au concours universel agricole de 1856, etc., consiste en un soufflet ordinaire au bout duquel on adapte un tube ou un tuyau; l'extrémité de ce tuyau plonge au fond d'un seau, caisse, baquet, cuve ou tonneau servant au transport du poisson.

« Il suffit alors de faire mouvoir le soufflet pour injecter dans l'eau, selon le besoin des diverses espèces, l'air nécessaire, soit pour saturer cette eau, soit pour satisfaire aux exigences de la respiration.

« Dans la pratique, pour ne point tourmenter le poisson, et pour diviser l'air autant que possible, on adapte à l'extrémité du tuyau insufflant, soit un autre tuyau roulé en spirale et percé d'un grand nombre de petits trous, soit une espèce de pomme d'arrosoir, ou une boîte plate criblée de petits trous.

« Si le transport s'effectue à l'aide de plusieurs
cuves ou tonneaux, on établit un tuyau principal
qui, par des raccords, distribue l'eau insufflée
dans chaque compartiment.

« Pour le transport d'une grande quantité de
poissons qui nécessite l'emploi d'un grand nombre
de cuves ou tonneaux, je me suis servi avec succès d'une pompe qui prend l'eau dans le dernier
tonneau, et la rejette, par une pomme d'arrosoir,
dans le premier de la série ; les tonneaux sont mis
en rapport entre eux, à l'aide de petits tuyaux
placés à la partie inférieure ou à l'aide de si-
phons (1). »

On a reproché surtout à l'appareil imaginé par
M. Millet d'être trop volumineux et d'exiger toujours la présence d'une personne chargée de veiller
à son fonctionnement. Nous n'avons pas à intervenir dans la discussion et à défendre le système
de M. Millet, que nous trouvons excellent ; mais
nous ne pouvons nous dispenser de dire que nous
ne connaissons aucun appareil d'un usage réellement pratique, capable de transporter à de
grandes distances un nombre considérable d'alevins, sans être accompagné ; nous ajouterons
même qu'il vaut infiniment mieux s'embarrasser
d'une machine assez largement établie pour rece-

(1) Millet, *Culture de l'eau*. Tours, 1870, impr. Mame et Cⁱᵉ.

voir un grand nombre de poissons, pourvu qu'elle fonctionne bien, que de recourir à celles qui sont mues par des mécanismes que l'on remonte pour un certain nombre d'heures, mais qui ne déposent à l'arrivée que des sujets morts ou tout au moins exténués par la fatigue. Ces différentes méthodes ont du reste été expérimentées, et la conclusion a été que l'on ne peut transporter les poissons à de longues distances dans des appareils automatiques, et qu'il est d'une rigoureuse nécessité, dans ces circonstances, de ne pas les laisser voyager seuls et comme des colis. Les Américains, gens essentiellement pratiques, comme on le sait, et point rebelles à l'emploi des mécanismes, expédient toujours leurs poissons et leurs alevins en les faisant suivre par un employé. Le jardin zoologique d'Amsterdam, qui dispose d'un très-bon appareil, préfère aussi qu'un convoyeur le surveille jusqu'à destination. Nous pourrions citer encore bien des exemples; mais on comprendra que, dès qu'il s'agit de faire parvenir dans des lieux éloignés des alevins en parfait état, il est sous tous les rapports préférable de s'imposer le sacrifice de les faire accompagner par une personne qui les soignera et veillera sur eux jusqu'à l'arrivée. Cela dit, examinons maintenant les appareils dont on faisait usage à l'établissement d'Huningue.

Lorsque notre établissement national de pisciculture avait à envoyer une petite quantité d'alevins, il se servait d'un appareil se composant d'un
vase de zinc ou de fer-blanc de forme circulaire,
assez semblable aux ustensiles dans lesquels on
met le lait, fermé par un couvercle percé de trous.
Ce vase, dont les dimensions varient entre 45 à
50 cent. de hauteur et 20 à 25 cent. de diamètre,
est renfermé dans un panier d'osier, assez grand
pour que l'on puisse loger entre ses parois intérieures et les parois extérieures du vase, soit de la
mousse, soit du foin, soit du varech, soit tout
autre corps pouvant soustraire, en les isolant en
quelque sorte, les alevins aux influences atmosphériques. L'ouverture de ce récipient est assez
large pour permettre de voir ce qui se passe à l'intérieur et y introduire au besoin le bras sans la
moindre gêne. Une pompe à main, mobile, que
l'on plonge dedans de temps à autre, sert au
renouvellement ou à l'aération de l'eau. (Fig. 28,
pl. n° 4.) C'est dans un second appareil, organisé
sur les mêmes données, mais beaucoup plus grand
et affectant la forme d'un tonneau ou plutôt d'une
bonbonne à huile, que se faisaient les expéditions
plus importantes. L'ouverture de cette bonbonne,
par laquelle on verse les jeunes poissons, est pratiquée à peu près à l'endroit où se trouve la bonde

dans une barrique; elle se ferme au moyen d'un couvercle percé de trous. La pompe que l'on emploie pour aérer l'eau est un peu plus forte que celle dont nous venons de parler. Cet appareil, qui, comme le premier, est généralement fabriqué en zinc ou en fer blanc, est reçu pendant les voyages sur deux chantiers de bois, échancrés suivant son diamètre, de manière que les mouvements du véhicule ne le déplacent pas sans cesse. A deux cercles qui l'entourent à chacune de ses extrémités, sont attachés deux anneaux dans lesquels on passe un bâton pour le soulever, le charger et le décharger. (Fig. 29, pl. n° 4.)

L'établissement d'Huningue s'est enfin servi d'un troisième appareil, différant des deux autres en ce que l'insufflation de l'air a lieu au moyen d'une boule en caoutchouc, fixée dans le couvercle et communiquant par un tube à l'intérieur du récipient. Le récipient est divisé en deux compartiments séparés par une cloison criblée de trous. Dans le compartiment supérieur sont placés les alevins. Il suffit de presser par intervalles la pomme de caoutchouc pour oxygéner l'eau. L'air est introduit par le compartiment du fond, et remonte à la surface après avoir traversé et saturé toutes les couches. (Notons, à propos d'insufflation, que l'on ne doit jamais renouveler l'air avec la bouche;

c'est de l'acide carbonique que l'on dégage ainsi, et non de l'oxygène pur.) Cette machine a été combinée par MM. Noël et Boullangier.

Un autre très-bon appareil est celui dont le jardin d'acclimatation fait usage pour déplacer les poissons vivants qui peuplent son aquarium. Nous en empruntons la description à M. de la Blanchère, cet infatigable chercheur qui a publié, dans le *Bulletin de la Société d'acclimatation* (n° du 8 mai 1869), une étude complète, intéressante et savamment écrite sur le transport des poissons vivants : « Ce récipient se compose d'une caisse à coins arrondis de forte toile galvanisée, fermée par un couvercle hermétique, plat et contenant en son milieu une cavité oblongue, creusée par le battage au marteau et percée d'une infinité de petits trous. Au-dessous de ce premier couvercle s'en trouve un second, séparé du premier par un intervalle suffisant pour loger la cavité convexe supérieure; le couvercle intérieur est fermé par une porte de toile métallique. L'eau, choquée contre les parois de la boîte par les cahots du voyage, jaillit à travers la toile métallique, rencontre les trous du couvercle de la cavité extérieure, et vient se concentrer dans cet endroit, d'où elle redescend par son propre poids dans l'intérieur de l'appareil, pour rejaillir, ressortir et redescendre sans cesse, s'aérant ainsi automatiquement, tant que le vase est en mouvement. »

Nous renvoyons le lecteur à la page 231, pour ce qui concerne l'appareil hollandais, qui est certainement un des meilleurs.

La figure 30, que nous donnons à la planche n° 4, représente l'appareil inventé par M. Caron de Beauvais. Comme on peut le voir, le mécanisme en est simple et bien compris. Facilement transportable, il a été expérimenté au Collége de France, et les résultats qu'il a donnés le mettent en première ligne et font que nous en recommandons l'usage.

Les appareils combinés par M. Carbonnier doivent être classés au nombre de ceux qui offrent le plus de commodité pour le transport d'un nombre limité d'alevins. Celui qu'il désigne sous la dénomination d'appareil inversable a le grand avantage sur tous les autres de ne pouvoir jamais être renversé. Il se compose d'un bidon en fer-blanc, haut d'environ 40 centimètres, retenu dans un panier d'osier de forme carrée et mesurant à peu près 30 centimètres sur chaque face, qui le préserve des chocs et contribue à le maintenir en équilibre. Le goulot, de 10 à 12 centimètres, se ferme simplement avec une toile qui n'empêche aucunement l'air de s'introduire ; enfin cet appareil, que l'on peut, sans crainte pour ainsi dire, confier au chemin de fer, est muni d'une anse en osier qui en rend le transport facile à la main. (Fig. 31, pl. n° 4.)

Le second appareil, inventé par M. Carbonnier, est destiné aux voyages de longue durée. Le but que l'inventeur s'était proposé, et qu'il a atteint, était d'empêcher, tout en laissant pénétrer la lumière, la formation des byssus. Il consiste en une boîte de fer-blanc, haute de 22 centimètres, longue de 22 à 23, et large de 19, qui affecte un peu la forme d'un sac de voyage. Des ouvertures vitrées par lesquelles s'introduit la lumière ont été pratiquées dans le haut; les petits côtés sont, à cette hauteur, munis d'une toile métallique facilitant la circulation de l'air à l'intérieur; une anse mobile permet de le porter à la main ou de le suspendre. (Fig. 32, pl. n° 4.)

Indiquons aussi l'appareil de M. Rico, de Clermont-Ferrand, dont nous avons parlé à la page 88.

Nous dirons quelques mots d'un moyen fort simple, mais on ne peut plus commode, auquel M. Chantran a recours pour transporter à la main un ou deux mille alevins. On choisit un bocal à fruits de 20 ou 30 centimètres de hauteur sur 12 ou 15 de diamètre, qu'on remplit à moitié ou au deux tiers d'une eau très-pure. On peut préserver le bocal d'un bris auquel la fragilité du verre l'expose, en liant autour, avec une ficelle, du foin ou de la paille. On attache une autre ficelle au goulot, et on la dispose de manière à former une anse qui sert à le porter plus facilement. (Fig. 33, pl. n° 4.) Puis, à l'extrémité d'un fil de fer ou d'un lien quelconque, on fixe un petit paquet de mousses ou de plantes aquatiques que l'on immerge dans le vase, en ayant soin que les herbes ne reposent pas dans le fond.. Ces préparatifs terminés, on verse les alevins, et durant le voyage on obtient l'aération de l'eau en soulevant de temps à autre, au-dessus du bocal, la touffe d'herbe pour la laisser égoutter.

Le transport des alevins, ayant déjà mangé, dans les barques transformées en viviers, a été essayé et a parfaitement réussi. « MM. Berthot et Detzem, nous apprend M. Coste, ont expédié un de ces convois, qui, parti de l'établissement d'Huningue, est arrivé à Dijon en douze jours de marche, après avoir parcouru 120 kilomètres et traversé des eaux et des terrains de natures diverses. Quinze cents saumons conduits par cette voie sont arrivés en bon état et ont été déposés vivants dans les bassins du Jardin des plantes de Dijon. » A ce propos, M. Coste ajoute quelques observations intéressantes : « Si la durée

du voyage l'exige, on leur donnera de la nourriture; mais il faudra veiller alors, dans le cas où
cette nourriture serait constituée par des proies
mortes, à l'entretien de la propreté de ce vivier
mobile, parce qu'un séjour trop prolongé de débris en décomposition pourrait nuire à la colonie
aquatique. Il serait plus opportun et plus prudent
de ne leur donner que des nouveau-nés vivants,
provenant de l'éclosion des espèces connues (1). »

(1) Coste, *Instructions pratiques sur la pisciculture.*

# ANNEXE.

## PISCICULTURE DOMESTIQUE AGRICOLE ET PISCICULTURE FLUVIALE.

—

La pisciculture combinée avec l'agriculture doit produire de grands résultats au point de vue de l'alimentation publique. « Il faut, dit M. Lamy dans son ouvrage sur la pisciculture, se bien pénétrer de cette pensée que le pisciculteur est un véritable cultivateur qui a pour champ d'exploitation, non une terre et des bestiaux, mais un étang et des poissons. Bien que travaillant dans un milieu différent, un pisciculteur tend au même but que l'agriculteur : produire et engraisser pour l'alimentation publique. Le poisson dans un étang est une sorte de bétail à l'étable, qui engraisse d'autant plus vite qu'il est soigné et nourri avec plus de zèle et d'intelligence (1). »

Qui possède les étangs en France ? Ce sont les agriculteurs. Où les sources d'eau pure prennent-elles naissance ? Dans les propriétés des agricul-

(1) D^r Lamy, *Nouveaux Éléments de pisciculture.*

teurs? Qui dispose des petits cours d'eau, qu'il est si facile d'empoissonner et de rendre productifs? L'agriculteur. Or l'agriculteur né s'occupe pas ou ne s'occupe que très-peu de pisciculture. Il sait pêcher un étang tous les trois ou quatre ans, y laisser un nombre de reproducteurs qui n'a pas varié depuis que l'étang existe ; mais il sait rarement l'améliorer. Les applications de la pisciculture artificielle lui sont inconnues ; il ignore que les sources, les ruisseaux, les mares, peuvent être utilisés avec le même profit que s'il ensemençait un coin de son jardin ou de son pré. Dès qu'il en sera instruit, il saura bien en tirer un profit quelconque, et, si ce profit est en rapport avec sa peine, il y prendra goût, et la culture des eaux, si négligée, si délaissée même, prendra aussitôt un autre essor, et des horizons nouveaux seront ouverts à l'alimentation publique.

C'est en vertu de ces considérations que nous avons cru bon de consacrer une étude spéciale à la pisciculture domestique agricole et à la pisciculture fluviale, que nous traiterons en même temps. Nous n'avons certes pas la prétention de faire un précis de pisciculture qu'il suffira à chaque agriculteur de consulter pour qu'il devienne un pisciculteur accompli ; mais nous pensons que les indications que nous consignerons ici lui apprendront tout au moins les quelques éléments qu'il est indispensable de connaître, et, la pratique aidant, nous avons l'espoir que nous n'aurons pas fait une tentative infructueuse, ni une œuvre inutile.

Dans un grand nombre des provinces de la France, notamment dans les pays de montagnes, il n'est guère de ferme, de petite propriété qui ne soit desservie par les eaux d'une source, si ce n'est par les eaux d'un ruisseau. La plupart du temps, si cette source est voisine de la maison, elle est captée et renfermée dans un petit bassin ou réservoir, que l'on a le soin de recouvrir et que l'on désigne sous le nom de fontaine. C'est là, en effet, que l'on se procure les eaux potables nécessaires aux besoins du ménage. D'autres fois, elle est seulement reçue dans un baquet de bois, où les animaux vont s'abreuver; d'autres fois aussi, elle alimente un réservoir que l'on vide dans les temps de chaleur pour en arroser ou les jardins ou les prairies; enfin, quelquefois encore, les sources coulent simplement dans les rigoles qui sillonnent les prés, pour y entretenir cette humidité qui leur est si profitable. Rarement toute cette eau est utilisée en entier, et, le fût-elle, notre projet n'en distraira pas la plus petite quantité, n'en fera pas perdre une seule goutte. Il s'agit seulement de la faire servir à deux usages également utiles, car, après avoir circulé dans des piscines, elle ne sera ni plus ni moins bonne, et pourra être comme auparavant employée pour les autres besoins agricoles. Reste à savoir quelles sortes de poissons on doit élever et comment on peut le faire. La nature de l'eau nous servira de guide dans la première question. Si l'on dispose d'une source d'eau claire et fraîche, elle sera propre à l'élève de la truite; dans le cas contraire, on pourra l'affecter à la production d'autres poissons plus communs, tels que la carpe, la tanche, etc., etc. La truite est moins difficile à élever que ce qu'on en dit de toute part pourrait le faire supposer; c'est un poisson essentiellement alimentaire, très-délicat, très-recherché, qui présente de réels avantages au point de vue de l'application des procédés de pisciculture artificielle. La truite est parfaitement susceptible de domestication; elle engraisse rapidement si la nourriture qu'on lui distribue est appropriée à sa nature, à ses besoins. Il est évident qu'il faut la placer dans un milieu où elle puisse vivre; il faut aussi la protéger, la nourrir; mais cela n'est ni difficile ni coûteux.

Donc, si l'on dispose d'une source d'eau vive, et que l'on veuille l'utiliser à l'élève de la truite, la première chose à faire sera d'en recueillir les

26

eaux, soit dans un bassin creusé dans le sol, soit
dans un bac de pierre, soit même dans un bac
de bois semblable à ceux où s'abreuvent lès animaux. C'est là que l'incubation devra avoir lieu.
On a remarqué dans le chapitre précédent que l'é-
closion des œufs se faisait indistinctement dans des
bassins sur le gravier, ou sur des claies suspendues dans des appareils. La construction des bassins, l'achat des appareils sont choses qui, sans
être précisément coûteuses, entraînent néanmoins
à des dépenses qu'on doit éviter en pisciculture
privée. Un bac en pierre, garni de gravier dans
le fond, pour recevoir les œufs, est très-suffisant
à l'éclosion et à l'alevinage d'un petit nombre de
poissons. Il en est de même des bacs-abreuvoirs.
Il suffira, pour obtenir une bonne éclosion, que
ces récipients soient recouverts de planches ou de
branchages, qui empêcheront la gelée de les envahir durant l'hiver, et les garantiront en même
temps contre les animaux nuisibles. D'autre part,
nous avons vu que M. de Tillancourt se contentait
de placer les œufs dans un trou pratiqué à l'origine d'une source, pour les faire éclore. On pourrait à l'occasoin recourir à ce moyen, en ayant la
précaution, toutefois, de garantir l'accès de ces
sortes de réservoirs. Un autre appareil d'éclosion
fort simple, imaginé par le docteur Maslieurat-

Lagémard, membre du Conseil général de la
Creuse, et expérimenté par son auteur avec succès, peut être d'un grand secours pour les personnes qui se livrent à la pisciculture domestique.
Voici comment l'explique M. Maslieurat, dans
une très-bonne brochure qu'il a publiée à Guéret
en 1873 :

« On réunit quatre petites planches de 10 centimètres de haut et de 50 centimètres de longueur.
On attache sur un côté deux ou trois petites traverses de quelques centimètres de large. Sur ces
traverses, qui servent de fond, et avec de petites
pointes qu'emploient les vitriers, on fixe de petits
barreaux d'osier de la grosseur d'une plume à
écrire, et on les espace de manière que de gros
grains de chènevis ne passent pas au travers.
Cette petite grille représente la grille si fragile,
en tubes de verre, de M. Coste. C'est sur elle que
les œufs doivent être déposés.

« On fait un petit baquet en bois, de 25 ou
30 centimètres de profondeur, et assez grand pour
que la grille y entre avec facilité. Dans le milieu,
on attache quelques tasseaux, sur lesquels repose
la grille, qui ne doit pas toucher tout à fait le
fond du baquet.

« Pour plus de sécurité et pour mieux garantir
les œufs de la lumière du soleil, qui leur est nui-

sible, et des insectes ou des autres poissons qui
pourraient les dévorer, on met le baquet avec sa
grille dans une boîte en bois (percée de trous)
recouverte d'un couvercle.

« Pour faire éclore les œufs, on met la boîte
qui contient le baquet et la grille dans une eau
un peu courante. Il faut que la boîte soit recouverte de quelques centimètres d'eau seulement,
afin qu'en levant le couvercle, on puisse surveiller les œufs. Il faut la placer un peu à l'ombre, le
soleil est nuisible. On met un peu de sable dans le
fond de la boîte et dans le fond du baquet, afin
que les petits poissons qui pourraient y tomber ne
souffrent pas.

« Ces précautions prises, on place avec soin les
œufs sur la grille. Il ne faut pas qu'ils soient les
uns sur les autres, beaucoup pourriraient. Si l'on
avait une très-grande quantité d'œufs à faire
éclore, on ferait plusieurs appareils. Une grille de
50 centimètres de long sur 40 centimètres de
large peut contenir de 1,500 à 2,000 œufs. Sur
une grille il vaudra mieux mettre une ou deux
traverses dans le milieu, afin que l'espace soit divisé en deux autres compartiments. Les œufs ainsi
séparés seraient moins exposés à couler les uns
sur les autres.

. . . . . . . . . . . . . . . . .

« A mesure que les petits poissons éclosent, ils restent sur la grille. S'il en passe quelques-uns à travers, ils tombent dans le fond du baquet et restent sur le sable qu'on y a mis. »

M. le docteur Maslieurat avait surtout combiné son appareil pour rendre facile aux riverains des cours d'eau l'exercice de la pisciculture. Mais cet appareil trouvera une application aussi utile en pisciculture domestique agricole, car il peut dispenser au besoin d'établir des bassins et des bacs pour l'éclosion et l'alevinage. Il est d'autant plus commode qu'il suffit de le plonger dans l'excavation d'une source, dans une fontaine, pour que l'on n'ait plus d'autre peine à prendre que celle d'enlever la grille lorsque les œufs sont éclos, et de nourrir les alevins dès qu'ils veulent manger. L'appareil de M. le docteur Maslieurat-Lagémard, ainsi employé, n'exige pas, pour être alimenté, une grande abondance d'eau : une source dont le débit serait de 5 ou 6 litres par minute en assurerait le parfait fonctionnement. On peut du reste se passer d'une très-grande quantité d'eau en pisciculture domestique, et cette même source, fournissant 5 ou 6 litres par minute, suffirait également à l'entretien des bassins renfermant deux et trois cents truites. Citons encore ici M. de Tillancourt, et rappelons que dans des fossés creusés au pied

de certaines sources débitant à peine 4 et 5 litres
d'eau en une minute, il a nourri un nombre
considérable d'alevins, qui sont devenus de très-
beaux poissons. La qualité de l'eau est plus essentielle, et l'on doit surtout s'appliquer à lui conserver sa pureté et sa fraîcheur. Avec ces éléments
et une nourriture convenable, l'élève de la
truite, son acclimatation, sa domestication peuvent être réalisées sans peine et avec le plus grand
profit.

Passons à la seconde phase de l'élevage artificiel et domestique de la truite, qui est l'alevinage.
Après que la résorption de la vésicule ombilicale
sera accomplie chez les jeunes, on pourra les
nourrir pendant quelque temps encore dans les
lieux où ils seront nés; mais, dès qu'ils auront acquis un peu de force et de développement, on
ne devra pas les confiner plus longtemps dans
cette étroite demeure, et il faudra songer à leur
en préparer une nouvelle, offrant les conditions
indispensables à leur croissance. Les rigoles que
l'on creuse dans les prairies pour les irrigations
peuvent parfaitement convenir à cet usage; mais
il sera nécessaire qu'elles soient convenablement appropriées, nettoyées, garnies de cailloux
et de gravier dans le fond, et surtout que le
renouvellement de l'eau s'y fasse d'une manière

continue. Il faut en outre qu'elles soient le plus possible rapprochées des sources qui les alimenteront, et que l'eau s'y maintienne à une température n'excédant jamais 18 à 20 degrés. En les creusant profondément, en les recouvrant sur certains points avec des planches ou des branchages, on y entretiendra une fraîcheur convenable. Il serait même préférable, si cela était possible, que ces rigoles fussent dirigées sous les arbres, les broussailles, qui, en les ombrageant, les préserveraient des atteintes de la chaleur du soleil. Ce petit parc d'élevage devra être barré à son extrémité inférieure par un ou plusieurs grillages, qui empêcheront les poissons de se répandre au-delà des limites qui leur auront été assignées. Si l'on se trouve dans l'impossibilité d'établir ces rigoles, si, d'autre part, la source ou les sources dont on dispose ne sont pas suffisantes pour y entretenir le renouvellement perpétuel de l'eau, on pourra sans inconvénient placer les alevins dans un de ces réservoirs désignés dans certaines contrées de la France sous le nom de pêcheries, et établis presque toujours à l'origine des sources, que l'on voit partout à la campagne, et qui sont destinés, soit au rouissage du chanvre, soit à servir de lavoir, soit enfin à retenir les eaux dont on a besoin pendant les temps de sécheresse.

Il est bien entendu, par exemple, que cette pêcherie
ne devra pas être affectée à d'autres usages qu'à
contenir les poissons, et l'on évitera non-seulement d'y mettre du chanvre, d'y laver, mais
aussi d'y placer des pièces de bois vert, ainsi qu'on
a l'habitude de le faire. Si un réservoir est nécessaire pour ces divers besoins domestiques, on aura
la faculté d'en construire un au dessous, qui rece-
vra le trop-plein du premier ; on perdra sans doute
un peu de terrain, mais non sans compensation.

Après que les élèves auront passé une annéé
dans les rigoles, il conviendra de les transférer
dans un des bassins dont nous venons de parler,
à moins que les canaux où ils se trouveront déjà ne
soient assez profonds, assez larges, assez spacieux
pour qu'ils puissent continuer à s'y développer.

Nous ne dissimulerons pas que nous préférons,
pour plusieurs raisons, les rigoles aux réservoirs.
D'abord les jeunes poissons y sont établis comme
ils le seraient s'ils vivaient librement; ils y ont de
l'eau vive; ils y rencontrent une nourriture naturelle; ils y trouvent les racines des plantes pour se
cacher, les excavations du terrain pour se reposer,
s'abriter, se préserver; aussi leur développement
s'y accomplit d'une façon normale et régulière.

Tout ce troupeau aquatique et domestique
sera nourri avec les aliments que l'on trouve

communément à la campagne : débris de cuisine, entrailles de volaille, limaces, escargots, vers de terre, etc., que l'on mélangera avec une portion de farineux cuits, tels que pommes de terre, châtaignes, maïs, orge, etc. On pourra en outre compter pour une large part sur ce que la nature, de sa main généreuse, distribue à tous les animaux qui vivent sur la terre.

Ainsi qu'on le voit, il est facile et peu coûteux, à la campagne, lorsqu'on possède le moindre filet d'eau, la moindre source, de cultiver, d'élever la truite, ce poisson délicat, et nous avons la conviction qu'un grand nombre de nos agriculteurs, s'ils étaient au courant des procédés piscicoles, pourraient se créer ainsi des ressources alimentaires suffisantes pour les nourrir, eux et leur famille, pendant plusieurs mois de l'année.

Mais ne nous détournons pas plus longtemps du sujet qui nous occupe, et, avant de parler de la culture des poissons plus communs dans les eaux de qualité moindre, supputons quelles sont les chances que l'on a, en pisciculture domestique agricole, de voir réussir l'élevage des salmonidés. Supposons, par exemple, que mille œufs de truites ont été mis en incubation. Sur ces mille œufs, soit que la fécondation ait été incomplète, soit qu'il en soit mort pendant l'incubation, nous voulons bien ad-

mettre, et cela est presque impossible, à moins
que les œufs n'aient été fécondés détestablement,
nous voulons bien admettre que sept cents seulement sont éclos. Supposons encore que de ces sept
cents alevins cent cinquante, si l'on veut, ont péri
durant la période de résorption de la vésicule ombilicale; il restera encore cinq cent cinquante élèves à placer dans les canaux d'alevinage. Arrivés
là, si les canaux sont en bon état, si l'eau est de
bonne qualité, si elle est suffisamment renouvelée,
nous avons la presque-certitude que les élèves s'y
porteront bien et s'y conserveront, à moins d'accidents imprévus. Et, pour faire la part belle aux
pessimistes, nous leur concéderons encore, les maladies en décimant quelques-uns, les animaux
nuisibles en dévorant quelques autres, que de ces
cinq cent cinquante petits poissons, trois cents
seulement atteindront l'âge d'un an. Mais à un
an une truite est sauvée, et c'est, en somme, trois
cents excellents poissons que l'on pourra engraisser tout à son aise.

A partir de ce moment tous les soins ne devront
pas cesser, et l'on ne se bornera pas seulement à
servir aux élèves la nourriture qui doit les faire
vivre. Il faudra, certes, entretenir le réservoir en
parfait état de propreté, en rendre l'accès impossible aux animaux avides de poissons, veiller au

renouvellement de l'eau, et, enfin, se rapprocher le plus possible des enseignements que l'on doit suivre aussi bien en pisciculture domestique qu'en pisciculture industrielle.

Reste un dernier point sur lequel nous croyons devoir nous arrêter un instant. Nous avons bien parlé d'incubation, d'éclosion, d'alevinage, mais nous n'avons rien dit de la fécondation artificielle des œufs, et s'il serait possible de simplifier les manipulations auxquelles elle donne lieu. Il faut, dans le cas qui nous intéresse, et pour nous conformer au principe d'économie que nous avons posé, que toute personne faisant de la pisciculture, à ce point de vue, sache non-seulement diriger l'éclosion, l'alevinage, mais connaisse aussi le moyen de se procurer elle-même des œufs. En ce qui concerne la fécondation artificielle, l'on ne peut s'éloigner aucunement des méthodes usitées et consignées dans ce livre; mais en vérité tout cela s'apprend vite avec un peu de patience et de goût. Nous connaissons des pisciculteurs, devenus depuis très-habiles, qui ont puisé les premières notions de cette science dans les traités de pisciculture.

Nous estimons qu'en pisciculture domestique agricole il est préférable, sous tous les rapports, d'opérer la fécondation artificielle avec des reproducteurs pris dans les eaux de la contrée ; si l'on possède dans des réservoirs d'élevage des sujets acclimatés, on peut, avec la même confiance, les faire reproduire. Et chaque année, si l'on considère qu'une seule truite d'une livre pond environ de huit cents à mille œufs, c'est sans frais aucun que l'on se procurera plus tard la provision d'œufs nécessaire à la prospérité des canaux et des réservoirs.

Examinons maintenant quel est le parti que l'on peut tirer des eaux non vives et des eaux pluviales, insuffisantes pour former un étang, mais pouvant entretenir une pièce d'eau, une mare, un réservoir, etc. S'il s'agit d'eau provenant de rivière, on pourra toujours essayer d'y acclimater la truite ; mais, si les premières tentatives sont infructueuses, c'est aux espèces des étangs que l'on devra s'adresser. (Nous laissons de côté l'empoissonnement des ruisseaux ; nous ne considérons en ce moment que les moyens d'utiliser les petites quantités d'eau.) Au nombre de ces espèces, nous choisirons de préférence la carpe, la tanche et l'anguille, qui sont les poissons qui réussissent le mieux et ceux dont la culture exige le moins de peine. Ces poissons sont susceptibles de vivre et d'engraisser dans toutes les eaux, et c'est une

erreur de croire que les fonds vaseux, les eaux
chaudes et peu renouvelées, sont seules capables
de favoriser leur développement. Dans notre
second chapitre nous avons signalé les procédés
d'élevage adoptés par M. Küffer, de Munich, et
nous avons vu que les belles carpes à chair fine et
délicate qu'il conserve dans son établissement
sont parquées dans les eaux les plus vives, où elles
sont, il est vrai, abondamment nourries. Quant à
l'anguille, on connaît les expériences qu'avait entreprises M. Coste dans les viviers du Collége de
France, dont les eaux sont pures et le fond des bassins parfaitement propre. M. Coste a prouvé que
l'anguille profitait surtout en raison de la nourriture qui lui était distribuée. Ainsi il a calculé que
30 anguilles d'un an pesaient une livre, tandis
qu'on compte 1,800 petites anguilles dans une livre
de montée. Sans doute, si ces espèces doivent habiter, pour s'y propager, des eaux étendues où elles
ne recevront absolument aucune nourriture, il y
aura avantage à les placer dans un tel milieu, car
elles y trouveront les insectes de toutes sortes qui foisonnent dans les eaux dormantes et qui serviront à
les faire vivre, et les conditions nécessaires à l'accomplissement de l'acte de la reproduction; mais
ici ce n'est pas le cas, et nous sommes obligés du
reste de supposer que toutes les personnes qui

suivront nos conseils ne seront pas toujours à
même d'organiser de grands réservoirs où la
nourriture naturelle abondera, ni de choisir la
qualité des eaux. Il faut donc partir de ce principe que, le plus souvent, le poisson sera nourri,
nourri, il est vrai, très-économiquement. Nous
ne pouvons à ce sujet mieux faire que de citer
l'exemple de M. de Monicault, dont nous avons
parlé au chapitre II, et de rappeler que cet agriculteur distingué a su, en nourrissant ses élèves,
tirer de ses étangs un parti considérable, et a
réussi à y faire vivre une plus grande quantité de
poissons que ne l'aurait comporté leur étendue,
s'il s'en était tenu à nos anciennes méthodes de
culture de l'eau.

Nous ferons toutefois une distinction, et nous dirons que, si l'on dispose d'eau courante, il sera avantageux d'y parquer la tanche surtout, car, des trois
sortes de poissons que nous venons de désigner,
elle est la plus exigeante sous le rapport de la qualité de l'eau et préfère celle qui est bien renouvelée
à celle qui l'est peu. Nous dirons aussi qu'il vaut
infiniment mieux élever l'anguille séparément,
car c'est un poisson carnassier; il ne s'attaque, il
est vrai, aux proies vivantes que lorsqu'il y est
contraint par la famine; mais il a un faible marqué
pour la chair, quelle qu'elle soit. Nous ajouterons

que les bassins où l'anguille sera cultivée devront
être très-soigneusement fermés, car elle profite de
la moindre issue pour s'évader ; elle a cette tendance dans les temps de pluie particulièrement, et,
dès qu'elle est hors des réservoirs, la moindre trace
d'humidité lui suffit pour favoriser son déplacement et lui permettre de s'éloigner à des distances
considérables. Il existe cependant un moyen bien
simple pour mettre obstacle à ses tentatives d'évasion, c'est de répandre du sable autour de la pièce
d'eau où elle est confinée.

Les nourrains de cette espèce n'exigent aucun
soin particulier, et, sous ce rapport, l'élevage en
est bien plus facile que celui de la truite. On se
contente de leur distribuer la nourriture, et, si
le vivier est spacieux, si le nombre des sujets
n'est pas considérable, il n'est même pas nécessaire
de le faire chaque jour ; ils trouvent dans les eaux
une foule de choses (insectes, vers, etc.), qui suffisent à leurs premiers besoins.

Plus les bassins seront grands, plus on pourra
conséquemment y mettre de poissons. Dans un
réservoir de 20 mètres carrés de superficie, par
exemple, il est possible de loger cent cinquante
et deux cents anguilles ; le tout est d'avoir les
ressources pour pourvoir à leur alimentation. La
nourriture des anguilles peut se composer des

débris de cuisine et surtout de détritus de boucherie; les intestins des animaux, le sang cuit, les font vite engraisser; les limaces, les vers de terre, les proies mortes, et même en décomposition, peuvent leur être données en pâture. En trois ou quatre ans, une anguille convenablement nourrie atteint le poids de un kilogramme. M. Lamy, dans ses *Nouveaux Éléments de pisciculture,* dit que : « Si l'on destine un bassin à la culture seule de ce poisson, il faut que le fond soit garni de terre glaise, que des retraites souterraines soient pratiquées sur sa circonférence, afin que l'anguille puisse s'y réfugier soit par les temps chauds, soit par les temps froids. » Si ce bassin peut être pourvu d'eau courante, la chair de l'anguille gagne en qualité.

Il est aujourd'hui à la portée de tout le monde de se procurer du frai d'anguille ou de la *montée,* comme on le désigne plus particulièrement. Un grand nombre de départements se chargent du reste de cette provision et font des distributions gratuites.

La carpe et la tanche sont encore plus faciles à traiter. Ces poissons se nourrissent de larves, d'insectes, d'herbes, etc., etc., et coûtent bien moins cher à entretenir que les volailles des basses-cours. Les réservoirs affectés à l'élève de la carpe et de la tanche doivent être aménagés de façon

que les herbes puissent pousser sur les bords. Si
le bassin est spacieux, si la température de l'eau
au printemps permet à ces animaux d'accomplir
leurs fonctions génératrices, on ménagera d'espace
en espace des touffes d'herbes où ils déposeront
leur frai. On pourra recueillir ce frai pour le faire
éclore à part, afin de renouveler les poissons à mesure qu'ils s'épuiseront et pour qu'il ne s'accumule
pas dans un seul bassin un trop grand nombre
d'individus. Si la disposition du réservoir n'est
pas favorable à leur propagation, on a deux manières d'y suppléer : la première consiste à les
faire reproduire artificiellement, et, pour cela, on
trouvera les indications nécessaires au commencement de ce chapitre; la seconde consiste à acheter
des nourrains au moment où l'on pêche les
étangs. Le transport de ces alevins s'opère sans
difficulté et l'on peut les faire venir d'assez loin,
en les mettant simplement dans un récipient
rempli d'eau.

Mais les personnes auxquelles nous nous adressons, les cultivateurs, les propriétaires, ne possèdent pas seulement des sources d'eau vive, elles
ont encore la libre jouissance des petits cours
d'eau non classés et généralement des ruisseaux.
Dans ces conditions, ce n'est plus quelques centaines de poissons qu'il est possible d'élever chaque

année pour les besoins domestiques; ce champ aquatique peut devenir l'objet d'une exploitation considérable et fournir à l'alimentation publique une source inépuisable de production. C'est peut-être dans un ruisseau que la pisciculture agricole trouve son application la plus complète. Un ruisseau est un domaine facile à surveiller; on y opère à l'abri de tous les désagréments auxquels on est exposé dans les grands cours d'eau; on en est maître en quelque sorte; il se prête à toutes les combinaisons, à toutes les dispositions; on peut voir là ce que l'on fait, et chaque jour on peut apprécier les progrès qui s'accomplissent.

Sans doute, il faudra le ménager, ce ruisseau que l'on peuplera de poissons; on ne devra pas inconsidérément le détourner totalement pour arroser une prairie dans laquelle on répand le plus souvent deux fois plus d'eau qu'il n'en est besoin. Il faudra laisser un petit courant qui maintiendra toujours pleins les trous et les excavations où se réfugieront les poissons pendant qu'ils seront privés de la quantité ordinaire d'eau à laquelle ils sont habitués. Mais cela sera l'affaire de quelque temps pour se faire à ces coutumes; l'agriculteur saura bientôt concilier les exigences de la pisciculture avec les exigences de l'agriculture; son pré ne chômera pas parce qu'il supprimera les

quelques litres d'eau qui seront nécessaires à
l'entretien du poisson; il ne produira pas une
seule poignée de foin de moins; il coûtera quelques soins de plus et ce sera tout. Pourquoi nos
ruisseaux sont-ils aujourd'hui stériles et presque entièrement dépeuplés? Nous en avons indiqué les causes dans notre introduction, et nous
avons dit aussi que les agriculteurs n'y étaient
pas absolument étrangers. Mais ces pourvoyeurs
de l'humanité, qui ont dans leurs mains le salut
de nos eaux, ont aussi le moyen de réparer le mal
involontaire qu'ils ont fait.

L'empoissonnement d'un ruisseau est chose facile, si on en a la jouissance sur un long parcours; plus l'espace dont on dispose sera considérable, plus on aura de succès dans les opérations.
Mais nous proposerons à ce sujet l'adoption de certaines mesures en usage en Autriche, relatives
aux pêches de certains cours d'eau dont elles assurent le repeuplement. Voici ce qui se passe : Quelques rivières de ce pays, des lacs, de grands étangs
sur lesquels l'État n'a aucun droit, appartiennent
à des particuliers qui en ont la jouissance absolue et en disposent à leur gré. Mais, pour que
quelques-uns d'entre eux n'en profitent pas au
préjudice des autres en faisant de fréquentes pêches dans la partie qui leur est réservée, il est

convenu, en vertu de conventions passées entre les intéressés, que la pêche ne doit avoir lieu qu'un certain nombre de fois dans l'année, à des époques déterminées, que le produit en sera partagé entre les propriétaires, et proportionnellement, enfin que tous les poissons n'ayant pas atteint une certaine taille seront rejetés pour perpétuer la propagation des espèces. Ajoutons que les eaux exploitées et cultivées d'après ces conventions donnent de très-bons revenus.

Eh bien, pourquoi en France tous les riverains de ces petits ruisseaux non classés, dont l'État laisse l'entière disposition aux agriculteurs pour leurs besoins, aux meuniers pour leur industrie, ne s'entendraient-ils pas pour prendre, d'un commun accord, les mesures à l'aide desquelles on en obtiendrait le peuplement dans la totalité du parcours? Ils supporteraient, chacun pour leur part et proportionnellement, la mince dépense qu'exigerait la mise à exécution de ces mesures, et partageraient ensuite le produit des pêches que l'on ferait à des époques fixes. Ce projet, il nous semble, ne peut guère rencontrer de difficultés, et la pisciculture entendue de cette manière donnerait des résultats inconnus jusqu'à ce jour, apporterait des ressources précieuses à l'alimentation publique et contribuerait beaucoup au

repeuplement général des cours d'eau de la
France. Dans presque tous les ruisseaux on
rencontre la truite; les eaux vives qui les forment conviennent admirablement à l'élève de
ce poisson; on pourrait donc, si on mettait à
exécution le projet que nous soutenons, empoissonner les ruisseaux de truites d'abord, puis
de poissons blancs, à l'exception du brochet et de
la perche. A cet effet on établirait un simple laboratoire, muni de quelques appareils, on creuse-
rait quelques bassins, auprès du cours d'eau désigné, pour y faire éclore les œufs et traiter les
alevins jusqu'au moment où ils devraient être mis
en rivière. L'organisation de ce laboratoire ne
saurait être très-dispendieuse; les frais de construction étant répartis entre un grand nombre de
personnes, la dépense qui incomberait à chacune
d'elles serait insignifiante. On pourrait à la fois
propager les espèces de la contrée et se procurer
des œufs pour acclimater les belles variétés qui
vivent dans les eaux de la Suisse; ces dernières
ne tarderaient pas à se cantonner et à choisir les
endroits qui seraient le plus favorables à leur développement. Les écrevisses, qui deviennent chez
nous de plus en plus rares, trouveraient dans
ces eaux la protection qu'il suffit de leur accorder pour qu'elles se propagent à l'infini.

Nous conseillerions encore de placer sur les bords
du ruisseau et à l'abri des crues, rares du reste
dans les petits cours d'eau, les bassins d'alevinage et de les faire communiquer directement
avec; c'est de là que partiraient les jeunes poissons lorsque librement et naturellement ils sor-
tiraient de cet abri pour se répandre dans toutes
les parties de la rivière.

La pêche des ruisseaux devrait, ainsi que nous
l'avons recommandé, avoir lieu à des époques déterminées, et l'on aurait soin de rejeter tous
les sujets n'ayant pas atteint une dimension convenable et quelques grosses pièces pour servir à
la reproduction. La surveillance en deviendrait
possible, car tous les riverains seraient également
intéressés à protéger leurs eaux contre les maraudeurs qui en sont la plaie. On devrait en outre,
non-seulement dans le voisinage des établissements industriels, mais partout, installer les barrages de façon à ne pas intercepter le libre
passage au poisson voyageur, établir des échelles
dans le genre de celles dont nous avons pris le
modèle en Angleterre. Ces échelles par leur simplicité ne sont pas d'une construction coûteuse et
rendent néanmoins les plus grands services. Enfin, en disposant quelques frayères tendant à favoriser la propagation des poissons blancs et des

Modèle d'Echelle à Saumon.(Musée Kensington a Londres.)

Imp Monrocq Paris.

# ANGLETERRE

Modéle d'Echelle à Saumon (Musée Kensington à Londres)

salmonidés dont on ne parviendrait pas à s'emparer pour opérer sur eux la fécondité artificielle, on ferait acquérir aux petits cours d'eau une fertilité inépuisable.

Les tentatives faites jusqu'à ce jour en vue du peuplement des rivières et des fleuves n'ont donné que des résultats négatifs. Nous avons bien indiqué dans nos considérations générales les causes qui ont amené l'appauvrissement de nos eaux; mais nous n'avons pas signalé celles auxquelles on doit de n'avoir obtenu jusqu'ici aucun résultat appréciable en ce qui en concerne l'empoissonnement.

Il ne faut pas croire qu'il suffise de jeter dans les cours d'eau des millions d'alevins pour les peupler; il faut encore choisir les endroits où ces poissons puissent vivre, se propager, se développer, et ne les y placer qu'à certaines périodes de eur existence. L'époque à laquelle il convient de mettre les jeunes en liberté a été fort discutée; nous avons vu que, dans certains pays, on attendait qu'ils eussent acquis dans les bassins d'élevage la taille de 10 et 12 centimètres; nous avons vu que l'établissement cantonal de Meilen les versait dans le lac quelque temps après la résorption de la vésicule ombilicale; enfin nous savons que le jardin zoologique d'Amsterdam les transmet dans les eaux de la Hollande aux mois d'avril, de mai et de juin, après les avoir nourris artificiellement pendant deux, trois et quatre mois. La question est complèxe et peut être résolue de différentes manières. Si les alevins sont destinés à peupler un cours d'eau important, on doit attendre qu'ils aient acquis une force suffisante pour se préserver des ennemis en compagnie desquels ils vont habiter désormais. S'ils doivent vivre dans un ruisseau, on pourra les abandonner quelque temps après la résorption de la vésicule. Mais ce qui est peut-être plus important, c'est le choix de l'endroit où ils doivent être déposés.

Jusqu'à ce jour, nous le répétons, on s'est contenté de jeter et de jeter encore des quantités innombrables d'élèves dans les fleuves ou les rivières. Eh bien, pouvait-on raisonnablement espérer que les alevins versés à Paris dans la Seine, par exemple, ou à Strasbourg dans le Rhin, rencontrassent dans ces masses d'eau, outre certaines conditions indispensables à leur développement, la nourriture convenant à leur âge ; pouvait-on espérer, en vérité, qu'ils échapperaient à la voracité des poissons carnassiers qui hantent ces eaux, à leurs nombreux et divers ennemis,

aux forts courants des fleuves ? Cela n'était
guère possible, et nous trouvons dans ces faits
seulement une des principales raisons qui expli-
quent l'inefficacité des mesures prises en vue de
peupler les rivières de notre pays. Ces alevins
ont été dévorés, perdus, perdus sans profit malheureusement. Tandis que, si l'on avait attendu,
pour les répandre dans les parties les plus considérables des cours d'eau importants, qu'ils eussent
atteint la taille d'une sardine, il est probable que
beaucoup auraient échappé à la destruction. On
nous dira sans doute qu'il est difficile de conserver jusqu'à ce moment la quantité de saumons,
de truites et des autres poissons nécessaires au
peuplement des eaux de la France! Évidemment
cela est difficile; aussi estimons-nous que l'empoissonnement doit se faire surtout aux sources,
dans les ruisseaux qui rejoignent les rivières;
de là le poisson se répandra en sens divers, et,
à mesure qu'il croîtra en nombre et en forces,
il changera de domicile et envahira progressivement tout le réseau aquatique. Pourquoi, encore une fois, ne pas s'inspirer des phénomènes
naturels qui s'accomplissent sous nos yeux? Ne
sait-on pas que c'est aux sources que les salmonidés,
dont on a avec raison poursuivi la propagation,
vont se reproduire? Si un cours d'eau a un déve-

loppement trop grand, si l'on tient que l'action de
l'empoissonnement s'accomplisse simultanément
sur tous les points de son parcours, qu'on fasse
comme en Angleterre, que l'on imite la Société
protectrice et conservatrice du Coquet dans le
Northumberland, qui a fait disposer sur les bords
de cette rivière, à Rothbury, un laboratoire de
pisciculture chargé de l'empoissonner de saumons. En consultant la description que nous avons
faite de cet établissement dans le chapitre II de
ce livre, on pourra voir que les alevins ne se répandent dans le Coquet qu'après avoir passé une
année et demie ou deux années dans les bassins
d'élevage, et on remarquera que ces bassins communiquent à la rivière et que les poissons effectuent eux-mêmes le trajet qui les en sépare et
quand cela leur plaît, c'est-à-dire lorsqu'ils se
sentent assez forts pour vivre libres et s'exposer
au danger.

## DES FRAYÈRES.

Il est encore d'autres moyens qui peuvent contribuer très-efficacement à l'amélioration des
cours d'eau ; nous voulons parler de la création et
de la multiplication des frayères naturelles et ar-

Fig. 35.

Fig. 34.

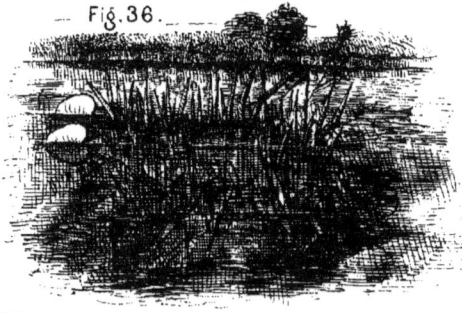

Fig. 36.

Fig. 37.

Imp. Monrocq, Paris

tificielles. Nous venons sans doute, après bien d'autres, réclamer cette mesure de laquelle il peut résulter les meilleurs effets; mais nous sommes heureux de joindre notre voix à la leur, nos vœux à ceux qu'ils ont exprimés. Deux pisciculteurs également distingués, MM. le D$^r$ Isidore Lamy, de Maintenon, et M. Millet, inspecteur des forêts, ont traité à fond ce côté de la science nouvelle dans les ouvrages spéciaux qu'ils ont publiés.

La fécondation artificielle, qui est, comme nous l'avons dit, la base fondamentale de l'aquiculture, particulièrement en ce qui concerne la propagation des espèces précieuses, ne peut dispenser de recourir aux moyens naturels susceptibles aussi de contribuer dans une large mesure à l'empoissonnement des eaux. Parmi ces moyens, le plus puissant de tous, le plus efficace, est, sans contredit, l'entretien, la surveillance des frayères naturelles, la création et la multiplication de frayères artificielles dans notre réseau aquatique. Les frayères ne sont pas d'une moins grande utilité, d'un moins grand secours dans les eaux fermées, lacs, étangs, etc., etc.; elles offrent au poisson, à la recherche d'un endroit propre à déposer sa progéniture, un lieu qui assure la conservation de son frai et les conditions nécessaires à ses progrès.

Les poissons, comme nous l'avons fait ressortir, peuvent être divisés, dans le cas qui nous occupe, en deux catégories, l'une comprenant les espèces dont les œufs sont libres, l'autre comprenant les espèces dont les œufs sont adhérents et qui se fixent pour éclore sur les corps résistants qu'ils rencontrent. Chacune de ces catégories dépose ses œufs sur des frayères qui lui sont particulières. C'est en partant de ce principe qu'on est arrivé à déterminer comment et dans quelles conditions les frayères artificielles doivent être construites. Le saumon, la truite, l'ombre-chevalier, le barbeau, fréquentent aux époques du frai les endroits peu profonds où sont accumulés les cailloux et le gravier.

C'est environ un mois ou un mois et demi avant l'époque présumée de la ponte, dit M. Coste, que l'on doit disposer dans les cours d'eau les frayères, pour y attirer les individus que l'on veut propager. Pour les espèces dont les œufs sont libres, on choisira un lieu généralement peu profond, dans les eaux limpides et courantes, et on limitera, pour que le poisson s'y dirige plus sûrement, au moyen de gros galets placés de distance en distance, l'espace que la frayère devra occuper.

L'entrée dans la partie inférieure devra en être

parfaitement libre et accessible aux reproducteurs (fig. 34, pl. 5).

Si le fond de la rivière ou du ruisseau est composé de cailloux, on se contentera de les remuer
avec une pelle et un râteau, ainsi que le recommande M. Millet, afin de les dépouiller des matières terreuses ou organiques qui auraient pu s'arrêter dans les anfractuosités, et des mousses, des
conferves, ainsi que des végétations aquatiques
qui se forment sur les pierres, dans les eaux vives.
C'est, autant que possible, sur les bords d'un
cours d'eau, que les frayères devront être disposées.

« Si le fond, dit M. Millet, ne présente pas de
graviers ou de cailloux, s'il est, par exemple,
formé de terre, de vase, etc., on y introduit du
gros gravier, des cailloux ou des pierres ayant,
en général, la grosseur d'une noisette à celle
d'un œuf de poule. Quelques brouettées suffisent
pour former plusieurs frayères. La nature des matériaux est à peu près indifférente (silex, granits,
calcaires, etc.), cependant, on devra donner la
préférence aux cailloux d'alluvion, et généralement aux matériaux dont les arêtes sont émous-
sées ou arrondies par érosion, parce que les angles trop aigus et les arêtes trop vives blessent et

fatiguent le poisson quand il creuse les trous et quand il les recouvre (1). »

Il peut arriver quelquefois, lorsqu'un cours d'eau coule dans un lit profond, lorsque son courant est trop rapide, que l'établissement d'une frayère soit impraticable. Il y a une manière de tourner la difficulté; elle consiste à faire, si c'est possible, une saignée à ce cours d'eau, et de former sur les bords une sorte de baie peu profonde, dans laquelle on disposera des monticules de gravier et de cailloux, qui rempliront l'office de frayère. Le poisson y sera attiré par le courant formé par l'écoulement des eaux alimentant la baie, lorsqu'elles se jetteront dans la rivière (fig. 35 pl. 5). On pourrait au besoin ne donner qu'une seule issue à ce bassin, mais il y aurait à craindre que les reproducteurs ne s'y rendissent pas. Ce dernier système convient infiniment mieux aux espèces de la seconde catégorie, et, ainsi que le dit M. le docteur Lamy, il faut, dans ce cas, que la baie soit « garnie d'herbes et remplie d'une eau se renouvelant difficilement, et pouvant, par conséquent, être aisément chauffée par le soleil. »

Les poissons qui, comme la carpe, la tanche, le

(1) M. Millet, *la Culture de l'eau.*

gardon, pondent des œufs adhérents, c'est aux
herbes, aux racines des arbres et aux végétaux
qu'ils confient leur frai. Dans un étang et dans
une rivière où l'on trouve réunis ces éléments,
l'établissement de frayères est tout à fait inutile, à
moins que l'on ne veuille recueillir le frai de ces
poissons pour le faire éclore ailleurs. En cette occurrence, il faudra faucher les végétaux qui en-
vahiront les bords, et ne conserver d'espace en
espace que des touffes isolées, que l'on pourra
ensuite facilement enlever. Dans les pièces d'eau
particulières, s'il n'existe point d'endroit favorable à la propagation du poisson, on pourra y suppléer en immergeant dans le réservoir une caisse
où l'on aura planté des herbes aquatiques (fig. 36,
pl. 5). Les vases de poterie peuvent suffire au
besoin. Il est encore d'autres espèces, telles que le
goujon, le meunier, etc., qui recherchent dans
les étangs, les rivières, les points tapissés de
pierres. Pour faciliter leur reproduction, il faut
ménager sur les bords une place exempte de
toute végétation, et y étendre des cailloux, s'il
n'en existe pas. En général, c'est dans les lieux
peu profonds, en pente douce, exposés au soleil,
qu'il convient de distribuer les frayères. Mais.
si les eaux sont profondes, si les bords en sont
escarpés, on devra avoir recours à d'autres ar-

tifices. Un des moyens les plus simples consiste à réunir en fagots ou en fascines des brindilles d'herbes, de fougère, de bruyère, de branches de bouleau, de ronces, et de les immerger en les attachant au rivage avec une corde, ou en les fixant avec des pieux enfoncés dans les terrain. Enfin, et c'est le système le plus généralement répandu, les frayères se construisent sur des clayonnages ou des châssis en bois dont la grandeur varie entre 2 mètres et 2 mètres 50 centimètres. Entre les traverses qui composent ce châssis on attache les touffes de racines, les branches de bouleau, les joncs qui doivent le garnir. Cette frayère une fois fabriquée, on la place dans l'eau, soit perpendiculairement, soit horizontalement, soit en l'inclinant, et on la fixe au moyen d'une corde ou de piquets à la place qu'elle doit occuper (fig. 37, pl. n° 5). Si le châssis doit être établi horizontalement, on aura soin qu'il soit recouvert par une couche d'eau de quelques centimètres, mais on évitera de l'enfoncer trop profondément, afin de ne pas priver les œufs de l'action bienfaisante de la chaleur extérieure. On trouvera dans le tableau placé à la suite des renseignements sur chacune des espèces vivant dans les eaux douces, qui viendront compléter ces instructions.

# Époques des pontes des principales espèces de poissons comestibles qui se reproduisent dans les eaux douces.

## TABLEAU DRESSÉ PAR M. COSTE.

Nota. — Les époques indiquées dans ce tableau, variant selon les lieux et les climats, ne doivent être considérées comme des termes fixes, mais comme des époques pendant lesquelles il est possible rencontrer telle ou telle des espèces citées, dont les œufs, arrivés à maturité, sont aptes à être fondés. Il nous a semblé que ce tableau serait plus complet si nous disions dans quelles conditions pontes s'effectuent; si elles ont lieu dans des eaux dormantes ou courantes, sur des végétaux, contre pierres, sur du gravier. C'est ce que nous avons essayé de faire en quelques mots. Enfin, pour liter les recherches d'un nom, nous avons un peu sacrifié l'ordre naturel à l'ordre alphabétique.

| NOMS DES ESPÈCES. | ÉPOQUE DES PONTES. | CONDITIONS. |
|---|---|---|
| blette commune (aspius alburnus) . . . | Mai, juin. . . . . . . | Végétaux, racines, eaux courantes. |
| lose vulgaire (alosa vulgaris) . . . . . | Avril, mai. . . . . . | Fonds sablonneux, eaux rapides. |
| nguille (anguilla muræna) . . . . . . . | ? . . . . . . . . . . | ? (1). |
| arbeau fluviatile (barbus fluviatilis) . . | Mai, juin. . . . . . . | Graviers, cailloux, eaux rapides. |
| rème commune (abramis brama) . . . . | Fin avril et mai. . . . | Végétaux, graviers, eaux rapides. |
| rochet commun (esox lucius) . . . . . | Fin fév., mars, avril. | Vase, gazons, eaux tranquilles. |
| yprin carpe (cyprinus carpio) . . . . . | Mai, juin. . . . . . | Végétaux, eaux dormantes. |
| yprin gibèle (cyprinus gibelio) . . . . | Mai, juin, juillet. . . | Mêmes conditions. |
| yprin vandoise. (cyprinus leuciscus). . | Mars, avril. . . . . | Graviers, végétaux, eaux rapides. |
| orégone féra (coregonus fera) . . . . | Décembre, janvier. . | Cailloux, eaux vives. |
| orégone lavaret (coregonus Wartmanni). | Septembre, octobre. . | Cailloux, eaux très-rapides. |
| sturgeon ordinaire (acipenser sturio) . . | Mars, avril. . . . . . | ? Eaux courantes. |
| sturgeon sterlet (acipenser ruthanus). . | Mai, juin. . . . . . | ? Eaux courantes. |
| oujon fluviatile (gobio fluviatilis). . . . | Avril, mai, juin. . . . | Graviers, herbes, eaux courantes. |
| amproie marine (petromyzon marinus). . | Août. . . . . . . . | ? |
| oche franche (cobitis barbatula). . . . | Avril, mai. . . . . . | Pierres et cailloux, eaux courantes. |
| oche d'étang (cobitis fossilis). . . . . | Septembre. . . . . . | Végétaux, eaux tranquilles. |
| otte commune (lota vulgaris) . . . . . | Déc., janv., février. . | Graviers, eaux vives. |
| eunier argenté (leuciscus argentatus). . | De mars en juin. . . | Pierres, cailloux, eaux courantes. |
| eunier chevanne (leuciscus dobula) . . | Avril, mai, juin. . . . | Mêmes conditions. |
| eunier gardon (leuciscus idus) . . . . | Mai, juin. . . . . . | Végétaux, eaux tranquilles ou courantes. |
| ombre-chevalier (salmo umbla) . . . . | De novemb. en mars. | Graviers, cailloux, eaux vives et courantes. |
| ombre commune (salmo thymalus) . . . | Avril, mai. . . . . . | Mêmes conditions. |
| erche de rivière (perca fluviatilis) . . . | Mars, avril, mai. . . | Végétaux, racines, eaux calmes. |
| andre d'Europe (lucio-perca sandra) . . | Avril, mai. . . . . . | Fonds pierreux, eaux vives. |
| aumon commun ou franc (salmo salar). | De novemb. en févr. | Graviers, cailloux, eaux vives et courantes. |
| aumon heuch (salmo hucho) . . . . . . | Fin mai, juin. . . . . | Mêmes conditions. |
| aumon salvelin (salmo salvelinus ) . . . | De novemb. en févr. | Mêmes conditions. |
| ure (silurus glanis). . . . . . . . . . | Mai et juin. . . . . . | Fonds vaseux, eaux calmes. |
| anche vulgaire (tinca vulgaris). . . . . | Juin, juillet . . . . . | Végétaux, vase, eaux dormantes. |
| uite commune (salmo fario). . . . . . | De novemb. en févr. | Graviers, cailloux, eaux rapides. |
| uite des lacs (salmo lemanus), . . . . | De novemb. en févr. | Mêmes conditions. |
| uite saumonée (salmo trutta). . . . . . | Oct., novembre, déc. | Mêmes conditions. |
| ron lisse (phoxinus lævis). . . . . . . | Mai, juin. . . . . . . | Graviers, eaux très-courantes. |

(1) Selon toute probabilité, les anguilles pondent en décembre et janvier. C'est dans le courant vril et de mai que le fretin de ces espèces, connu sous le nom de montée, se montre à l'embou- ure des fleuves, dont il remonte le cours, pour se répandre dans les eaux de l'intérieur.

# CHAPITRE IV.

## CONCLUSIONS.

Nous voici arrivé à la dernière étape de ce livre, étape qui serait sans doute bien longue s'il nous fallait présenter un programme d'organisation, complet dans son ensemble et définitif dans ses données. Rappelons-nous, et ne le perdons pas de vue surtout, que l'aquiculture, cette science nouvelle et ancienne à la fois, portée aujourd'hui à la hauteur d'une question d'économie sociale de premier ordre, et dont la solution intéresse l'humanité, est encore dans son enfance, et que son origine, pour nous, se trouve bien rapprochée. Aussi, est-ce bien timidement que nous hasardons le mot conclusion. Mais notre foi dans l'avenir qui lui est réservé, la conviction profonde que nous avons de la voir un jour appelée à rendre les plus grands services à la société, et en particulier à notre cher pays, nous donnent le courage d'affronter une tâche ardue et d'entreprendre l'ex-

posé des idées qui nous sont venues et des ré-
flexions que nous avons faites en nous livrant
à l'étude spéciale de ce sujet.

Dans tous les temps et dans tous les pays on
a pratiqué la culture des eaux. Le vaste domaine que comprend l'élément aquatique offrait
et offrira toujours à l'intelligence humaine un
champ merveilleux pour exercer son activité.
Dans les temps primitifs, les peuplades se réunis-
saient de préférence sur les bords des eaux, et y
fondaient les cités lacustres. La facilité de se procurer par la pêche un moyen d'alimentation assuré n'était sans doute point étrangère à cette
préférence. Puis les Romains, beaucoup plus
tard, ne dédaignèrent pas de leur demander
quelques-unes des ressources qu'elles recèlent.

Ces traditions se sont perpétuées, et on en retrouve la trace dans l'industrie toujours florissante de quelques villes d'Italie, comme Venise,
Comacchio, etc.

Dans les temps modernes, l'aquiculture a été
tour à tour en honneur et négligée. Nos mœurs,
nos besoins nous ont portés, suivant les époques,
à adopter tel ou tel genre de culture, et à demander à la terre plutôt qu'à l'eau, qui comprend cependant les deux tiers de la surface de notre
globe, les ressources indispensables aux premiè-

res nécessités de la vie. Mais l'industrie de la pêche n'a pas cessé d'exister, et si les peuples de
l'Europe se sont contentés d'épuiser les eaux, sans
aucune compensation, les Chinois, plus avisés, en
ont porté la culture à un degré de perfection qui
n'a d'équivalent, en Europe, que dans les progrès
vraiment merveilleux accomplis sous le rapport
de la culture du sol. Tout s'épuise cependant, et
il n'est pas faux, le proverbe qui dit : « Il faut
semer pour récolter. » Les mers, les fleuves, sont
soumis à cette loi, à l'égal de la terre. Nous savons bien que cela est vrai pour cette dernière,
nous ne le savons que trop en ce qui concerne le
réseau aquatique des eaux douces, et nous ne tarderons pas non plus à nous apercevoir que l'immense domaine de la mer n'échappe pas à cette
même règle.

Déjà les récentes pêches maritimes, faites à
Terre-Neuve et ailleurs, accusent un déficit sur les
années précédentes. Pourrait-on dire, en vérité,
que c'est le simple effet du hasard ? Nous n'avons
que trop de raisons pour croire le contraire. La
cupidité de l'homme n'a-t-elle pas abouti à détruire, à supprimer complétement certaines espèces d'animaux terrestres et aquatiques ? N'en
avons-nous pas un exemple frappant dans la di-
minution des bancs d'huîtres ? Et, quoi qu'on en

dise, sans les remarquables travaux de M. Coste sur l'ostréiculture, il est certain que ce mollusque recherché manquerait aujourd'hui complétement sur nos côtes, et c'est sur les lointains rivages qu'il faudrait aller le recueillir. Si l'on n'y prend garde, le temps n'est peut-être pas loin où les mers seront aussi peu productives que le sont actuellement les fleuves et les rivières.

Il est vraiment inconcevable qu'à une époque éclairée comme la nôtre, époque où les sciences physiques et naturelles ont réalisé tant de progrès, époque où chaque chose est définie, où l'art agricole est tellement avancé qu'il permet au cultivateur, non-seulement de préserver sa moisson, mais d'escompter d'avance ce qu'elle pourra valoir, il est vraiment inconcevable, disons-nous, qu'on n'ait pas encore songé à appliquer aux eaux les connaissances étendues que l'on a sur toute chose.

Aujourd'hui, et en présence de nos besoins sans cesse croissants, que la civilisation, la fortune publique et le luxe ne font que développer, il est temps de se préoccuper sérieusement de la question de l'aquiculture, qui, devenant une des sources considérables d'alimentation, donnerait satisfaction à ces exigences. Il ne faut pas que, dans les temps à venir, on reproche aux générations modernes, et de n'avoir point entretenu dans les

eaux cette fertilité, cette abondance dont la nature
les avait généreusement pourvues, et de les avoir
épuisées, pillées et dépeuplées.

Ce sont tous les États qui devraient concourir à
cette grande œuvre. Chacun en particulier y trouverait son profit. Pourquoi, dans une conférence
internationale à laquelle seraient représentées les
puissances intéressées, n'étudierait-on et n'arrête-
rait-on pas les bases d'une convention, d'un traité,
par lesquels chacune de ces nations s'engagerait à
observer et à faire observer les mesures adoptées
d'un commun accord? Ainsi le homard, la morue, qui sont l'objet d'un commerce considérable,
et que l'on va chercher aux îles Loffoden ou à
Terre-Neuve, sont livrés à la discrétion des pêcheurs. Nous ne voulons certes pas leur infliger
ici le moindre blâme de ce qu'ils s'emparent indistinctement des petits et des grands poissons,
des mâles et des femelles. Nous pensons qu'il appartient à chaque gouvernement de les instruire
de ce qu'ils ignorent peut-être : qu'une femelle
de homard portant des œufs est susceptible de
donner naissance à des milliers et des milliers
d'individus, et que s'en emparer à cette période,
c'est détruire dans son germe la moisson à venir ;
que la morue, quelle que soit la fécondité dont elle
est douée, diminuera sensiblement chaque année,

si on capture tous les sujets capables d'en perpétuer la multiplication. Puisque les pêches ont
lieu à des époques presque invariables et à des
stations connues, ne serait-il pas désirable que
chaque puissance déléguât des commissaires chargés de l'exécution des mesures consenties et reconnues nécessaires?

Des dispositions analogues pourraient être prises à l'égard des lacs et des cours d'eau internationaux. Les États riverains devraient, chacun
proportionnellement à l'espace qu'il occupe, assurer en les empoissonnant chaque année, la
propagation des espèces qui y vivent.

Les États traversés par le Rhin viennent de
donner une première consécration à cette pensée,
par les mesures adoptées dans une conférence internationale, tenue à Bâle au mois de mai dernier, et dont nous avons parlé dans le chapitre
des considérations générales. Que les autres nations imitent cet exemple, et la question aquicole
aura fait un pas énorme dans la voie du progrès.

Ces considérations nous semblent de nature à
appeler l'attention des divers gouvernements de
l'Europe et celle des économistes de tous les pays.

Ce premier point admis et ce programme ac-
cepté, l'œuvre de la régénération, de la prospérité des eaux, si universellement réclamée, reste-

rait inachevée, si chaque État en particulier ne
prenait sur son territoire des moyens spéciaux,
en rapport avec ses propres besoins, mais venant
compléter l'ensemble de ces dispositions, et réunir
l'intérêt particulier à l'intérêt commun des peuples. Il est désirable aussi que partout la science de
la culture des eaux soit élevée au même niveau
que l'art agricole, dont elle est le complément.

Nous abandonnerons maintenant le côté général pour nous livrer plus particulièrement à
l'examen de la question au point de vue qui intéresse directement notre pays.

Dans notre chapitre I<sup>er</sup>, nous avons fait ressortir dans quel état d'infériorité se trouvait la
pisciculture chez nous; nous avons pris comme
terme de comparaison les pays voisins de la
France. Sans mettre en jeu la responsabilité de
qui que ce soit, nous avons cependant reconnu
que c'est à un vice originel d'organisation que
nous devions en attribuer la cause. Nous avons
en outre fait pressentir le remède à ce mal,
en nous ralliant complétement au projet présenté
par un honorable député, M. de Tillancourt, projet adopté par l'Assemblée nationale, et dont le
but était de rendre l'aquiculture, ou la pisciculture plus spécialement, à ses protecteurs naturels,
aux agriculteurs.

Désormais donc, le ministre de l'agriculture et du commerce sera aussi ministre de l'aquiculture, puisque la science nouvelle rentre dans ses attributions, en vertu de la loi votée, et nous avons la conviction que la lourde tâche qui incombe à ce ministère d'organiser sur divers points de notre territoire l'enseignement et le service de la pisciculture, pourra être menée promptement à bonne fin, grâce à l'admirable organisation de ses services, grâce aussi aux aptitudes particulières des fonctionnaires qui en dépendent. L'aquiculture n'est pas seulement une source de produits destinés à l'alimentation, elle peut devenir, par la suite, lorsque la pisciculture aura pris un développement semblable à celui de l'ostréiculture, et auquel elle est appelée, l'objet d'un commerce important. L'aquiculture, réunie au commerce et à l'agriculture, trouvera donc dans cette double alliance la protection dont elle aura besoin, et une direction qui assurera le succès de ses débuts.

Dès que les laboratoires auront été créés dans les fermes-écoles, dans les écoles d'agriculture, et après qu'une enquête, confiée à des hommes compétents, aura défini le rôle attribué à chacune de ces écoles, nul doute que l'industrie piscicole ne prenne naissance à partir de ce jour,

et que des établissements privés ne se fondent
dans les diverses parties du territoire français, où
cela sera possible. C'est à ce moment que les
laboratoires régionaux dépendant du ministère
de l'agriculture exerceront une action efficace et
prépondérante. Ils aideront à guider les premiers
pas de l'industrie naissante, et auront sur ces
établissements la même et légitime influence
qu'ont les écoles d'agriculture sur les grandes
exploitations agricoles.

Qui même pourrait dire qu'ils ne réaliseront
pas à leur tour des bénéfices, en fournissant
aux établissements particuliers les œufs des
belles espèces qu'ils auront acclimatées dans leurs
bassins?

Ils cesseraient donc, à partir de ce moment,
d'être une charge onéreuse pour l'État. Cette
éventualité se produira vraisemblablement; mais
il serait puéril de nous arrêter plus longtemps sur
cet ordre de considérations lorsqu'il s'agit d'une
chose aussi importante que l'organisation de la
pisciculture dans notre pays, que la création d'une
industrie nouvelle, que l'empoissonnement des
cours d'eau (1). Regardons plutôt ce qui restera

_____

(1) La question financière, dans la mise à exécution de la loi votée
par l'Assemblée, a une mince importance, surtout si l'on compare
nos sacrifices à ceux que font les États de l'Amérique pour arriver

encore à faire quand nos laboratoires seront
installés, qu'ils fonctionneront et qu'ils seront à
même de rendre à nos eaux leur fertilité et leur
richesse d'autrefois.

C'est en Angleterre, en Amérique et dans quelques autres États que nous chercherons des
exemples.

Nous voudrions surtout voir adopter dans notre
pays quelques-unes des institutions en vigueur
dans la Grande-Bretagne.

L'aquiculture, en Angleterre, forme trois services distincts, dépendant du même ministère
que l'agriculture : l'un a son siége à Londres,
et M. le Dʳ Buckland, qui a consacré sa vie à l'é-
tude de cette question, en a la direction ; un second
est organisé pour les pêcheries de l'Irlande et un
troisième pour celles de l'Écosse. Chaque année
les directeurs de ces services, qui remplissent en
même temps les fonctions d'inspecteurs généraux,
·adressent au parlement un rapport détaillé, dans
lequel sont consignés tous les faits qui se rat-
tachent à la pisciculture et aux pêches : travaux
accomplis dans les cours d'eau pour l'établisse-

au même résultat. Ainsi, le surintendant d'un des États du nouveau
monde vient d'approprier et de fréter un navire dans le but seulement de venir chercher sur nos côtes certaines espèces maritimes
absentes dans les mers d'Amérique.

ment sur les barrages d'échelles à poissons voyageurs; barrages qui devraient en être pourvus;
résultats obtenus; produits de chacune des pêcheries comprises dans la circonscription; sta-
tistique générale, etc., etc. Le parlement examine
les rapports et décide s'il y a lieu de donner suite
aux propositions présentées (ce qui arrive généralement.)

A côté de ces services une commission spéciale,
désignée par la chambre, est chargée de tout ce
qui est relatif à la corruption des eaux (*pollution*),
et lui présente le compte-rendu de ses travaux.

Il en est de même dans les États de l'Amérique
qui font partie de l'Union, où l'on s'occupe de
l'empoissonnement. Le fonctionnaire ou surintendant des pêcheries rédige chaque année pour le
Sénat un mémoire sur les opérations entreprises.
Il est vrai de dire que l'aquiculture a pris dans ce
pays une extension considérable, et nous ne voulons pas assurément prétendre qu'il soit nécessaire, dès aujourd'hui, d'instituer en France un
service administratif aussi complet; nos besoins
ne le comportent pas, l'unité administrative de
notre pays nous en dispensera même par la suite;
mais nous croyons qu'il faudra, à partir du
moment où l'organisation de la pisciculture sera
un fait accompli, qu'une direction unique, où se

centraliseraient les notes, les rapports, préside à toutes les opérations sous la surveillance du ministre, car l'unité d'action et la poursuite d'un but bien déterminé sont nécessaires au succès. Sans ces deux bases, tous les efforts seraient vains. Ce que l'on doit surtout emprunter à l'Angleterre, ce sont ses sociétés de protection et de préservation des eaux ; ce que le ministère de l'agriculture et du commerce pourra faire de plus utile, ce sera de provoquer chez nous la formation de sociétés semblables. Le titre de ces associations indique bien quel est le but qu'elles poursuivent et quelles sont leurs attributions.

En Hollande, en Autriche, on trouve des institutions analogues, et l'on a sans doute remarqué que maintenant presque toutes les provinces de l'empire autrichien possèdent des comités dirigeants.

Les lois et règlements sur la pêche ne seront observés en France que lorsqu'on aura pénétré l'esprit public de l'immense intérêt qu'il y a à protéger les eaux. L'enseignement officiel de la pisciculture contribuera sans doute à nous faire faire un pas dans cette voie ; mais l'œuvre des comités, étant plus spéciale, plus assidue, aurait par conséquent une influence plus grande et plus immédiate. N'en avons-nous pas un très-salutaire exemple dans la Société protectrice des animaux ? Son action efficace, incontestée aujourd'hui, n'est-elle pas un encouragement ? Eh bien, les sociétés protectrices et préservatrices qui se formeraient dans chaque localité, dans chaque canton, dans chaque région, ne poursuivraient-elles pas un but tout aussi louable, en contesterait-on davantage l'utilité ? Nous sommes persuadé que les adhésions arriveraient de toutes parts, et partout on rencontrerait des hommes honorables disposés à devenir les protecteurs de la richesse nationale qui réside dans les eaux.

Le concours des municipalités, des chambres de commerce, des conseils généraux, ne ferait certes pas défaut, et dans le sein même de ces compagnies on trouverait les éléments les plus favorables à la constitution des comités.

Le rôle de ces associations consisterait non-seulement à protéger les eaux, mais à prendre toutes les dispositions propres à en assurer la fertilité continue ; les lois sur la pêche seraient d'autant mieux observées que la surveillance se ferait dans un but d'intérêt commun. Nous serions également d'avis que les membres de la société fussent choisis en partie dans les conseils municipaux ; ils auraient dans toutes les questions une autorité moins contestée peut-être que la loi elle-même, et ce serait sans contredit le plus sûr moyen d'associer

la population tout entière à l'œuvre du peuplement de nos rivières, et l'y faire participer plus
directement.

On ne saurait mettre en doute les bonnes intentions dont sont animés et les conseils généraux
et les conseils municipaux; nous en avons des
preuves multiples par les sacrifices qu'ils se sont
imposés à différentes reprises; leur concours est
acquis d'avance.

Les municipalités transmettraient leurs vœux
aux conseils généraux, leur exposeraient leurs
besoins, et les conseils généraux les feraient parvenir, par l'intermédiaire du préfet, à l'autorité
centrale.

Il est bien des communes qui, intéressées plus
spécialement à la fertilité des rivières qui les
sillonnent, fonderaient à leurs propres frais des
laboratoires de fécondation et d'éclosion. Dans
bien des contrées de la France, en effet, où les
eaux sont belles et abondantes, il y aurait pour
les habitants un immense avantage à se livrer à
l'industrie piscicole. Alors quelles brillantes espérances ne pourrait-on pas concevoir pour l'avenir!

Tous les cours d'eau qui naissent dans notre
belle France ne sont pas, on le sait, placés sous la
direction de l'État et en particulier du ministère
des travaux publics; ceux-là, on pourra les aban-

donner aux soins des agriculteurs, des communes et des conseils généraux. Lorsque la pisciculture aura pris le développement auquel elle est appelée, ils sauront bien les traiter et les faire valoir. Mais nous nous sommes demandé si, à l'égard des cours d'eau classés et entretenus par l'Administration, il n'y aurait pas un mode de peuplement meilleur que celui adopté jusqu'à ce jour.

Ces cours d'eau sont loués, par parties, à des fermiers qui ont surtout en vue d'en tirer le plus grand revenu possible ; cela se comprend, car ils n'en ont que la jouissance temporaire et peuvent craindre qu'à une adjudication prochaine des concurrents heureux ne leur en enlèvent la possession ; ils ne font donc aucun sacrifice pour les empoissonner à mesure qu'ils les dépeuplent. Cela fait que nos grands cours d'eau continuent de s'appauvrir, et le revenu qu'ils produisent reste stationnaire. Ne pourrait-on pas cependant, comme cela se fait en Suisse et ailleurs, imposer à ces fermiers l'obligation de les repeupler en même temps qu'ils les épuisent ? Ne pourrait-on pas spécifier dans le contrat de ferme qu'ils seront tenus d'y verser tous les ans, à des époques déterminées et en présence d'un délégué de l'administration, un certain nombre d'alevins ? Il ne serait pas bien onéreux de construire sur chacune des rivières qui

fournissent des espèces précieuses, comme le salmonidé, un laboratoire affecté aux opérations de
pisciculture artificielle. Notre rapport sur la Suisse
mentionne que depuis quelques années, dans le
canton de Vaud, deux de ces laboratoires fonctionnent avec le plus grand succès.

Si, dans les eaux affermées, le saumon, la
truite, l'ombre-chevalier, font défaut, et que les
poissons blancs soient les seules espèces susceptibles de se propager, pourquoi ne disposerait-on
pas un certain nombre de frayères artificielles
que le fermier serait chargé de surveiller? Dans
les canaux et dans les eaux bornées par des travaux d'art, les poissons ne trouvant que peu
ou point d'endroits favorables pour frayer, la reproduction s'y accomplit dans les plus mauvaises
conditions; cependant les canaux se prêtent, ce
nous semble, merveilleusement aux pratiques de
la pisciculture, et avec les frayères seulement on
pourrait y entretenir la vie et l'abondance.

La multiplication, sur les barrages, des échelles
destinées à favoriser la migration des poissons
voyageurs est, comme nous l'avons dit, aussi
nécessaire sur les petits ruisseaux et sur les petites
rivières que sur les cours d'eau classés; il serait
désirable que le ministère des travaux publics,
qui a fait, en ce qui concerne ces derniers, les

ANGLETERRE.

Modèle d'Echelle à Saumon (Musée Kensington à Londres)

Imp. Monrocq Paris.

Modèle d'Echelle à Saumon (Musée Kensington à Londres.)

Imp Monrocq Paris.

plus louables efforts pour en établir partout où cela est nécessaire, portât son attention sur les premiers. Il pourrait, par exemple, n'accorder l'autorisation de construire un barrage qu'à la condition de s'engager à y placer une échelle pour le poisson voyageur. Cette installation n'entraînerait pas à de grands frais, si on adoptait quelques-uns des systèmes que nous reproduisons dans notre livre et qui fonctionnent en Angleterre. Nous reconnaîtrons volontiers que les échelles favorisent énormément les maraudeurs qui y tendent des filets; aussi faudrait-il peut-être faire surveiller les points, sur les grands cours d'eau, où elles sont établies, et imposer, soit aux fermiers, soit aux industriels, une partie des frais occasionnés par cette surveillance. La question est à étudier, car elle est importante.

On ne saurait croire combien tous les obstacles accumulés nuisent à la propagation des poissons, et on peut attribuer à cette cause, autant et plus qu'à la corruption des eaux par les usines, la rareté du saumon dans les fleuves et dans les rivières de la France.

Rappelons que la Dordogne, autrefois une des rivières les plus peuplées de saumons et de poissons vivant alternativement dans les eaux douces et dans les eaux salées, est veuve de ces espèces

depuis qu'elle est obstruée par les barrages établis dans les environs de Bergerac. La Creuse
est dans le même cas, la Vienne également. La
Loire, où le saumon était, il y a un siècle, si abondant que les riverains utilisaient comme engrais
ses innombrables produits, ne voit plus remonter
au moment du frai que quelques rares individus
à la recherche d'un endroit propre à recevoir
leur progéniture, endroit qu'ils peuvent rarement
atteindre à cause de ces barrières. Ces belles variétés ont aujourd'hui déserté nos eaux et se sont
portées vers des contrées plus hospitalières, probablement vers les fleuves de l'Angleterre qui en
foisonnent actuellement. Tous nos efforts doivent
donc tendre dorénavant à les attirer, à les ramener
de nouveau, en conciliant, bien entendu, les besoins de l'agriculture et de l'industrie avec le besoin incontestable du repeuplement général.

Il est un autre point sur lequel nous croyons
devoir nous arrêter un instant, c'est celui qui est
relatif à la corruption des eaux par les établissements industriels et par les égouts des grandes
villes. Nous ferions bien, sous ce rapport encore,
d'imiter l'Angleterre et l'Autriche, qui ne sont pas
loin d'arriver à la solution de ce problème important. En Angleterre, nous l'avons déjà dit,
des commissions permanentes présentent au par-

lement des rapports annuels pour le mettre au fait des travaux accomplis. En Autriche, les eaux se sont beaucoup améliorées depuis que des règlements spéciaux, émanés de la direction du ministère de l'agriculture, ont été imposés aux industriels.

Chez nous, la question est, il est vrai, à l'ordre du jour. Le conseil général du département de la Seine a pris l'initiative d'une enquête au sujet de l'égout d'Asnières, si funeste aux eaux du fleuve ; on peut espérer que les recherches auxquelles cette enquête donnera lieu ne seront pas inutiles.

Reconnaissons aussi que la législation française n'est pas muette à l'égard de la corruption des eaux ; mais les dispositions, destinées à la prévenir, qu'elle contient, sont impuissantes et deviennent de plus en plus insuffisantes.

Passons maintenant aux lois sur la pêche proprement dite, et examinons quelles sont les améliorations qu'il conviendrait d'y introduire au point de vue de la pisciculture.

La surveillance des cours d'eau ne peut réellement se faire efficacement avec le personnel trop peu nombreux chargé de ce service. D'autre part il est évident que l'État ne peut s'imposer les sacrifices onéreux qu'entraînerait une réorganisation

plus complète. Mais il y a une lacune dans les règlements qui régissent la police des pêches, lacune qui s'explique d'autant moins qu'elle n'existe
pas dans la police de la chasse qui peut lui être
assimilée. Ainsi un gendarme verbalise contre les
chasseurs, et une gratification lui est accordée.
En matière de pêche il en est autrement : un de
ces honorables agents de la force publique sur-
prend un pêcheur enfreignant les lois; il dresse
un procès-verbal, mais ne reçoit aucune prime.
Cela est-il juste?

La police des eaux, avons-nous souvent entendu
dire, est bien plus facile à faire que celle de la
chasse, car les cours d'eau ne se déplacent pas, et
l'on est sûr d'y surprendre les maraudeurs; tandis
que le braconnier est toujours par monts et par
vaux; il poursuit son gibier d'une contrée à l'autre,
alors que le pêcheur se cantonne dans un endroit,
et y attend la proie qu'il convoite. Cela est vrai
à un certain point de vue; mais on avouera que
la garde des rivières présente de plus grandes
difficultés que celle de la chasse, et que, de plus,
elle n'est pas exempte de dangers. Les maraudeurs qui épuisent nos cours d'eau en les empoi-
sonnant, n'exercent leur profession criminelle
qu'à la faveur de la nuit; le plus souvent ils se
réunissent plusieurs ensemble. Les gardes-pêche

et les gendarmes ne courent-ils pas les plus grands
risques en allant rechercher dans l'obscurité, au
sein des campagnes, dans des endroits déserts, où
pas un être, la nuit, ne viendrait à leur secours,
ces individus sans foi ni loi, qui, pour se débarrasser de ces importuns, ne se feraient aucun scrupule de commettre les actes les plus criminels?

Tout cela mérite d'être pris en sérieuse considération, et les encouragements ne doivent pas
manquer à ces courageux fonctionnaires qui ex-
posent leur vie pour assurer le respect et l'obéis-
sance aux lois.

La surveillance étant donc forcément incomplète, il en résulte que les braconniers des eaux
recourent à l'empoisonnement par la chaux vive
ou la coque du Levant. Personne n'ignore l'étendue du mal causé par l'emploi de ces substances.
Mais, si l'on ne peut défendre la vente de la chaux,
on pourrait tout au moins prohiber celle de la
coque et obliger les pharmaciens et les droguistes
à n'en délivrer qu'autant qu'on justifierait de
l'emploi qu'on en doit faire. L'autorité municipale,
qui donne des permissions pour acheter la poudre
de mine, pourrait être invitée à étendre cette mesure à la coque du Levant. Il est, dans tous les
cas, facile de reconnaître le poisson capturé à
l'aide de ces drogues, et, si on recommandait aux

agents de police, à la gendarmerie, aux gardes-
pêche, aux gardes-champêtres, de faire dans les
hôtels de fréquentes perquisitions à l'effet d'y rechercher le poisson pris en fraude ou n'ayant pas
atteint la taille réglementaire, les auteurs de délits
seraient fort en peine d'écouler le produit de
leur braconnage. Personne n'ignore, en effet, que,
dans un grand nombre d'hôtels de province, on
peut, en toute saison, se faire servir une truite,
même dans les temps où la pêche est prohibée; si
la loi punissait sévèrement les propriétaires de ces
maisons, il est certain qu'ils seraient plus circons-
pects chaque fois qu'on leur offrirait du poisson,
et s'assureraient de sa provenance. Les pêcheurs,
les marchands qui se livreraient à la vente clan-
destine du poisson prohibé, pourraient ainsi être
retrouvés et poursuivis. Ce sont, nous dira-t-on,
des mesures vexatoires difficiles à faire accepter.
A cela nous répondrons que nous ne faisons que
réclamer pour la pêche les mêmes garanties que
pour la chasse.

L'inspection des marchés ne laisse-t-elle non
plus rien à désirer? Nous conviendrons qu'à Paris
elle est généralement bien faite. Néanmoins, si
l'on se rend aux halles centrales aux mois de novembre, décembre, janvier, février et mars, on

pourra toujours s'y procurer une truite ou un saumon, et les femelles portant des œufs et n'ayant pas encore accompli, par conséquent, l'acte de la reproduction, n'y sont point rares. La pêche des salmonidés est cependant interdite au moment du frai, et les marchands ne peuvent alléguer que ces poissons proviennent, ou de la Suisse, ou de l'Angleterre, puisque la prohibition existe également dans ces pays et à la même époque ; on nous a assuré, au contraire, qu'ils arrivaient généralement de la Normandie.

Nous croyons devoir appeler sur nos marchés l'attention de M. le Préfet de police et signaler le fait à sa vigilance.

On a pu voir, dans notre chapitre II sur la pisciculture en Bavière, que, dans ce pays, la pêche de l'écrevisse était réglementée par une loi spéciale. En présence de la rareté de plus en plus grande de ce délicat crustacé qui nous rend tributaires de l'Allemagne, nous pensons que des règlements nouveaux, ayant pour but de favoriser la propagation de l'écrevisse dans nos cours d'eau, seraient bien accueillis.

Nous nous bornerons à signaler deux points principaux sur lesquels ces règlements pourraient porter : 1° Interdire la pêche de l'écrevisse au moment de l'accouplement ; 2° prescrire aux pêcheurs de rejeter à l'eau toutes les femelles portant des œufs.

On aura sans doute remarqué dans la convention passée entre les États riverains du Rhin que la pêche du poisson blanc sera interdite au moment du frai. Nous appelons encore sur ce point l'attention de nos législateurs.

Nous avons déclaré à différentes reprises que nous n'étions pas partisan de la trop grande multiplication des anguilles dans les eaux douces, et, pour en expliquer les raisons, nous avons dit que ce poisson vorace se nourrissait aux dépens des autres espèces avec lesquelles il cohabite. Cependant nous ne saurions admettre que cette énorme quantité de montée qui chaque année, dès le printemps, apparaît aux embouchures des fleuves, ne trouve pas un emploi plus utile que celui de fumer les champs ; car, si un trop grand nombre d'anguilles est funeste dans les eaux douces à la propagation des autres espèces, l'anguille ne constitue pas moins un poisson dont la culture se prête merveilleusement aux opérations de la pisciculture domestique-agricole.

Toutefois nous serions d'avis que l'élevage en

fût réglementé, et que les réservoirs où l'on dé-
tient l'anguille fussent disposés de telle façon
qu'elle ne pût se répandre dans les cours d'eau
du voisinage.

A propos de poissons carnassiers, il en est un
dont nous n'hésitons pas à demander l'extermina-
tion ; nous voulons parler du brochet, ce requin
des eaux douces, et, si nous ne craignions pas de
mécontenter beaucoup de monde, nous exprime-
rions le même vœu à l'égard de la perche.

Il faut bien avouer que la propagation exagérée des espèces voraces n'a pas peu contribué à
rompre l'équilibre et à conduire nos eaux à cet
état d'appauvrissement que nous déplorons. Sans
doute, le brochet a sa valeur, il est même estimé ;
mais il faudra, un moment ou l'autre, se résigner
à en faire le sacrifice. Nous n'entendons pas dire
par là qu'il faille le supprimer radicalement ; mais
nous croyons que sa place est dans les étangs.
Rappelons donc qu'en Angleterre tout pêcheur
qui s'empare d'un brochet adulte reçoit une récompense de l'administration, comme cela existait chez nous autrefois pour les loups.

Mais il faut remonter à l'origine du mal, et là
nous reconnaîtrons que ce sont les étangs qui
ont ainsi multiplié le brochet dans les cours d'eau.
Il serait donc nécessaire que, comme pour l'an-

guille, on s'entourât de précautions, et que les
pièces d'eau qui lui donnent asile fussent aména-
gées de telle sorte qu'il n'en pût sortir.

Puisque nous venons de parler d'étangs, nous
en profiterons pour dire ce que nous pensons à ce
sujet. Nous trouvons détestable la coutume que
l'on a en France d'en établir sur le passage des
petits cours d'eaux poissonneux. Cela présente de
sérieux inconvénients que nous avons indiqués
dans le chapitre premier, et sur lesquels nous
tenons à revenir. Les étangs empêchent le poisson
voyageur de circuler librement et de se rendre
aux sources pour y déposer son frai; de plus ils
infestent nos rivières de toutes les espèces voraces
qui s'y élèvent. Le droit que prennent les propriétaires, si droit il y a, de créer des étangs dans de
telles conditions, constitue un véritable danger
pour la fertilité de nos cours d'eau, et la loi devrait
intervenir et réprimer cet abus. Certes, nous n'a-
vons pas l'intention d'en demander l'abolition
générale; nous ne partageons même pas, à cet
égard, la manière de voir de ceux qui prétendent
qu'ils sont la source de fièvres et de maladies de
toute sorte. S'ils sont peuplés, ce danger disparaît
en partie. Mais supprimer les étangs poissonneux
formés par les eaux pluviales ou ceux qui sont

alimentés par des saignés pratiquées à un ruisseau, à une rivière, etc., c'est commettre une
grande erreur; on commence aujourd'hui à s'a-
percevoir qu'un étang convenablement exploité,
ensemencé, produit plus que ne produirait une
terre de même valeur et de même étendue.

Outre les étangs, nous avons encore signalé
dans nos considérations générales, comme présentant le même inconvénient, la latitude que
prennent certains praticuliers, de barrer un
cours d'eau, lorsqu'ils sont possesseurs des deux
rives, au moyen de grillages étroits, aux limites
de leurs propriétés. Ils se forment ainsi une pêche réservée, sans payer à l'État la moindre redevance, et causent le plus grand préjudice aux
autres riverains, en opposant des obstacles qui
nuisent à la propagation du poisson. Nos lois ne
sont-elles assez puissantes pour mettre un terme
à cet état de choses?

La liberté de la pêche n'est assurément pas
moins goûtée que ne l'était la liberté de la chasse;
cependant on a dû porter atteinte à cette dernière, autant pour réprimer les abus auxquels se
livraient les braconniers que pour protéger le
gibier, et la supprimer en partie. Le trésor y a

trouvé son compte, et nos chasses y ont gagné de n'être pas entièrement dépeuplées. On a donc avec raison institué les permis de chasse. Nous regrettons seulement que la pêche n'ait pas été l'objet de pareille sollicitude, et que nos législateurs n'aient pas pris les mêmes mesures à son endroit.

Faut-il dire qu'en Angleterre l'usage des permis de pêche est en vigueur et donne d'excellents résultats? Les pêcheurs à la ligne acquièrent, dans la Grande-Bretagne, la faculté de pêcher, hors les temps prohibés, moyennant la faible redevance d'un ou deux schellings par an. Les pêcheurs au filet jouissent de semblable avantage en versant chaque année une livre sterling dans la caisse des sociétés protectrices et conservatrices des eaux. En France, pareille mesure serait excellente; outre qu'elle produirait au trésor un revenu qui égalerait peut-être celui que donne la ferme de nos rivières, elle nous garderait aussi, dans certaines limites, des maraudeurs qui, sous le masque d'inoffensifs pêcheurs à la ligne, commettent dans les eaux les plus grandes dilapidations. On ne nous dira pas qu'une faible imposition, réduite à quelques francs, puisse priver du plaisir innocent de la pêche à la ligne beaucoup de braves gens qui lui consacrent leurs loisirs. Si même l'on craignait que les honnêtes ouvriers que cet exercice salutaire éloigne du cabaret dussent en souffrir, rien ne serait plus simple que de l'autoriser gratuitement le dimanche, par exemple.

Ne nous lassons pas, sur cette matière, d'emprunter des exemples aux pays étrangers. En Amérique, en dehors des époques où elle est prohibée, la pêche est encore interdite un jour par semaine. Nous ne pensons pas qu'une disposition aussi conservatrice, si elle était adoptée chez nous, fût de nature à soulever beaucoup d'opposition.

Nous désirerions également que nos lois et règlements interdissent l'exercice de la pêche pendant les temps d'orage. Dans ces moments, le poisson est pris d'une telle lassitude que l'on peut s'en emparer avec la plus grande facilité.

Enfin nous émettons le vœu que les pisciculteurs jouissent à l'avenir des mêmes immunités que les meuniers. Comme les meuniers, les pisciculteurs assurent les moyens d'alimentation et préservent de la famine; leur droit sur les eaux doit être incontestable.

Il resterait sans doute bien des choses à dire

sur le sujet que nous venons de traiter, mais nous n'anticiperons pas : le temps, source de toute expérience, inspirera les progrès; nos savants, qui honorent la France à si juste titre, éclaireront nos pas en les dirigeant dans cette voie; nos économistes, nos administrateurs, dont la tâche est si laborieuse, et, ajouterons-nous, si aride quelquefois, se feront un devoir d'encourager ces efforts.

Nous n'avons qu'un désir, et nous l'exprimons bien humblement pour terminer : c'est que notre ouvrage puisse être de quelque utilité.

FIN.

# TABLE DES MATIÈRES

---

## CHAPITRE III.

ANNEXE AU CHAPITRE III.

## CHAPITRE IV.

# TABLE

## DES PLANCHES CONTENUES DANS LE VOLUME

PUBLICATIONS DU MÊME AUTEUR :

# RAPPORT

## AU MINISTRE DE L'INSTRUCTION PUBLIQUE

### SUR

## L'ÉTAT DE LA PISCICULTURE

En Suisse, en Bavière, en Autriche et en Italie. (*Journal officiel des 28 et 29 octobre 1873.*)

# RAPPORT

## AU MINISTRE DE L'INSTRUCTION PUBLIQUE

### SUR

## L'ÉTAT DE LA PISCICULTURE

En Angleterre, en Belgique et en Hollande. (*Journal officiel des 24, 25 et 26 octobre 1874.*)

# MÉMOIRE

## SUR L'ORGANISATION DE LA PISCICULTURE

### EN FRANCE

#### PRÉSENTÉ

A la réunion des Agriculteurs de l'Assemblée Nationale en 1875.